市政与环境工程系列丛书

城市生态与环境保护

（第2版）

主编　张宝杰　刘冬梅

主审　李　平

哈尔滨工业大学出版社

内 容 提 要

本书系统地介绍了城市生态与环境保护的原理、技术和方法及解决城市环境问题的最新动态和研究成果,综述了环境与环境问题、生态学基本原理、城市生态系统、大气污染及防治、水污染及防治、环境物理性污染及防治、固体废物处理及利用、土壤污染及防治、人口与发展、环境质量评价与环境管理等内容。

本书既有较高的理论价值,又有较强的实用性,可作为高等学校环境工程、环境科学、给水排水工程、建筑学工程、土木工程等专业的本科生教材,也可供从事环境保护设计、科研和管理的人员参考。

图书在版编目(CIP)数据

城市生态与环境保护/张宝杰,刘冬梅主编. —2 版. —哈尔滨:
哈尔滨工业大学出版社,2007.6(2024.2 重印)
ISBN 978−7−5603−1747−2

Ⅰ.城… Ⅱ.张… Ⅲ.城市环境:生态环境−环境保护
Ⅳ.X21

中国版本图书馆 CIP 数据核字(2007)第 023673 号

责任编辑 贾学斌
封面设计 卞秉利
出版发行 哈尔滨工业大学出版社
社   址 哈尔滨市南岗区复华四道街 10 号 邮编 150006
传   真 0451−86414749
网   址 http://hitpress.hit.edu.cn
印   刷 哈尔滨圣铂印刷有限公司
开   本 787 mm×1 092 mm 1/16 印张 15 字数 350 千字
版   次 2002 年 6 月第 1 版 2007 年 6 月第 2 版
          2024 年 2 月第 8 次印刷
书   号 ISBN 978−7−5603−1747−2
定   价 38.00 元

(如因印装质量问题影响阅读,我社负责调换)

再 版 前 言

本书自 2002 年 6 月第 1 版开始至今已发行了 5 个年头,书中以重视环境保护,保障人居环境与自然环境相和谐为前提,遵照不断提高人民环境意识和环保技能的宗旨和指导思想,内容丰富,深入浅出,得到了广大高校师生和环保工作者的认可。从各界使用者的反映来看,编写《城市生态与环境保护》这样一本书确实符合当前需要,这使得该书自 2002 年 6 月出版以来,已经连续 3 次印刷,而且每年被采用为教材的数量不断增加。

编者近 5 年来又进一步学习和研究了环境保护专业领域的发展趋势和最新动态,而且从近年来参与黑龙江省环保局实际工作和工程经验中,也获得了很多当前有利于人才培养的知识,因此,在本书的改编修正过程中,密切结合行业的发展趋势和毕业学生分配单位的需求和实际工作情况,以及广大同行的建议和指正,对第 1 版进行了调整和补充。

在本书的修订和改写过程中,我们不但对图书开本和章节体例进行了改变,使读者和学生在阅读和学习时能够更加清晰明了,而且更注重在内容上进行了调整,使知识更加具有实用特色。具体调整内容如下:

在保证主要知识点都能涵盖的前提下,将第 1 版中人们逐渐认识的常识性知识,只作为知识条目列出,或只进行简要介绍,删减了过多详细繁冗的文字;将一些有变化的数据进行了更新。考虑到本书为专业基础课教材,所属课程为专业入门教育,各学校对课程设置的课时较少,而且后续的很多相关专业课对大气、水、固体废物、物理性污染等内容还将设置专门的课程,而城市生态内容又是本书的重要环节,因此,我们对第 1 版的许多章节内容进行了调整,将原第二章中的城市生态部分独立设章,并进行了详细介绍;将原有的第三、四、五、六、七章合并成一章——"环境污染控制",集中讲述;将原第八、九章进行了合并,成为新的一章——"人口、资源与环境",并增加了新内容;将原第十、十一章合并为"环境质量评价与环境管理",还增加了"污染事故的预防与应急"等新内容。

本书再版由哈尔滨工业大学张宝杰、刘冬梅、王琨,大庆石油学院林红岩、李芳编写。具体编写分工如下:第 1 章刘冬梅、张宝杰,第 2 章刘冬梅,第 3 章张宝杰,第 4 章张宝杰、刘冬梅、王琨、李芳、林红岩,第 5 章王琨、林红岩、李芳、韩宏,第 6 章张宝杰、李芳、林红岩、刘冬梅。全书由张宝杰、刘冬梅主编并统稿,由黑龙江省环保局局长李平主审。

虽然本书的修订再版历时近一年,增加了大量本行业的前沿信息和动态,但环境保护内容所涉及的学科繁多,内容庞杂,真正写好一本有关环境保护概论方面的教材,绝非我们几位编者短期内力所能及,我们只是在前人工作的基础及成果上,站在我们专业的角度做了些铺垫性工作而已,目的是为我国的环境保护事业尽一份绵薄之力。本书的编写参考了大量文献,在此向相关作者一并表示感谢。同时,仍希望广大读者及同行专家给予热心关注,恳请提出批评指正。

来信请寄:哈尔滨工业大学二校区市政环境工程学院　刘冬梅收　邮编 150090
E-mail:mei18@hit.edu.cn

编　者

2007 年 4 月

前　言

随着我国经济建设进程的加快,城市化迅速发展,由此产生了一系列的环境问题。多年来,我国对于城市环境保护问题日益重视,开展了大规模的环境污染治理,取得了显著的成效,但城市环境污染问题仍较为严重。2000年《中国环境状况公报》指出:"全国城市空气污染依然严重,空气质量达到国家二级标准的城市仅占1/3;地表水污染普遍,特别是流经城市的河段有机污染较重;湖泊富营养化问题突出;地下水受到点状或面状污染,水位下降,加剧了水资源的供需矛盾,生态破坏加剧的趋势尚未得到有效控制。"所以,把目前城市环境污染现状、发展趋势及城市污染控制技术、方法介绍给广大读者是我国城市环境污染形势的迫切需要,也是我们环境保护工作者应尽的责任和义务。

根据中国环境科学学会环境教育委员会和国家教育部的建议,我校多年来已为有关专业开设了"城市生态与环境保护"课程,教学实践表明,该书内容深受学生欢迎,取得较好的教学效果。

本书汇集了哈尔滨工业大学市政环境工程学院环境工程学科多年的教学经验和成果,并在宋金璞教授的支持和指导下完成的。全书吸取了近年来城市环境保护方面的最新信息和发展动态,详细论述了城市环境中与人类生活息息相关的大气、水等城市环境要素的污染,对人类的影响及其防治措施。全书内容广,并贯穿了生态学及环境学的有关理论,而且具有较强的实用性。

本书第一章为环境与环境科学综述;第二章为生态学原理部分;第三章至第七章为城市生态与环境污染防治,包括大气、水、物理性污染、固体废物,以及土壤污染的防治;第八章及第九章主要论述人与环境的关系;第十章及第十一章论述环境管理方面的内容,包括环境质量评价、环保法及环境标准等内容。

参加本书编写的人员有:宋金璞(第一章)、刘冬梅(第二章、第六章)、张宝杰(第五章、第八章、第十章、第十一章)、王琨(第三章、第九章)、叶暾昱(第四章、第七章),全书由张宝杰统稿,宋金璞主审。

本书适用于高等学校环境工程专业、环境科学专业、给水排水工程专业、建筑学工程专业、工民建专业及其他需要学习城市生态及环境相关知识的专业作为教材使用,同时,也适用于从事环境保护工作的专业技术人员和管理人员作为参考书籍使用。

我们在编写过程中力求反映环境保护工作中的新成就和新发展,但因时间紧迫,水平有限,有不妥之处望广大读者指正。

编　者

2002年6月

目　　录

第1章　环境与环境科学

1.1　环境及其组成

所谓环境是相对一中心事物而言,作为某一中心事物的对立面而存在的。它因中心事物的不同而不同,随中心事物的变化而变化。与某一中心事物有关的周围事物,就是该中心事物的环境。

1.1.1　人类的环境

环境科学所研究的环境,中心事物是人,是以人类为主体的外部世界,是人类生存、繁衍所必需相适应的环境或物质条件的综合体,可分为自然环境和人工环境两种。

自然环境是在人类出现之前就存在的,是人类赖以生存、生活和生产所必需的自然条件和自然资源的总称,即阳光、温度、气候、地磁、空气、水、岩石、土壤、动植物、微生物以及地壳的稳定性等自然因素的总和,用一句话概括就是"直接或间接影响到人类的一切自然形成的物质、能量和自然现象的总体"(图1.1),简称为环境。

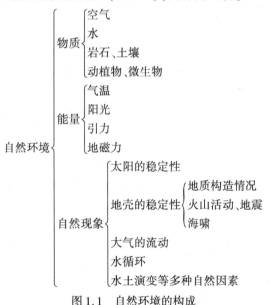

图1.1　自然环境的构成

自然环境也可以看作由地球环境和外部空间环境两部分组成。地球环境对于人类具有特殊的意义。地球是太阳系的一颗行星,太阳是对地球表面自然环境影响最大的天体,它是地球能量,特别是生命能量的主要来源。

地球最初是由气体和尘埃凝结而形成的,地球的年龄约为46.6亿年,地球上生命的出现是在35亿年前,地球上最早出现的生命是海洋中的蓝绿藻,由于蓝藻能吸收二氧化碳进行光合作用而产生氧气,使地球大气中的氧气渐渐增多,改变了地球的大气结构,才使得地球上的生命逐渐发展,成为欣欣向荣的生命世界。人类出现在 200~300 万年以前,人类有文字记载的历史仅 6 000 年。

根据地球上各个区域的物理学、化学和生物学的异同性,地球环境具有明显的圈层特性。地球是一个半径约为 6 370 km 的近球状体。固体地球可分为 3 部分(图 1.2),第一部分为地核,基本上是由铁及镍组成的,它的半径为 3 475 km,地核的外部是液态,温度在 2 500~3 000 ℃,并受到 $1.5×10^{11}~3×10^{11}$ Pa 的压力。地核较小的内部部分是处于固体状态,其半径为 1 255 km,受到 $3.5×10^{11}$ Pa 的压力,地核的密度约为 10~12 g/cm³。第二部分为地幔,它的厚度为 2 895 km,地幔的岩石层是由硅酸盐化合物并由含有很多铁和镁的矿物组成的,地幔岩石密度在 4.5~5.5 g/cm³ 范围内。第三部分是地球的最外层——地壳,厚 5~70 km,与地核和地幔相比这只是很薄的几乎微不足道的一层,这一层和人类的关系最密切,因为地球上的生命活动主要发生在这一层。

地核基本上是由铁、镍组成的,它产生磁场。由于磁场的存在,保护了地球上的生物免受太阳风的袭击。太阳风是由高能的带电粒子流组成的,这些带电的粒子流在地球磁场中偏转到两极,人们观察到的极光就是这些粒子流在两极放电的结果。

地壳的平均厚度为 35.4 km,陆地的地壳相对于海洋要厚一些,海洋地壳约为 5~11 km。中国的地壳厚度,东南薄,西北厚,东南沿海地壳厚约 32 km,西藏为 70 km。地壳由岩石、水和土壤组成,相应称为岩石圈、水圈和土圈。地球的最外层是大气圈,其厚变通常为 1 000~1 400 km。大气圈的下层和地壳的表层,生活着各种各样的生物,所以,这一领域又称为生物圈。

人工环境是指由于人类的活动而形成的环境要素,它包括由人工形成的物质、能量和精神产品,以及人类活动中所形成的人与人之间的关系,图 1.3 指出了人工环境的组成。人工环境的好坏,对人的工作与生活、对社会的进步影响很大。

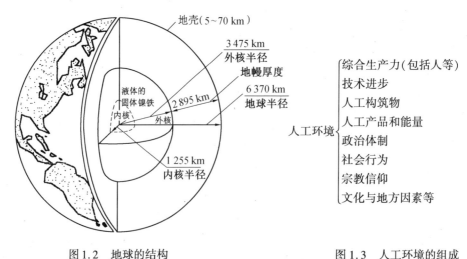

图 1.2　地球的结构　　　　　　　图 1.3　人工环境的组成

中华人民共和国环境保护法中的环境是指:"影响人类生存和发展的各种天然的和经过人工改造的自然因素的总体,包括大气、水、海洋、矿藏、森林、草原、野生动物、自然遗迹、自然保护区、风景名胜区、城市和乡村等"。这里所指的"自然因素的总体"有两个约束条件,一是包括了各种天然的和经过人工改造的因素;二是并不泛指人类周围的所有自然因素(如整个太阳系及整个银河系的自然因素),而是指对人类的生存和发展有明显影响的自然因素的总体。

然而,随着社会进步和人类文明的发展,环境的概念也在深化,它不仅具有一定的性质,而且各环境因素间还具有相互作用和数量限制的性质。1982 年联合国环境规划理事会特别会议决议中,提出了新的环境概念,成为 20 世纪 80 年代人类文明发展的集中体现。"新的环境概念"指出:"经济文化发展计划必须慎重考虑到地球的生命支持系统中,各个组分和各种反应过程之间的相互关系,对一个部门的有利行动,可能对其他部门引起意想不到的损害",并指出经济和发展计划必须考虑到"环境系统的稳定性的极限"。如果人类社会确实按照这样的环境概念建设和改造我们的环境,人类不仅能在地球上继续生存下去,而且,人类的生存环境将会变得更美好。

1.1.2　环境要素与环境质量

1.1.2.1　环境要素

环境要素又称为环境基质,是指构成人类环境整体的、各个独立的、性质不同而又服从整体演化规律的基本物质组分,分为自然环境要素和人工要素。自然环境要素通常指水、大气、生物、阳光、岩石、土壤等。

环境要素组成环境结构单元,环境结构单元又组成环境整体或环境系统。例如,水组成水体(包括河流、湖泊和海洋),全部水体总称为水圈;由大气组成大气层,整个大气层称为大气圈;由生物体组成生物群落构成生物圈;由地球表层的土壤构成了土壤圈等。

环境要素具有一些十分重要的特性,它们不仅是制约各环境要素间的相互联系、相互作用的基本关系,而且是认识环境、评价环境的基本依据。环境要素有共性,可概括如下。

(1)最差(小)限制律,这是针对环境质量而言的,它由德国化学家 J·V·李比希于 1804 年首先提出的,20 世纪初被英国科学家布莱克曼所发展并趋于完善。该定律指出:"整体环境的质量,不能由环境诸要素的平均状态决定,而是受环境诸要素中那个与最优状态差距最大的要素所控制"。这就是说,环境质量的好坏,取决于诸要素中处于"最低状态"的那个要素,不能用其余的处于优良状态的环境要素去代替,去弥补。因此,在改造自然和改进环境质量时,必须对环境诸要素的优劣状态进行数值分类,循着由差到优的顺序,依次改造每个要素,使之均衡地达到最佳状态。

(2)等值性,即各种环境要素,无论它们本身在规模上或数量上如何的不同,但只要是一个独立的要素,那么对于环境质量的限制作用并无质的差异,换言之,任何一个环境要素对于环境的限制,只有它们处于最差状态时,才具有等值性。

(3)整体性大于各个体之和,即环境的整体性大于环境的诸要素之和。一处环境的性质不等于组成该环境各个要素简单之和,而是比这种"和"丰富得多,复杂得多。环境诸要素相互联系、相互依赖、相互作用产生的集体效应,是个体效应基础上质的飞跃。

(4)要素出现的先后是相互联系、相互依存的。环境诸要素在地球演化史上的出现,具有先后之别,但它们相互联系,相互依存。从演化的意义上看,某些要素孕育着其他要素,例如,岩石圈和大气圈的存在,又为水的产生提供了条件;岩石圈、大气圈及水圈又孕育了生物圈。

环境要素之所以发生演变,其动力来自于地球内部放射性元素的衰变能和太阳辐射能,其中,可见光所挟带的能量占太阳辐射能的 50%(波长为 0.4 ~ 0.7 μm),特别是辐射最强的蓝光(波长为 0.475 μm)是植物光合作用的能量来源。因此,太阳辐射能量是环境要素演变的基本动力。

1.1.2.2　环境质量

环境质量,一般是指在一个具体的环境内,环境的总体或环境的某些要素,对人类的生存和繁衍以及社会经济发展的适应程度,是反映人们的具体要求而形成的对环境评定的一种概念。人们常用环境质量的好坏来表示环境遭受污染的程度。

环境质量是对环境状况的一种描述,这种状况的形成,有的来自自然的原因,有的来自人为的原因。从环境污染角度来看,来自人为的原因更重要。人为的原因是指污染可以改变环境质量,资源利用的合理程度以及人群的变化状态也同样影响着环境质量。因此,环境质量除有大气环境质量、土壤环境质量、城市环境质量之外,还有所谓生产环境质量、生活环境质量。

1.1.3　环境的分类

按照系统论的观点,人类环境是由若干个规模大小不同、复杂程度有别、等级高低有序、彼此交错重叠、彼此相互转化变换的子系统所组成的,是一个具有程序性和层次结构的网络。人们可以从不同的角度或以不同的原则,按照人类环境的组成和结构关系,将它们划分为一系列层次,每一层次就是一个等级的环境系统,或称为等类环境。根据不同原则,人类环境有不同的分类方法,通常的原则是环境范围的大小、环境的主体、环境的要素、人类对环境的作用,以及环境的功能。下面介绍一种按环境范围由近及远进行的分类。

1.1.3.1　聚落环境

聚落是人类聚居的地方与活动中心,它可分为院落环境、村落环境和城市环境。

1.院落环境

院落环境是由一些不同的建筑物和与其联系在一起的场院所组成的基本环境单元。它的结构、布局、规模和现代化的程度有很大的不同,因而它的功能单元分化的完善程度也是很悬殊的。院落环境的层次可由孤立的农舍到现代化的防震、防噪声和具有自动化空调设备的现代化住宅。所以,院落环境具有时代特征,如西双版纳的竹楼、内蒙的蒙古包、陕北的窑洞、辽宁的平顶屋、北京的四合院、城市的楼院、机关大院及大专院校等等。院落环境容易造成对环境的污染,在院落环境的设计中要尽量避免污染,创造出内部结构合理并与外部环境相协调的环境。设计时应主要从生态学的观点出发,充分利用自然生存能量流和物质流的迁移规律改善工作条件和环境。例如,应充分利用太阳能、风能,同时也要考虑到自然通风、采光、废水处理、废物的合理利用和排除,提倡院落园林化,合理地调节人类、生物与大气之间的氧气和二氧化碳的平衡。

2.村落环境

村落环境主要是农业人口聚居的地方。由于自然环境的不同,农、林、牧、副、渔等活动种类的不同,以及规模和现代化程度的不同,无论在结构、形态、规模及功能上,村落环境的类型是多种多样的。平原上的农村、海滨湖畔的渔村及深山老林的山村等,它们的结构、形态及规模都有所不同。村落环境的先进和落后与本地区的经济状况和富裕程度是密切相关的。

总的说来,村落环境的污染主要来自农业污染和生活污染,特别是农药和化肥的使用,对农村环境造成的污染是严重的。但一般来说,村落的规模不大,人口不多,周围有广阔的原野,大面积的天然和人工植被,加之不少地区地表水丰富,环境容量大,自净能力强。在设计村落环境时要尽量利用各种自然能源(太阳能、水能、风能及地热),要对废物和废水进行无害化处理及资源的回收利用。

3. 城市环境

城市是人类在改造自然的基础上而创造出的高度人口化的生存环境,是非农业人口聚居的场所。早在奴隶制社会时,城市的发展就已初具规模。我国在 3 500 多年前,商都已有城垣、宫室、庙宇、铜的冶炼厂、兵器作坊和石器作坊。在公元前 1500 年,希腊就已有了发达文明的城市,有三层楼房、道路、广场及各种作坊,还有下水装置。我国各封建王朝都有相当宏伟的城市,如公元 618 ~ 907 年的唐朝首都西安,已有 100 多万人口,规模比现在的西安城区还大。

随着社会的发展,城市也越来越快地发展,它不断吞并周围地区,把郊区变为市区,有的地区发展为城市带,如美国的东北部纽约、费城、华盛顿及波士顿等城市;大西洋沿岸的洛杉矶、长滩及圣选戈城市带;日本东京、横滨到大坂的太平洋沿岸的城市带;我国的北京至天津到唐山的京津唐城市带;以沈阳为中心的辐射到鞍山、本溪、抚顺及铁岭的城市带;从南京开始经常州、无锡、苏州至上海的长江三角洲城市带;以广州为中心并辐射到佛山、珠海、东莞及深圳的珠江三角洲城市带等等。

城市对环境的污染是多方面的,包括水、大气、土壤及物理污染等,这些内容将在以后各章中详述。

1.1.3.2　地理环境

地理环境的概念最早是由法国地理学家 E·列克留于 1783 年提出的,其含义是人类周围的自然现象的总体范围。地理环境位于地球的表层,即岩石圈、水圈、大气圈和生物圈相互制约、相互渗透、相互转换的交错带上,其厚度为 10 ~ 30 km。地理环境是能量交锋带,它具有三个特点,即有来自地球内部能量和来自太阳的外部能量,并彼此相互作用;它具备人类生存和活动的三个条件,即常温常压下的物理条件,适当的化学条件和繁茂的生物条件。地理环境与人类的生产生活密切相关,直接影响着人类的生存和衣、食、住、行。

然而,当今的地理环境概念又有发展,它是自然地理环境和人文地理环境的统一体。人文地理环境是指人类社会的文化生产和生活活动的地域组合,包括人口、民族、聚落、政治、社团、经济、交通、军事、社会行为等许多成分,它们在地球表面构成圈层,称为人文圈或称为社会圈、智慧圈、技术圈。毫无疑问,自然地理环境是自然地理物质发展的产物,人文地理环境是人类在自然地理环境的基础上进行社会、文化和生产活动的结果。因此,从大范围来说,地理环境,特别是自然地理环境是环境科学的重点研究对象。

1.1.3.3　地质环境

地质环境是指地理环境中除生物圈以外的其余部分。它能为人类提供丰富的矿物资

源,地质环境问题主要有:

(1)由地质因素引起的环境问题,如地震、火山活动、海啸、山崩及泥石流等现代地质过程引起的人类环境灾害,以及因地球表面元素分配不均使某些地区某一元素不足或过剩而引起的动、植物和人体的地理病等。

(2)由人类活动引起的环境地质问题,包括化学污染引起的环境地质问题(如使地表元素分布不均匀和改变局部地球环境的化学性质);大型水利工程引起的环境地质问题(如诱发地震等);矿产资源利用与开采过程中引起的环境地质问题(如废弃矿床的处置问题)和城市化引起的环境地质问题等(如地下水超采和高层建筑引起的地面沉降问题)。

1.1.3.4　宇宙环境

"宇宙"一词表示无限的时间和空间,目前人类能够观察到的空间范围已达100多亿光年的距离。环境科学中的宇宙环境是指地球大气圈以外的环境,又称为星际环境。不过此处所指的宇宙环境,仅限于人类进入空间年代以后,人和飞行器(人造卫星、探测器、航天飞机等)在太阳系内飞行触及到的环境。人类进入空间活动的历史,仅有40多年,从1957年前苏联的人造卫星上天,1961年前苏联发射载人飞船以来,人类对宇宙的探索从未终止过,已经取得了越来越多的研究成果。人类对宇宙环境的了解也将越来越丰富,对宇宙的开发和应用必将成为现实。

1.1.4　环境的功能特性

环境系统是一个复杂的,有时、空、量、序变化的动态系统和开放系统。系统内外存在着物质和能量的变化和交换。系统外部的各种物质和能量,通过外部作用,进入系统内部,这种过程称为输入;系统内部也对外部作用,一些物质和能量排放到系统外部,这种过程称为输出。在一定的范围内,若系统的输入等于输出就出现平衡,叫做环境平衡或生态平衡。

系统的内部,可以是有序的,也可以是无序的。系统的无序性称为混乱度,物理量熵是反映物质的混乱度的。如果某一过程使系统的混乱度增加,则熵值增加;反之,如使系统混乱度减小,即有序性增加,则系统的熵值减少,称为负熵。伴随物质能量进入系统后,系统的有序性增加,负熵增加。系统的有序性是依靠外部输入能量来维持的。环境平衡就是保持系统的有序性。

系统的结构和组成越复杂,它的稳定性就越大,就容易保持平衡;反之,系统越简单,稳定性越小,越不容易保持平衡。因为任何一个系统,除组成成分的特征外,各成分之间,是具有相互作用的机制,这样的相互作用越复杂,彼此的调节能力就越强;反之则弱。这种调节的相互作用称为反馈作用,最常见的是负反馈作用,它使系统具有自我调节的能力,以保持系统本身的稳定和平衡。

环境构成为一个系统,是由于各子系统和各组成成分之间,存在着相互作用,并构成一定的网络结构,正是这种网络结构,使环境具有整体功能,形成集体效应,起着协同作用。

环境中存在连续不断的、巨大的和高速的物质流动和信息流动,对人类活动的干扰和压力,是不容忽视的。

1.1.4.1　整体性

人与地球环境是一个整体,地球的任何部分或任一系统,都是人类环境的组成部分。各部分之间存在着相互制约、相互联系的关系。局部地区的环境污染或破坏,总会对其他地区造成影响和危害。例如,风和水的流动会把污染物带到其他地区,所以,从人类的生存环境及其保护整体上看是没有地区界线、省界和国界的。人们常说的我们只有一个地球,就是说地球环境是一个整体,是目前发现的人类惟一能生存的星球,因此不容破坏。

1.1.4.2　有限性

有限性不仅是指地球在宇宙中独一无二,而且也是指其空间是有限的,有人称之为"弱小的地球",这也意味着人类环境的稳定性有限、资源有限和自净能力有限。下面以环境对污染物的容纳能力或自净能力为例,加以说明。

环境在未受到人类干扰的情况下,环境中化学元素及物质和能量分布的正常值称为环境本底值。环境对于进入其内部的污染物质或污染因素,具有一定的迁移、扩散、同化及异化的能力。在人类生存和自然环境不致受害的前提下,环境可能容纳污染物的最大负荷量称之为环境容量。环境容量的大小与其组成成分、结构、污染物数量及性质有关,在特定的环境中,任何污染物都有确定的容量。由于环境时、空、量、序的变化,使物质和能量分布和组合不同,环境容量也不同,其变化的幅度大小,表现出环境的可塑性和适应性。污染物或污染因素进入环境后,将引起一系列的物理、化学和生物的变化,而自身逐步被清除出去,从而环境达到自然净化的目的,环境的这种作用,称为环境自净。人类活动产生的污染物或污染因素,进入环境的量超过环境容量或环境的自净能力时,就会导致环境质量的恶化,出现环境污染,这正说明环境具有有限性。

1.1.4.3　不可逆性

人类的环境系统在其运转过程中,存在着能量流动和物质循环两个过程,根据热力学理论,整个过程是不可逆的。所以,一旦环境遭到破坏,不可能自发地回到原来的状态,仅可以实现局部恢复。当然人为地改造环境,使环境往好的方向发展就是另一回事了。

1.1.4.4　隐显性

除了事故性污染与破坏(如森林大火、农药厂事故等)可直观其后果外,日常的环境污染与环境破坏对人们的影响后果的显现需要一个过程,需要经过一段时间。如日本汞污染引起的水俣病,经过 20 年才显现出来;又如,虽然已停止使用 DDT 农药,但已进入生物圈和人体的 DDT,还得再经过几千年才能从生物体中彻底排除出去。

1.1.4.5　持续反应性

事实告诉人们,环境污染不但影响当代人的健康,而且还会造成世代的遗传隐患。目前中国每年生有带缺陷的婴儿 300 万,其中残疾婴儿 30 万,这不可能和环境污染无关。历史上黄河流域生态环境的破坏,至今仍给炎黄子孙带来无尽的水旱灾害。1998 年长江的特大洪水,不能不使人们联想长江上游广大流域的生态环境的破坏。以上事实均说明,环境对其遭受的污染和破坏,具有持续反应性。

1.1.4.6　灾害放大性

实践证明,某些方面不引人注目的环境污染与破坏,经过环境的作用后,其危害性或灾害性,无论从深度上还是从广度上都会明显地被放大。如燃烧释放出来的 SO_2、CO_2 等气体,不仅造成局部地区的空气污染,还可能造成酸雨,促进温室效应增加。又如,由于大量的生产和使用氟氯烃化合物,破坏了大气的臭氧层,使阳光中能量较强的紫外线射到地面,杀死浮游生物和幼小生物,破坏了食物链,从而破坏了生态平衡,影响了整个生物圈。又如,河流上游森林被破坏,可能造成下游的水旱灾害。上述例子均说明,环境对灾害的放大作用是很强大的。

但是,具有高度智慧的人类,是干扰和调控环境的重要因素。历史的经验证明,人类的经济和社会发展,如果不违背环境的功能和特性,遵循自然规律、经济规律和社会规律,那么人类就受益于自然,人口、经济、社会和环境就协调发展;如果环境质量恶化,生态环境破坏,自然资源枯竭,人类就必将受到自然界的惩罚。为此,人们要正确掌握环境的组成和结构,了解环境的功能和环境的演变规律。人类必须在不破坏环境规律的前提下去发展生产,才能做到可持续发展。

1.2　环境科学

在人类社会长期的发展过程中,随着社会生产力的发展,生产方式的演变和工艺技术的提高,人类的环境问题变得越来越严重,人类和环境之间的矛盾也越来越显著,从而使人们对自然现象和规律的认识也日益深化,环境科学正是在这样的发展过程中应运而生。环境科学经过 20 世纪 60 年代的酝酿,到 70 年代初期就从零星而不系统的环境保护工作和研究工作汇集成一门独立的、内容丰富的、领域广泛的新兴学科,尤其是最近一二十年,环境科学的发展异常迅速,各种自然科学和工程技术都向它渗透并赋于它新的内容。

1.2.1　环境科学的研究对象及特点

1.2.1.1　环境科学的研究对象

环境科学是以人类与环境这对矛盾为对象,研究其对立统一关系的发生与发展,调节与控制以及利用与改造环境的科学。由人类与环境组成的对立统一体,我们称之为"人类-环境"系统,它是以人类为中心的生态系统。环境科学就是以这个系统为对象,研究其发生和发展、调节与控制以及利用与改造的科学。

1.2.1.2　环境科学的特点

1. 综合性

环境科学涉及的学科面广,具有自然科学、技术科学、社会科学交叉渗透的广泛基础,几乎涉及到现代科学的各个领域;同时,它的研究范围涉及到人类经济活动和社会行为的各个领域,涉及到管理部门、经济部门、科技部门、军事部门及文化教育等人类社会的各个方面。环境科学的形成过程、特定的研究对象及广泛的学科基础和研究领域,决定了它是一门综合性很强的重要新兴学科。

2. 与人类关系的密切性

在"人类-环境"系统中,人与环境的对立统一关系具有共轭性并呈正相关。人类对环境的作用和环境的反馈作用是相互依赖、互为因果,并构成一个共轭体。人类对环境的作用越强烈,环境的反馈作用就越显著。人类对环境的作用呈正效应时(有利于环境质量的改善和恢复),环境的反馈作用也呈正效应(有利于人类的生存和发展)。反之,人类将受到环境的报复。

3.学科形成的独特性

环境科学的建立主要是以从旧的经典科学中分化、重组、综合、创新的方式进行的,它的学科体系的形成不同于旧的经典学科。在萌发阶段,是多种经典学科运用本学科的理论和方法研究相应的环境问题,经分化、重组,形成了环境化学、环境物理学等交叉的分支学科,经过综合形成了由多个交叉的分支学科组成的环境科学。而后,以"人类-环境"系统(人类生态系统)为特定研究对象,对自然科学、社会科学、技术科学跨学科的综合研究,创立了人类生态学、理论环境学的理论体系,逐渐形成环境科学特有的学科体系。

1.2.2　环境科学的基本任务

从环境科学总体上来看,它是研究人类与环境之间的对立与统一关系,掌握"人类-环境"系统的发展规律,调整人类与环境间的物质流、能量流的运行,转换过程,防止人类与环境关系的失调,维护生态平衡;通过系统分析设计出最佳的"人类-环境"系统,并把它调节控制到最优的运动状态,这就需要在广泛深入地了解环境变化过程的基础上,维护环境的生产能力、恢复能力和补偿能力,以及合理开发利用自然资源、协调发展与环境的关系,达到以下两个目的:一是可更新资源得以继续利用,不可更新的自然资源能以最佳的方式节约利用;二是使环境保持在人类生存发展必需的水平上,并趋于逐渐改善。这种从总体上调控"人类-环境"系统的努力,自从 20 世纪 70 年代以来一直在进行,主要有以下几个方面。

1.2.2.1　探索全球范围内自然环境演化的规律

全球性的环境包括大气圈、水圈、土壤圈、岩石圈、生物圈,他们之间总是在相互作用、相互影响中不断地演化,环境变异也随时随地发生。在人类改造自然的过程中,为使环境向有利于人类的方向发展,避免向不利于人类的方向发展,就必须了解和掌握环境的变化过程,包括环境系统的基本特征、结构和组成,以及演化机理等。

1.2.2.2　探索全球范围内人与环境的相互依存关系

主要是探索人与生物圈的相互依存关系,因为,人类生存在生物圈内,生物圈的状况如何,是否会发生不良变化,是关系到人类生存与发展的大问题。因此,探索和深入地认识人与生物圈的相互关系是十分重要的。

首先是研究生物圈的结构和功能。在正常情况下生物圈对人类的保护、提供资源和能源以及作为农作物及野生动植物的生长基地的作用,同时,也为人类提供生存空间和生存发展所必需的一切物质支持的作用等。另外是探索人类的经济活动和社会行为(生产活动和消费活动)对生物圈已经产生或将要产生的影响,以及生物圈结构和特征的变化,特别是重大的不良变化及其原因分析,如大面积的酸雨、温室效应、臭氧层破坏,以及大范围的生态破坏等。再者是研究生物圈发生不良变化后,对人类生存和发展已经造成和将要造成的不良影响,以及应采取的措施。

1.2.2.3　协调人类生产消费活动同生态要求之间的关系

在上述研究的基础上,需要进一步研究协调人类活动与环境的关系,促进"人类-环境"系统协调稳定地发展。

在生产消费活动与环境所组成的系统中,尽管物质、能量的迁移转化过程异常复杂,但在物质、能量的输出和输入之间总量是守恒的,最终应保持平衡。生产与消费的增长,意味着取自环境的资源、能源和排向环境的"废物"相应地增加。环境资源是丰富的,环境容量是巨大的,但在一定的时空条件下环境承载力是有限的。盲目地发展生产和消费势必导致资源的枯竭和破坏,导致环境的污染和破坏,削弱人类的生存基础,损害环境质量和生活质量。因此,必须把发展经济和保护环境作为两个不可偏废的目标纳入综合经济决策中。在"人类-环境"系统中,人是矛盾的主要方面,必须主动调整人类的经济活动和社会活动(生产、消费活动的规律和方式)的运作方式,选择正确的发展策略,以求得人类与环境的协调发展。环境与发展问题已成为当前世界各国关注的焦点,协调发展论,可持续发展论,从总体上协调人与环境的关系,已成为环境科学研究的重大课题。

1.2.2.4　探索区域污染综合防治的途径

运用工程技术和管理措施从区域环境的整体上调节控制"人类-环境"系统,利用系统分析及系统工程的方法,寻求解决区域环境问题的最优方案,主要有三个内容。

一是综合分析自然生态系统的状况,调节能力,以及人类对自然生态系统的改造和所采取的技术措施。在调查原有生态系统的状况之后,预计我们对其进行改造后的生态系统状况,把两者加以比较,即可知道技术的发展及外部能量的输入是否会超出生态系统的调节能力,然后综合考虑,尽可能利用生态系统的调节能力和相应的人力措施。人力措施包括防治污染的技术措施和环境政策、立法两个方面。

二是综合考虑各经济部门之间的联系,探索物质、能量在其间的流动过程和规律,寻求合理的结构和布局,寻求对资源的最佳利用方案。例如,采掘工业部门、生产加工部门、消费部门之间,除了各自有其特定的功能外,还有相互依赖的连锁关系。又如,电力部门需要采掘部门的煤作原料,又需要化学部门提供的离子交换树脂等处理锅炉水;化学部门和采掘部门需要电力作为动力;电力部门的粉煤灰又可作为建材部门的建材原料;建材部门也同样需要电力作为动力,而它所生产的水泥是各部门不可缺少的建筑材料。这种供需网络组成一个各因素之间直接或间接的相互依赖体系,弄清这种体系的内在联系,有利于协调人类的生产活动、消费活动与环境保护活动的关系。

三是以生态理论为指导,研究制定区域(或国家)的环境经济规划。

早在1975年联合国欧洲经济委员会在鹿特丹召开的经济规划生态对象讨论会上,研讨合理规划和布局问题之后,经济规划就越来越得到人们的重视。1983年12月31日我国召开的第二次全国环境保护会议,提出了"经济建设、城乡建设与环境建设同步规划、同步实施、同步发展"的战略方针;1992年的联合国"环境与发展大会"以后,我国制定了"中国环境与发展的十大对策",在第一条实行可持续发展中,重申了"三同步"的战略方针,并要求在制定和实施发展战略时,要编制环境保护规划。所以,研究制定区域(或国家)环境规划的理论和方法,已成为环境科学的重要任务之一。

综上所述,环境科学是研究人类活动与其环境质量关系的科学。从广义上说,它是对人类生活的自然环境进行综合研究的科学,是研究人类周围的大气、土壤、水、能源、矿物资源、生物和辐射等所有环境因素及其与人类的关系,以及人类活动如何改变这种关系的科学;它对原生和次生的环境问题都进行研究。从狭义上说,它只研究由人类活动所引起的环境质量的变化,以及保护和改进环境质量的科学,即它所研究的只限于次生环境问题。环境科学的研究对象是人类与其生活环境之间的矛盾问题。在这一对矛盾中,人是矛盾的主要方面。因此,人和社会因素占主导地位,决定环境状况的因素是人而不是物。环境科学不是纯粹的自然科学,而是兼有社会科学和技术科学的内容和性质。它不仅要研究和认识环境中的自然因素及其变化规律,而且要认识社会经济因素和技术因素及规律,以及人和环境的辩证关系,把自然环境同社会生产关系割裂开的观点是错误的。

1.2.3　环境科学的分科

环境科学是综合性的新兴学科,已逐步形成多种学科相互交叉渗透的庞大的学科体系。但当前对学科分类体系尚有不同的看法,有不同的分类方法,现将其按性质和作用划分为三部分:基础环境学、应用环境学及环境学,如图 1.4 所示。

图 1.4　环境科学分科示意图

基础环境学与应用环境学是基础科学(如物理、化学、生物等)和应用科学(如工程技术、管理科学等)等多种学科,从各自角度应用本学科的理论和方法研究解决环境问题而产生的学科分支,有些学科分支在环境科学形成以前就已经形成。这些学科分支是从一个或几个老的学科交叉渗透中产生出来的新分支,这些新分支已不同于原来的老学科,因为它有特定的研究对象——"人类–环境"系统,但它又是从老学科派生出来的,其理论体系与老学科仍有从属关系。

应用环境学中环境工程学是人类同环境污染做斗争,保护和改善人类生存环境的过程中形成的,它包括大气污染防治工程、水污染防治工程、固体废物治理及利用工程、噪声及热污染控制工程及辐射污染控制工程等。

环境学与以上两类不同,它形成的时期较晚。20 世纪 70 年代中期发展起来的人类生态学,综合运用环境生物学、环境地学、经济学、社会学等各种基础理论,统一研究人类与环境系统相互作用的规律及其机理,使环境科学逐渐形成独立的、统一的环境学的理论核心和基础,它不再从属于老学科的理论体系,而是开始建立独立的学科体系。20 世纪 70 年代末开始出现了理论环境学,它主要研究人类生态系统的结构和功能,生态流的运行规律,以及环境质量的变化对人类及对人类生态系统的影响,确定导致人类生态系统受到损害或破坏的极限,寻求调控人类环境系统的最佳方案。它的主要内容包括环境科学的方法论、环境质量综合评价的理论和方法、环境综合承载力的分析、经济与环境协调度的分析、环境规划理论及合理布局的原理和方法、生产地域综合体优化组合的理论和方法等。最终目的是建立一套调节和控制"人类–环境"系统的理论和方法,促进人类生态系统的良性循环,为解决环境问题提供方向性、战略性的科学依据。

1.3　环境问题

人类社会发展到今天,创造了前所未有的文明,但同时又带来一系列的环境问题。随着人口的激增,工业与经济的发展,特别是发展中国家急切改变本国贫穷落后状态的愿望与行动,使其生态破坏和环境污染更为严重和突出。特别是 20 世纪 80 年代中期在南极上空发现了臭氧洞,它与"温室效应"和酸雨问题构成全球性大气环境问题,明显地危及全人类的生存和繁衍,引起了国际社会的广泛关注。

1.3.1　环境问题及其与社会经济发展的关系

1.3.1.1　什么叫环境问题

30 年前人们只局限在对环境污染与公害的认识上,因此,把环境污染等同于环境问题,而地震、水、旱、风灾等则认为全属自然灾害。可是随着近几十年来经济的迅猛发展,自然灾害发生的频率及受灾的人数都在激增。以旱灾和水灾为例,20 世纪 60 年代全世界每年受旱灾人数 185 万人,受水灾人数 244 万人;而 20 世纪 70 年代则分别为 520 万人和 1 540 万人,即受旱灾人数增加 2.8 倍,而受水灾人数增加 6.3 倍。又如,1981 年我国四川省连续发生 2 次大水灾,受灾人口 1 180 万人,直接经济损失 20 亿元;1998 年长江特大洪水,直接经济损失 1 666 亿元,受灾人口 2 亿多人。究其原因,涉及到人口激增,盲目发展农业生产,大量砍伐林木,破坏植被,使土地丧失固水能力。长江流域水土流失区域从 360 km² 上升到 560 km²,2005 年森林覆盖率为 18.21%,已下降到 20 世纪 50 年代的 1/3。

因此,环境问题就其范围大小而论,可以从广义上和狭义两个方面理解。从广义上理解就是由自然力或人力引起生态平衡被破坏,最后直接或间接影响人类的生存和发展的一切客观存在的问题,都是环境问题。只是由于人类的生产和生活活动,使自然生态系统失去平衡,反过来影响人类生存和发展的一切问题,就是狭义上理解的环境问题。

1.3.1.2　环境问题的分类

如果从引起环境问题的根源考虑,可将环境问题分为两类。由自然力引起的为原生环境问题,又称为第一环境问题,它主要指地震、洪涝、干旱、滑坡、火山爆发、风暴等自然灾害问题,对于这类环境问题,目前人类的抵御能力还很弱;由人类活动引起的为次生环境问题,也叫第二类环境问题,又可分为环境污染和生态环境破坏两类。

什么是环境污染?一般认为,由于人为的因素,环境的化学组成或物理状态发生了变化,与原来的情况相比,环境质量恶化,扰乱和破坏了生态系统和人类的正常生产和生活,就叫做"环境污染"。有的人把严重的环境污染或主要对生物体的危害叫做"环境破坏",在日本称为"公害",具体地说,环境污染是指有害的物质,主要是工业的"三废"(废气、废水和废渣)对大气、水体、土壤和生物污染。环境污染包括大气污染、水污染、土壤污染、生物污染等由污染物引起的污染,还包括噪声污染、热污染、辐射污染及电磁辐射污染等由物理因素引起的污染。而环境破坏则是人类活动直接作用于自然界引起的。例如,乱砍滥伐引起的森林植被的破坏、过度放牧引起的草原退化、大面积开垦草原引起的沙漠化、滥采滥捕使珍稀物种的灭绝,从而危及地球物种的多样性、破坏食物链,而植被破坏又引起水土流失等等。

1.3.2　环境问题的产生和发展

1.3.2.1　产生

早在古代就产生了,人类是自然的产物,又是自然环境的改造者,只是在世界人口数量不多,生产规模不大时,人类活动对环境的影响不太大,环境问题不具有普遍性,而没有引起社会的重视。

1.3.2.1　发展

1. 生态环境的早期破坏

人类在诞生以后很长的岁月里,只是天然食物的采集者和捕食者,人类对环境的影响不大。那时"生产"对自然环境的依赖十分突出,人类主要是以生活活动,以生理代谢过程和环境进行物质和能量转换,主要是利用环境,而很少有意识地改造环境。如果说那时也发生环境问题的话,则主要是由于人口的自然增长和盲目的乱砍乱捕、滥用资源而造成生活资料缺乏,引起饥荒的问题。随后,人类学会了培育、驯化植物和动物,开始了农业和畜牧业,这在生产发展史上是一次大革命。而随着农业和畜牧业的发展,人类改造环境的作用也越来越明显地显示出来,但与此同时也发生了相应的环境问题,如大量砍伐森林、破坏草原、刀耕火种、盲目开荒,往往引起严重水土流失,水旱灾害频繁和沙漠化;又如兴修水利,不合理灌溉,往往引起土壤的盐渍化、沼泽化,以及引起某些传染病的流行。

2. 环境问题的发展恶化阶段

随着生产力的发展,在 18 世纪 60 年代至 19 世纪中叶,生产发展史上又出现了一次伟大的革命——工业革命。工业革命是世界史的一个新时期的起点,此后的环境问题也开始出现新的特点并日益复杂化和全球化。由于人口和工业密集,燃煤量和燃油量剧增,发达国家的城市饱受空气污染之苦,后来这些国家的城市周围又出现日益严重的水污染和垃圾污染,工业三废、汽车尾气更是加剧了这些污染公害的程度。

20 世纪 50 年代以后,环境问题变的越来越突出,震惊世界的公害事件接连不断,当时影响较大的八大公害事件如表 1.1 所示。

表 1.1　20 世纪中叶世界八大公害事件

公害事件名称	公害污染物	公害发生地	公害发生时间	中毒情况	中毒症状	致害原因	公害原因
马斯河谷烟雾事件	烟尘、二氧化硫	比利时马斯河谷	1930 年 12 月	几千人发病,60 人死亡	咳嗽、流泪、恶心、呕吐	二氧化硫氧化为三氧化硫进入肺部的深部	山谷中工厂多,逆温天气,工业污染物积聚,又遇雾日
多诺拉烟雾事件	烟尘、二氧化硫	美国多诺拉	1948 年 10 月	4 天内 42% 的居民患病,17 人死亡	咳嗽、呕吐、腹泻、喉痛	二氧化硫与烟尘作用生成硫酸,吸入肺部	工厂多,遇雾天和逆温天气
伦敦烟雾事件	烟尘、二氧化硫	英国伦敦	1952 年 12 月	5 天内 4 000 人死亡	咳嗽、呕吐、喉痛	烟尘中的三氧化二铁使二氧化硫变成硫酸沫,附在烟尘上,吸入肺部	居民使用烟煤取暖,煤中硫含量高,排出的烟尘量大,遇逆温天气
洛杉矶光化学烟雾事件	光化学烟雾	美国洛杉矶	1943 年 5～10 月	大多数居民患病,65 岁以上老人死亡 400 人	刺激眼、鼻、喉,引起眼病、喉头炎	石油工业和汽车废气在紫外线作用下生成光化学烟雾	汽车多,每天有 1 000 多 t 碳氢化合物进入大气,市区空气水平流动缓慢
水俣事件	甲基汞	日本九州四部熊本县水俣镇	1953 年	水俣镇病者 180 多人,死亡 50 多人	口齿不清,步态不稳,耳聋眼瞎,全身麻木,最后精神失常	甲基汞被鱼吃后,人吃中毒的鱼而生病	氮肥生产中,采用氯化汞和硫酸汞作催化剂,含甲基汞的毒水、废渣排入水体
富山事件(骨痛病)	镉	日本富山县(蔓延到其他县的 7 条河流流域)	1931～1977 年	患者超过 280 人,死亡 34 人	关节痛、神经痛和全身骨痛,最后骨骼软化,在疼痛中死去	喝含镉的水吃含镉的米	炼锌厂未经处理净化的含镉废水排入河流
四日事件	二氧化硫、烟尘、重金属粉尘	日本四日市(蔓延到几十个城市)	1955～1979 年	患者 500 多人,有 36 人在气喘病折磨中死去	支气管炎、支气管哮喘、肺气肿	有毒重金属微粒及二氧化硫吸入肺部	工厂向大气排放二氧化硫和煤粉尘数量多
米糠油事件	多氯联苯	日本九州爱知县等 23 个府县	1968 年	患者 5 000 多人,死亡 16 人,实际受害者超过 1 000 人	眼皮肿,全身起红疙瘩,肝功能下降,肌肉痛,咳嗽不止	食用含多氯联苯的米糠油	米糠油生产中,用多氯联苯作载热体,因管理不善毒物进入米糠油中

3. 全球性环境问题阶段(即当代环境问题阶段)

从 1984 年英国科学家发现南极上空出现的"臭氧洞"开始,全球气候变化、生物多样性锐减等全球环境问题日益受到人们的关注。当代环境的核心问题是和人类生存和生活有密切关系的 "全球变暖"、"臭氧层的破坏"及"酸雨"三大全球性的大气污染问题,以及大面积的生态的破坏(如大面积的森林被毁、草原退化、土壤侵蚀和荒漠化),突发性严重污染事故迭起,如表1.2 所示。

表 1.2　近 20 年来的重大公害事件

事　件	时　间	地　点	危　害	原　因
维索化学污染	1976 年 7 月 10 日	意大利北部	多人中毒后,居民搬迁,几年后婴儿畸形	农药厂爆炸,二噁英污染
阿摩柯卡的斯油轮泄油	1978 年 10 月	法国西北部布列塔尼半岛	藻类、湖间带动物、海鸟灭绝、工农业生产、旅游业损失大	油轮触礁,22 万 t 原油入海
三哩岛核电站泄露	1979 年 3 月 28 日	美国宾夕法尼亚州	周围 80 km 200 万人口极度不安,直接损失 10 亿多美元	核电站反应堆严重失水
威尔士饮用水污染	1985 年 1 月	英国威尔士	200 万居民饮用水污染,44% 的人中毒	化工公司将酚排入迪河
墨西哥气体爆炸	1984 年 11 月 9 日	墨西哥	4 200 人伤,400 人死亡,300 栋房屋毁,10 万人疏散	石油公司一个油库爆炸
博帕尔农药泄露	1984 年 12 月 2~3 日	印度中央邦博帕尔	1 408 人亡,2 万人严重中毒,15 万人接受治疗,20 万人逃离	45 t 异氰酸甲酯泄露
切尔诺贝利核电站泄露	1986 年 4 月 26 日	苏联、乌克兰	31 人亡,203 伤,13 万疏散,直接损失 30 亿美元	4 号反应堆机房爆炸
莱茵河污染	1986 年 11 月 1 日	瑞士巴塞市	事故段生物绝迹,160 km 鱼类死亡,480 km 不能饮用	化学公司仓库起火,装有 1 250 t 剧毒农药的钢罐爆炸,硫、磷、汞等毒物随着百余吨灭火剂进入下水道,排入莱茵河
莫农格希拉河污染	1988 年 11 月 1 日	美国	沿岸 100 万居民生活受严重影响	石油公司油罐爆炸,350 万加仑原油入河
埃克森·瓦尔迪兹油轮漏油	1989 年 3 月 24 日	美国阿拉斯加	海域严重污染	漏油 26.2 万桶

4. 人类认识环境问题的里程碑

1972 年在瑞典首都斯德哥尔摩举行了第一次联合国人类环境大会,通过了《人类环境宣言》、《人类环境行动计划》等文件,确定 6 月 5 日为"世界环境日",并建议成立了联合国环境规划署(UNEP)。这次大会有全世界 113 个国家和一些国家机构代表参加了会议,对推动全世界各国保护和改善人类环境发挥了重要的作用和影响,是国际社会生态环境保护的一个重要里程碑,标志着人类对环境的认识走出了污染治理的狭义范围,并对环境问题的全球性及其影响的久远性取得初步共识,开始了世界范围内探讨环境保护和改善战略的进程。

1992年联合国环境与发展大会高举环境与发展的旗帜,在有183个国家的代表团和70个国际组织的代表出席,并有102位国家元首或政府首脑到会的全球大会上,通过了《里约环境与发展宣言》、《21世纪议程》等文件,树起了人类环境与发展史上新的里程牌。李鹏总理参加了此次大会,并发表了重要的讲话。这是全人类环境与发展道路上的第二座里程碑。

1.3.3 当前世界关注的全球环境问题

1.3.3.1 全球环境问题

自工业革命以来,科学技术的发展,人类干扰自然、改造自然的力量空前增大,每年创造的财富超过15万亿美元,与此同时,环境也付出了巨大的代价。总体而言,当今世界环境质量正进一步恶化。而且局部的、小范围的环境污染与破坏,已经演变成区域性的,以至全球性的环境问题。它们已不是一个民族、一个国家的问题,而是整个人类、整个地球共同面临的问题。

全球环境问题是对全球产生直接影响的,或具有普遍性的,随后又发展成为对全球造成危害的环境问题,也就是引起全球范围内生态环境退化的问题。

1.3.3.2 发达国家的环境状况

工业发达国家目前环境状况有两个基本特点:一是环境质量有了明显改善;二是仍有许多环境问题有待解决,并出现了一些新问题。

1. 比较好地解决了发达国家国内的环境污染问题

空气比以前新鲜,天空变蓝了,这方面改善最明显的是日本、美国、英国、德国和法国。其中美国20世纪80年代初与70年代相比,烟尘和灰尘的排放量减少了50%,许多工厂粉尘的排放量减少了99%以上;法国自1983年执行欧共体颁布的关于二氧化硫和粉尘的排放标准以来,有4/5的地区已达到规定的标准。水体变清了,许多发达国家水体的水质都获得显著改善。日本目前很少看到发黑发臭的水体;美国曾面临死亡的五大湖清理已初见成效,某些名贵鱼类又已繁衍;英国泰晤士河摘掉"鱼类绝迹"的帽子。

2. 当前发达国家国内存在的环境问题

工业废物、生活垃圾、危险废物急剧增加;噪声问题仍很突出;氮氧化物污染仍未得到有效控制;大气中有害物质污染如故;水环境问题还未解决。例如,湖泊的富营养化问题在日本、英国仍很严重;美国大约每10人中就有1人遭受持续的高强度噪声的危害。

1.3.3.3 发展中国家的环境问题

与发达国家不同,发展中国家的环境问题主要是生态环境的破坏、环境卫生和大城市的污染问题,可以说它们正走着发达国家"先污染后治理"的老路。

1. 生态环境遭受破坏

表现在森林锐减、土地沙漠化、土壤侵蚀、积水和盐渍化、土地资源短缺、生物多样性问题等方面。全世界森林的覆盖面积约为48.9亿hm^2,约占陆地面积的1/3,目前世界森林每年减少 1 800～2 000 万 hm^2,自 1950 年以来,世界森林已损失了一半(主要是发展中国家)。良田变沙漠,是发展中国家最严重的环境危机之一,仅印度的干旱的面积就占国土面积的 1/5。据称过去 100 年内,地球上有 2 亿 hm^2 的土地遭受侵蚀,如印度约有 60% 的耕地发生过度侵蚀,约占耕地总面积的 27%。在地下排水不良的田地中实施灌溉,易出现积水和盐渍化现象。非洲、亚洲和拉丁美洲有相当大面积的盐渍土地,其中有些国家的盐性土壤和碱性土壤约占全国面积的一半以上。

2. 环境污染严重

发展中国家的环境污染状况,正处于发达国家经济初期的状况,而且还受到发达国家以投资为名,转嫁污染严重的企业危害。具体表现为:空气污染严重,水污染严重和环境卫生差,农药污染严重等方面。其空气污染严重的主要原因是城市车辆多而陈旧,垃圾焚烧和以煤为主的能源结构。水体污染和污水处理与净化未能很好解决,直接影响发展中国家城市居民饮用水的供应。农药污染中毒事件全世界每年发生 50 万起,其中发展中国家占 37.5 万起,而以印度最为突出。印度几乎所有的食物和谷物都有农药污染,其人体中 DDT 的含量明显高于其他国家。

1.3.3.4 我国的环境问题

1. 生态环境问题

(1)森林生态功能仍然较弱。我国森林破坏现象较严重。据林业部门统计,我国林地目前覆盖率不及世界平均覆盖率的一半。全国许多重要林区,由于长期重采轻造,导致森林面积锐减。例如,长白山林区,1949 年森林覆盖率为 82.5%,现在减少到 14.2%;西双版纳地区,1949 年天然森林覆盖率达 60%,目前已降至 30% 以下。

由于森林的破坏,导致了某些地区气候变化、降雨量减少以及自然灾害(如旱灾、鼠虫害等)日益加剧。据调查,我国四川省已有 46 个县年降雨量减少了 15%～20%,不仅使江河水量减少,而且旱灾加重。在四川盆地,20 世纪 50 年代伏旱一般三年一遇,现在变为三年两遇,甚至连年出现,而且旱期成倍延长。黑龙江大兴安岭南部森林被砍伐破坏后,年降雨量由过去的 600 mm 减少到 380 mm,过去罕见的春旱、伏旱,近年来常有发生。

为了保护环境、提高森林的覆盖率,我国政府和人民做出了积极的努力,1991 年全国森林面积为 $1.29×10^8$ hm^2,森林覆盖率为 13.4%,树木的生长量首次超过采伐量,林业生产开始走出低谷。2005 年全国森林面积已达到 1.75 hm^2,森林覆盖率已达 18.21%,我国森林面积现列世界第五位,但是应该指出,我国用材林的消耗量仍然高于生长量,大片森林继续受到无法控制的退化,很多水源林仍然遭到滥伐,1998 年长江流域的大洪水又一次给我们敲起了警钟。

(2)草原退化与减少的状况难以根本改变。我国草原总面积约 $3.53×10^8$ hm^2,可利用的约 $3.1×10^8$ hm^2,占国土面积的 40% 以上。但是由于长期以来对草原资源采取自然粗放式经营,我国牧场退化情况很严重。过牧超载、重用轻养,乱开滥垦,使草原破坏严重,以致草原退化、沙化和碱化面积日益发展,生产力不断下降。目前,我国草地退化面积占可利用草地面积的 1/3,并有继续扩展之势。内蒙古和青海许多牧场的产草量比 20 世纪 50 年代下降了 1/3 至 1/2,而且质量变劣。

(3)水土流失、土地荒漠化。我国是世界上水土流失最严重的国家之一。目前全国

水土流失面积达 3.56×10^6 km²,每年土壤流失总量达 5.0×10^9 t。近 30 年来,虽开展了大量的水土保持工作,但总体来看,水土流失点上有治理,面上仍持续扩大,水土流失面积有增无减,全国总耕地有 1/3 受到水土流失的危害。

水土流失造成不少地区土地严重沙化,如全国每年表土流失量相当于全国耕地每年剥去 1 cm 的肥土层,损失的氮、磷、钾养分相当于 4.0×10^7 t 化肥。同时,在水土流失地区,地面被切割得支离破碎、沟壑纵横;一些南方亚热带山地土壤有机质丧失殆尽,基岩裸露,形成石质荒漠化土地。流失土壤还造成水库、湖泊和河道淤积,黄河下游河床平均每年抬高达 10 cm。水土流失给土地资源和农业生产带来极大破坏,严重地影响了农业经济的发展。

我国也是受荒漠化危害最严重的国家之一。我国受荒漠化影响的土地面积约 3.33×10^6 km²,占国土面积的 1/3,且仍以每年 2 300 km² 的速度在推进,近 4 亿人口受到荒漠化的威胁,其中有 100 多个贫困县集中在荒漠化地区,直接损失达 20 ~ 30 万美元。每年冬春两季从沙区吹来的沙尘暴,不仅使当地 2 ~ 3 m 内视线不清,而且还飘到千里之外,造成大范围内空气污浊,妨碍人类生产活动;而且这些由石英、微量元素、盐分等组成的沙尘物质还严重污染空气、饮水、食物,对人畜健康及机器、仪表产生直接损害。

(4)水旱灾害日益严重。我国是个水旱灾害多发的国家。全国 1/2 的人口和主要大城市处于江河的洪水位之下,工农业产值占全国 2/3 的地区受到洪水的威胁。这种状况目前远未根本改变,全国年均受灾面积 20 世纪 80 年代是 50 年代的 2.1 倍,是 20 世纪 70 年代的 1.7 倍。1998 年全国 29 个省(自治区)直辖市遭受不同程度的洪灾,受灾面积 2.3×10^7 hm² 万 hm²,死亡 4 150 人,直接经济损失 3 600 亿元。这种情况的产生与水土流失造成河湖淤积和盲目围湖造地、使湖泊水面大幅度减少有关。据统计,从 50 年代到 80 年代的 40 年中,我国共减少湖泊 500 多个,水面缩小 1.86×10^6 hm²,蓄水量减少 5.13×10^{11} m³。

(5)水资源短缺。我国是一个水资源短缺的国家,淡水资源总量为 2.8×10^{13} m³,人均只有 2 185 m³;若扣除难以利用的洪水径流和散布在偏远地区的地下水资源后,现实可利用的淡水资源量更少,仅为 1.1×10^{13} m³ 左右,人均可利用水资源量约为 900 m³,并且其分布极不均衡。黄河、淮河、海河 3 个流域,人均水资源量仅为 457 m³,是我国水资源最紧缺的地区。

20 世纪 70 年代以来,我国在水污染防治方面做了很多工作,国家在宏观政策上加强法制建设,强化管理,对一些企业的治污工作采取了强制性措施,提高城市居民的节水意识,但水污染的发展趋势仍未得到有效控制,城市水质仍在下降。

目前,全国按正常需要和不超采地下水估算,正常年份缺水量将近 400 亿 m³,有 400 余座城市供水足,缺水比较严重的有 110 座,而水污染又使缺水形势更为严峻。据有关部门监测,多数城市地下水都受到一定程度的点状和面状污染,且有逐年加重的趋势。日趋严重的水污染,不仅降低了水体的使用功能,进一步加剧了水资源短缺的矛盾,对我国正在实施的可持续发展战略带来了严重的负面影响,而且还严重地威胁到城市居民的饮水安全和人民群众的健康。

(6)物种多样性减少,珍稀物种灭绝。中国是物种多样性最丰富的国家之一,中国有高等植物 3 万多种占世界的 10%,位居世界第三,其中裸子植物 250 种,占世界的 29.

4%,居世界首位。脊椎动物 6 347 种,占世界的 14%,鸟类有 1 244 种,居世界首位。鱼类 3 862 种,居世界前列。

中国特有的物种繁多,高等植物 17 360 种,脊椎动物 667 种。

中国的生物多样性面临严重危机,被子植物共有 4 000 余种,其中,处于极危的 28 种,濒危的 100 余种,已灭绝 7 种。裸子植物受到威胁的有 62 种,极危 14 种,灭绝 1 种。脊椎动物受到威胁的 435 种,灭绝或可能灭绝的 10 种。中国动植物的灭绝情况,按已有的资料统计,犀牛、麋鹿、高鼻羚羊、白臀叶猴以及植物中的雁荡润楠、喜雨草等已经消失几十年甚至几个世纪了,但高鼻羚羊是在 20 世纪 50 年代以后消失的。中国动物的遗传资源受威胁的现状十分严重。如中国优良的九斤黄鸡、定县猪已经灭绝。

保护生物多样性是环境保护的重要使命之一。中国截止到 2005 年底,全国已建立各种类型的自然保护区 2 349 个,总面积为 15 000 万 hm^2,约占陆地国土面积的 15%。

2. 环境污染严重

随着我国经济的飞速发展,国内的环境污染问题日益突出,有毒有害污染物已对人民的身体健康产生了负面影响,令人担忧,每年环境污染侵蚀我国 10% GDP。

在空气污染方面,我国改革开放 20 多年,GDP 增长 10 倍,化石燃料消耗大增,使得空气污染不断加重。根据 2005 年对我国 522 个城市空气质量的监测情况表明,空气质量为Ⅲ级或超Ⅲ级的,即不达标城市 207 个,占 39.7%。空气首要污染物(超标比例最高者)是颗粒物(PM_{10},TSP),其次是二氧化硫,第三是氮氧化物(或二氧化氮)。城市空气中的挥发性、半挥发性有机污染物检出 350～700 余种,有的超过空气质量标准数倍。研究结果表明,人们长期生活在细颗粒物污染的空气中,会增加肺癌发生率和死亡率以及其它心肺病的危险。在我国铅污染,特别是通过空气的污染已对儿童的生长发育和居民的健康构成较严重的威胁,应引起各个方面的重视,寻求解决这个紧迫问题的途径。而在农村,虽然室外环境好,但由于农民家里的土炉土灶,通风不好,又无排烟系统,还有的地区用含氟、含砷煤烘烤粮食,造成了严重的室内环境污染,影响农民健康。

水污染也非常严重。2005 年我国七大水系 411 个重点监测断面能达到Ⅰ～Ⅲ类水质标准要求的仅占 41%,属Ⅳ、Ⅴ类水质的占 32%,属劣Ⅴ类水质占 27%,可见污染仍然很严重。主要污染物是高锰酸盐指数、总氮、BOD_5、氨氮、挥发酚、大肠杆菌、石油类和某些重金属。对几个饮用水源水的探查结果发现,水中的有害有机物种类达到了数百种。城市饮用水源水的污染对市民饮水安全已经构成了一定程度的威胁和危害。广大农村情况更是令人担忧,3 亿农民喝不到干净水,仍有大量的人在饮用高氟水、高砷水、苦咸水等等。污水直接灌溉农田,固体废物的土地处理,使土壤、粮食、蔬菜受到汞、镉、砷、铅及其它有毒有害有机物污染,使人们深受其害。

1.4 可持续发展

1.4.1 可持续发展的提出

20 世纪中叶,随着环境污染的日趋加重,特别是西方国家公害事件的不断发生,环境问题频频困扰人类。20 世纪 50 年代末,美国海洋生物学家蕾切尔·卡逊(Rachel Kar-

son)在潜心研究美国使用杀虫剂所产生的种种危害之后,于1962年发表了环境保护科普著作《寂静的春天》。书中列举了大量污染事实,轰动了欧美各国。书中指出:人类一方面在创造高度文明,另一方面又在毁灭自己的文明,环境问题如不解决,人类将生活在"幸福的坟墓之中"。

1970年4月22日,美国2000多万人(相当于美国人口的1/10)举行了大规模的游行,要求政府重视环境保护,根治污染危害。为纪念这次活动,将4月22日定为世界地球日。

1972年,联合国人类环境会议在斯德哥尔摩召开。大会通过了《人类环境宣言》,同时发表了报告《只有一个地球》。《人类环境宣言》指出:"为了在自然界里取得自由,人类必须利用知识在同自然界合作的情况下建设一个较好的环境。为了这一代和将来的世世代代,保护和改善人类环境已经成为人类一个紧迫的目标"。该宣言为保护和改善人类环境所规定的基本原则为世界各国所采纳,成为世界各国制定环境法的重要依据和国际环境法的重要指导方针。为纪念这一天,将6月5日定为世界环境日。世界环境日的意义在于提醒全世界注意地球环境状况和人类活动对地球环境的危害。

1983年联合国38届大会,组成"世界环境与发展委员会"(WCED)。该委员会于1987年向联合国大会提交了研究报告《我们共同的未来》。《我们共同的未来》分为"共同的问题"、"共同的挑战"和"共同的努力"三大部分。在系统探讨了人类面临的一系列重大经济、社会和环境问题之后,提出了"可持续发展"的概念。

1992年6月3日至14日,联合国环境与发展大会(UNCED)在巴西的里约热内卢召开。会议的直接成果是通过并签署了5个重要文件——《里约环境与发展宣言》、《21世纪议程》、《关于所有类型森林问题的不具法律约束的权威性原则声明》、《气候变化框架公约》和《生物多样性公约》,其中《里约环境与发展宣言》和《21世纪议程》提出建立新的全球伙伴关系,为今后在环境与发展领域开展国际合作确定了指导原则和行动纲领。以这次大会为标志,人类对环境与发展的认识提高到了一个崭新的阶段。大会为人类高举可持续发展旗帜,走可持续发展之路发出了总动员,使人类迈出了跨向新的文明时代的关键性一步,为人类的环境与发展矗立了一座重要的里程碑。

1.4.2　可持续发展的定义

《我们共同的未来》是这样定义可持续发展的:"既满足当代人的需求,又不对后代人满足其自身需求的能力构成危害的发展"。这一概念在1989年联合国环境规划署(UN-EP)第15届理事会通过的《关于可持续发展的声明》中得到接受和认可。此定义包括了两个重要概念,一是人类要发展,要满足人类的发展需求;二是不能损害自然界支持当代人和后代人的生存能力。满足人类基本的需求和提高生活质量的需求,是人类享有的权利。但这应当坚持与自然相和谐,而不应当凭借人们手中的技术及投资,采取耗竭资源、破坏生态和污染环境的方式来追求这种发展和权利的实现。应当通过人类技术的进步和管理活动对"发展"进行调节与制约,以求得与生态环境的保护相适应。更重要的是应当努力做到使自己的机会与后代的机会相平等,不能允许当代人一味地、片面地、自私地为了追求今世的发展,而无限度的损耗天然资源,毫不留情地剥夺后代人本应合理享有的同等发展与运用资源的权利。我们不仅要留给后代一个丰衣足食、富裕发达的社会,而且要留给他们一个清洁卫生、舒适优美的环境以及多种多样可供持续利用的自然资源。

1.4.3 可持续发展理论概要

1.4.3.1 发展是可持续发展的前提

走可持续发展不否认经济增长(尤其是穷国的经济增长),而且发展是可持续发展的核心,发展是可持续发展的前提。可持续发展的内涵是能动地调控自然-社会-经济复合系统,使人类在不想超越环境承载力的条件下发展经济,保持资源承载力和提高生产质量。发展不限于增长,持续不是停滞,持续依赖发展,发展才能持续。

1.4.3.2 全人类共同努力是实现可持续发展的关键

人类共居在一个地球上,全人类是一个相互联系、相互依存的整体,没有哪一个国家脱离世界市场,而达到全部自给自足。当前世界上的许多资源与环境问题已超越国界和地区界限,并具有全球的规模。要达到全球的持续发展需要全人类的共同努力,必须建立起巩固的国际秩序和合作关系,对于发展中国家,发展经济、消除贫困是当前的首要任务,国际社会应该给予帮助和支持。保护环境、珍惜资源是全人类的共同任务,经济发达的国家负有更大的责任。对于全球的公物,如大气、海洋和其他生态系统要在同一目标的前提下进行管理。

1.4.3.3 公平性是可持续发展的尺度

可持续发展主张人与人之间、国家与国家之间的关系应该互相尊重、互相平等。一个社会或一个团体的发展不应以牺牲另一个社会或团体的利益为代价。可持续发展的公平思想,包含以下三点:

1. 当代人之间的公平

当今世界的现实是:一部分人富足,而另一部分贫穷,特别是占世界人口 1/5 的人口处于贫穷状态。这种贫富悬殊、两极分化的世界,不可能实现持续发展,因此,要给世界以公平的分配和公平的发展权,要把消除贫困作为可持续发展进程中特别优先的问题来考虑。

2. 代际之间的公平

强调当代人在利用环境和资源时,必须考虑到给后代人留下生存和发展的必要资本,包括环境资本。要认识到人类赖以生存的自然资源是有限的。这一代人不要为自己的发展与需求而损害人类世世代代需求的条件——自然资源与环境。要给后代以公平利用自然资源的权利。

3. 公平分配有限资源

1992 年环境与发展大会通过的《里约宣言》已把这一公平原则上升为国家间的主权原则:"各国拥有按本国的环境与发展政策开发本国自然资源的主权,并负有确保在管辖范围内或控制下的活动不损害其他国家或在各国以外地区环境的责任。"

1.4.3.4 全社会广泛参与是可持续发展实现的保证

公众参与是实现可持续发展的必要保证,这是因为可持续发展的目标和行动,必须依靠社会公众与社会团体最大限度的认同、支持和参与。公众、团体和组织的参与方式和参与程度,将决定可持续发展目标实现的进程。

1.4.3.5　生态文明是可持续发展的目标

如果说农业文明为人类生产了粮食,工业文明为人类创造了财富,那么生态文明将为人类建设一个美好的环境。也就是说,生态文明主张人与自然和谐共生;人类不能超越生态系统的承载能力,不能损害支持地球生命的自然系统。

1.4.3.6　可持续发展的实施以适宜的法律体系为条件

可持续发展的实施强调"综合决策"和"公众参与"。需要改变过去各个部门封闭地、分隔地、"单打一"地分别制定和实施经济、社会、环境政策的做法,提倡根据周密的社会、经济、环境考虑和科学原则、全面的信息和综合的要求来制定政策并予以实施。可持续发展的原则要纳入经济发展、人口、环境、资源、社会保障等各项立法及重大决策之中。

1.4.4　可持续发展的总体要求

(1)人类应以人与自然相和谐的方式发展。

(2)要把环境与发展视为一个相容而又不可分离的整体,制定出社会、经济可持续发展的政策和法律。

(3)发展科学技术、改革生产方式和能源结构。

(4)以不损害环境为前提,控制适度的消费规模和工业发展的生产规模。

(5)从环境与发展最佳相容性出发,确定管理目标的优先次序。

(6)加强对资源的保护和科学的管理。

(7)发展绿色文明和生态文化。

1.4.5　清洁生产与循环经济

1.4.5.1　清洁生产

联合国环境规划署与环境规划中心(UNEPIE/PAC)综合各种说法,采用了"清洁生产"这一术语,来表征从原料、生产工艺到产品使用全过程的广义的污染防治途径,给出了以下定义:清洁生产是指将综合预防的环境保护策略持续应用于生产过程和产品中,以期减少对人类和环境的风险。清洁生产的定义包含了两个全过程控制:生产全过程和产品整个生命周期全过程。对生产过程而言,清洁生产包括节约原材料和能源,淘汰有毒有害的原材料,并在全部排放物和废物离开生产过程以前,尽最大可能减少它们的排放量和毒性。对产品而言,清洁生产旨在减少产品整个生命周期过程中从原料的提取到产品的最终处置对人类和环境的影响。清洁生产不包括末端治理技术,如空气污染控制、废水处理、固体废弃物焚烧或填埋,清洁生产通过应用专门技术,改进工艺技术和改变管理态度来实现。

1.4.5.2　循环经济

循环经济萌芽于20世纪60年代美国经济学家鲍尔丁的"宇宙飞船论",但直到1992年后,人们才真正开始关注循环经济。循环经济本质是生态经济,是集清洁生产、资源综合利用、生态设计和可持续消费等为一体的一种新的经济发展模式,循环经济的目标是将经济活动对自然环境的影响降低到尽可能少的程度,甚至"零排放"。"减量、再用、循环"是其重要操作原则。

　　清洁生产是循环经济的基石,循环经济是清洁生产的扩展。在理念上,它们有共同的时代背景和理论基础;在实践中,它们有相通的实施途径,应相互结合。

思考题及习题

1. 地球的结构及其主要部分有哪些？地球的磁场是如何产生的,对人类及动植物的生存有什么重要意义？
2. 什么是环境质量？什么是环境容量？
3. 环境有哪些特性？举例说明环境特性中的持续反应。
4. 什么是环境问题,环境问题是如何分类的？什么是环境污染？
5. 中国主要存在哪些环境问题。
6. 什么是可持续发展,它的理论概要有哪些？

第 2 章　生态学基础

2.1　生态系统

2.1.1　生态学

生态学是研究生物之间及生物与非生物环境之间相互关系的学科。生态学以一般生物为研究对象,着重研究自然环境因素与生物的相互关系,属于自然科学的范畴。环境科学则以人类为主要研究对象,把环境与人类生活的相互影响作为一个整体来研究,从而和社会科学有着十分密切的联系。由此不难看出,生态学和环境科学有很多共同的地方,生态学的许多基本原理同样也可以用于环境科学中,并作为基础理论而应用到人类的社会中,来研究和解决人类生活与环境问题。

“生态学”这一名词是近代才创造的。最早由德国生物学家黑格尔(Ernst Haeckel)于1869年提出,生态学初期偏重于植物和动物,但随着人类环境问题和环境科学的发展,生态学已更广泛地扩展到了人类生活和社会形态等方面,把人类这一个生物物种也列入生态系统中,研究整个生物圈内生态系统的相互关系问题。同时,现代的各种新老科学技术也已渗透到生态学的领域中,生态学正与系统工程学、经济学、工艺学、化学、物理学、数学等相结合产生了相应的新兴学科,这正是生态学的重要发展趋势。今天,生态学迅速发展成为和人们生活有着最密切联系的一门科学分支。

生态学研究的对象可以是生物个体(个体生态学 autecology)、种群(种群生态学 population ecology)或生物群落(群落生态学 syneclology, community eclogy)。将某一环境及其中的生物群体结合起来加以研究被称为生态系统研究(ecosystem ecology)。生态系统研究的目的是阐明生态系统的机制;现代生态学强调的这种机制是生态系统中物质和能量的流动。因此,生态系统的研究不再是只依靠生物学家就能够完成的了,而是需要与土壤学家、气候学家、水文学家,甚至地质学家,以及与特殊问题有关的化学家、物理学家和数学家等在诸多方面进行合作研究。

2.1.2　生物圈

地球上存在着生物并受其生命活动影响的区域叫做生物圈(biosphere),也称为生态圈(ecosphere)。生物圈的概念是由奥地利地质学家休斯(E. Suess)在1875年首次提出的,直到1962年,前苏联的地球化学家维尔纳茨基所做的“生物圈”报告之后,才引起人们的注意。现代对生物圈的理解仍是当时维尔纳茨基的概念。生物圈是指地球上有生命活动的领域及其居住环境的整体,由大气圈(atmosphere)的下层、整个水圈(hydrosphere)、土壤岩石圈(lithosphere),以及活动于其中的生物组成,其范围包括从地球表面向上23 km的高空,向下12 km的深处。但绝大多数生物通常生存于地球陆地之上和海洋表面之下各约

100 m 厚的范围内。生物圈中的有机体总量约为 $3 \times 10^{10} \sim 3 \times 10^{11}$ t,这一重量虽不足地壳重量的 0.1%,但却使地球上自然环境发生着极其深刻的变化。

生物圈主要由生命物质、生物生成性物质和生物惰性物质三部分组成。生命物质又称活质,是生物有机体的总和;生物生成性物质是由生命物质的有机－矿质作用和有机作用的生成物,如煤、石油、泥炭和土壤腐殖质等;生物惰性物质是指大气低层的气体、沉积岩、粘土矿物和水。生物圈的存在需具备下列四个基本条件。

(1)可以获得来自太阳的充足光能。一切生命活动都需要能量,这些能量的基本来源是光能,绿色植物通过光合作用产生有机物而进入生物循环。

(2)有可被生物利用的大量液态水。几乎所有的生物体都含有大量的水分,没有水就没有生命。

(3)生物圈内有适宜生命活动的温度条件。在此温度变化范围内的物质存在着气态、固态、液态三种物态变化,这也是生命活动的必要条件。

(4)生物圈内提供了生命物质所需要的营养物质,包括氧气、二氧化碳,以及氮、碳、钾、钙、铁、硫等矿物质营养元素,它们是生命物质的组成成分,并参加到各种生理过程中去。

综上所述,在地球上有生命存在的地方均属生物圈。在适宜的条件下,生物的生命活动促进了物质的循环和能量的流通,并引起生物的生命活动发生种种变化。生物要从环境中取得必要的能量和物质,就得适应于环境;环境因生物的活动发生了变化,又反过来推动生物的适应性。生物与生态条件这种交互作用促进了整个生物界持续不断的变化。

2.1.3　生态系统

生态系统(ecosystem)简称生态系,这个概念是 20 世纪 30 年代由英国植物群落学家坦斯利(A. G. Tansley)提出的,到 20 世纪 50 年代得到广泛的传播。20 世纪 60 年代以后,由于世界性的环境污染和生态平衡的破坏等许多关系到人类前途和命运问题的出现,使生态系统的研究得到迅猛的发展,逐渐成为生态学的研究中心。目前,生态系统理论已成为人们普遍接受的理论。

一个生物物种在一定范围内所有个体的总和在生态学中称为种群(population),在一定的自然区域中许多不同种的生物的总和则称为群落(community),任何一个生物群落与其周围非生物环境的综合体就是生态系统。生态系统是自然界一定空间的生物与环境之间的相互作用、相互影响、不断演变、不断进行着物质和能量的交换,并在一定时间内达到动态平衡,形成相对稳定的统一整体,是具有一定结构和功能的单位,即由生物群落及其生存环境共同组成的动态平衡系统。

生态系统的范围可大可小,大至整个生物圈、整个海洋、整个大陆,小至一个池塘、一片农田,都可作为一个独立的系统或作为一个子系统,任何一个子系统都可以和周围环境组成一个更大的系统,成为较高一级系统的组成成分。

2.1.4　生态系统的组成

湖泊、河流、海洋、荒漠、草原、森林、生物圈等生态系统的外貌和特征虽然大小不一、形形色色,各有其自身的特殊性,但也有其普遍性。生态系统包括生物成分和非生物成分。具体来讲,是由四种基本成分,即非生物环境、生产者、消费者和分解者组成,各组成成分见图2.1所示。

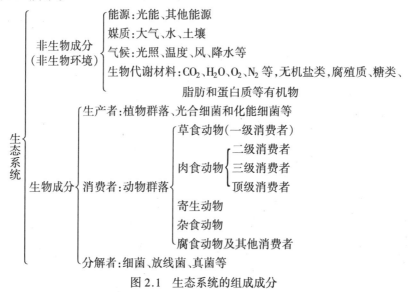

图2.1　生态系统的组成成分

2.1.4.1　生态系统的非生物成分

生态系统中的非生物成分,即非生物环境(abiotic environment)是生物生存栖息的场所,物质和能量的源泉,也是物质交换的地方。它包括气候因子,如光照、水分、温度、空气及其他物理因素;无机物质,如 C、N、H、O、P、Ca 及矿物质盐类等,它们参加生态系统的物质循环;有机物质,如蛋白质、糖类、脂类、腐殖质等,它们起到联结生物和非生物成分之间的桥梁作用。

2.1.4.2　生态系统的生物成分

1. 生产者(producers)

生产者是指能从简单的无机物合成有机物的绿色植物和藻类,以及光合细菌和化能细菌,又称自养者(autotrophs)。它们可以在阳光的作用下进行光合作用,将无机环境中的二氧化碳、水和矿物元素合成有机物质,同时,把太阳能转变成为化学能并贮存在有机物质中。这些有机物质是生态系统中其他生物生命活动的食物和能源。可以说,生产者是生态系统中营养结构的基础,决定着生态系统中生产力的高低,是生态系统中最主要的组成部分。

2. 消费者(consumers)

消费者是指不能进行光合作用制造食物,仅能直接或间接地依赖生产者为食,从中获得能量的异养生物(heterotrophs),主要指各种动物,营寄生和腐生的细菌类,也应包括人类本身。

根据食性的不同或取食的先后,消费者可分为草食动物(herbivores)、肉食动物(carnivores)、寄生动物(parasites)、杂食动物(omnivores)、腐食动植物(saprotrophim)。按其营养的不同,可分为不同营养级,直接以植物为食的动物称为草食动物,是初级消费者(primary consumers)或一级消费者,如牛、羊、马、兔子等;以草食动物为食的动物称为肉食动物,是二级消费者(secondary consumers),如黄鼠狼、狐狸等;而肉食动物之间又是弱肉强食,由此还可以分为三级、顶级消费者(tertiary/top consumers)。许多动植物都是人的取食对象,因此,人是最高级的消费者。

　3.分解者(decomposers)

　　分解者是指各种具有分解能力的微生物,主要是细菌、放线菌和真菌,也包括一些微型动物(如鞭毛虫、土壤线虫等)。它们在生态系统中的作用是把动植物残体分解为简单的化合物,最终分解为无机物,归还到环境中,重新被生产者利用,所以,分解者的功能是还原作用,故又称为还原者(reducers)。分解者在生态系统中的作用极为重要,如果没有它们,动植物的尸体将会堆积如山,物质不能循环,生态系统毁坏。利用分解者的作用而建立的废水生化处理设施,对防止水体污染起到了重要作用。

　　根据生态系统中各种成分所处的地位和作用,又可将其分为基本成分和非基本成分。生产者和分解者是任何一个生态系统都必不可少的,为基本成分,而消费者不会影响生态系统的根本性质,是非基本成分,各成分之间的相互关系如图2.2所示。

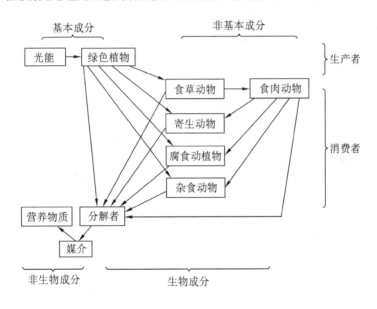

图 2.2　生态系统的组成

2.1.5　生态系统的类型和特征

2.1.5.1　生态系统的类型划分

　　生态系统是一个很广泛的概念,可能适用于各种大小的生态群落及其环境。怎样划分生态系统的类型,目前尚无统一的和完整的分类原则。按生态类型的不同,可分为陆地生态系统、淡水生态系统和海洋生态系统。陆地生态系统又分为荒漠生态系统、草原生态系统、森林生态系统等。淡水生态系统又分为流动水生态系统和静水生态系统。海洋生态系统又分为滨海生态系统、大洋生态系统等。根据生态系统形成的原动力和影响力(或受人为的影响或干预程度的不同),生态系统又可分为自然生态系统,如原始森林、未经放牧的草原;半自然生态系统,如天然放牧的草原、人工森林、农田、养殖湖泊等;人工生态系统,如城市、矿区、工厂等。

作为生物圈中任何一类生态系统,它们都含有下列三个生命的基本系统。

(1)交流系统,其功能为执行系统的物质循环和能量流动。

(2)适应系统,其功能为系统对外界环境产生选择性反应。

(3)反馈系统,其功能为维持系统的相对均衡状态。

生态系统正是通过这三个基本系统,维持自身平衡的。

2.1.5.2　生态系统的基本特征

1.开放性

生态系统是一个不断与外界环境进行物质和能量交换的开放系统。在生态系统中,能量是单向流动的,绿色植物接收太阳光能,经生产者、消费者、分解者利用、消耗、散失后,不能再形成循环。而维持生命活动所需的各种物质,如碳、氮、氧、磷等元素,则以矿物形式先进入植物体内,然后以有机物的形式从一个营养级传递到另一个营养级,最后有机物经微生物分解为矿物元素而重新释放到环境中,并被生物再次循环所利用。生态系统的有序性和特定能的产生,是与这种开放性分不开的。

2.运动性

生态系统是一个有机统一体,它总是处于不断的运动中,在相互适应的调节状态下,生态系统呈现出一种有节奏的相对稳定状态,并对外界环境条件的变化表现出一定的弹性,这种稳定状态,即是生态平衡。在相对稳定阶段,生态系统中的运动(能量流动和物质循环)对其性质不会发生影响。因此,所谓平衡实际上是动态平衡,是随着时间的推移和条件的变化而呈现出的一种富有弹性的相对稳定的运动过程。

3.自我调节性

生态系统作为一个有机的整体,在不断与外界进行能量和物质交换的过程中,通过自身的运动而不断调整其内在的组成和结构,并表现出一种自我调节的能力,以不断增强对外界条件变化的适应性、忍耐性,维持系统的动态平衡。当外界条件变化太大或系统内部结构发生严重破损时,生态系统的自我调节能力会下降或丧失,造成生态平衡的破坏,也正是当前人类的行为打乱及破坏了全球或区域生态系统的自我适应、调节功能,才导致了如此之多且严重的环境问题。

4.相关性与演化性

任何一个生态系统,虽然有自身的结构和功能,但又同周围的其他生态系统有着广泛的联系和交流,很难把它们截然分开,表现出系统间的相关性。对于一个具体的生态系统而言,它总是随着一定的内外条件的变化而不断地自我更新、发展和演化的,表现为产生、发展、消亡的历史过程,呈现出一定的周期性。

2.1.6　生态系统的结构

生态系统的结构是指构成生态系统的要素及其时、空分布和物质、能量循环转移的路径。其结构包括生物结构——个体、种群、群落、生态系统;形态结构——生物成分在空间、时间上的配置与变化,包括垂直、水平和时间格局;营养结构或功能结构——生态系统中各成分之间相互联系的途径,最重要的是通过营养关系实现的。构成生态系统的各组成部分,各种生物的种类、数量和空间配置,在一定时期内均处于相对稳定的状态,使生态系统能够各自保持一个相对稳定的结构。对生态系统的结构特征,一般从形态和营养关系两个角度进行研究。

2.1.6.1　生态系统的形态结构

生态系统的生物种类、种群数量和物种的空间配置及物种随时间变化等构成生态系统的形态结构。如,一个森林生态系统中的动物、植物和微生物种类和数量相对稳定,植物在空间分布上,由上到下有明显的分层现象(stratification),地上有乔木、灌木、草、苔藓,地下有浅根、深根。在森林中生活的动物也有明显的空间位置,鸟在树上筑巢,兽类在地面造窝,鼠在地下打洞。植物的种类、数量和空间位置是生态系统的骨架,是各生态系统形态结构的主要标志。

2.1.6.2　生态系统的营养结构

生态系统各组成成分之间建立起来的营养关系,就构成了生态系统的营养结构(trophic niche)。营养结构的模式可用图 2.3 表示。由于各生态系统的环境、生产者、消费者和还原者的不同,就构成了各自的营养结构,生态系统中的能量流动和物质循环等功能就是在此基础上进行的,所以营养结构也称为功能结构。

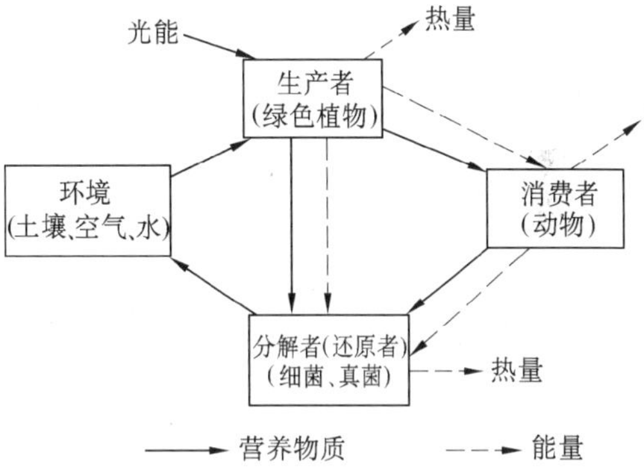

图 2.3　生态系统营养结构模式图

1.食物链(food chain)

生态系统中,由食物关系把各种生物连接起来,一种生物以另一种生物为食,另一种生物再以第三种生物为食等,彼此形成一个以食物连接起来的链锁关系,称之为食物链。按照生物间的相互关系,一般把食物链分成四类。

(1)捕食性食物链(predatory food chain)　又称放牧式食物链(grazing food chain),是指生物间以捕食的关系而构成的食物联系,它由植物开始经小生物逐渐到较大的生物,后者捕食前者,如,藻类→甲壳类→小鱼→大鱼,又如,青草→野兔→狐狸→狼,小麦→蚜虫→瓢虫→小鸟→猛禽等等形成的食物链。

(2)寄生性食物链(parasite food chain)　指寄生生物与寄主之间构成的食物链,由较大的生物开始到较小的生物,后者寄生在前者的机体上,如哺乳类或鸟类→跳蚤→原生动物→细菌→病毒。

(3)腐生性食物链(sparophagous food chain)　是以动植物尸体为食物形成的食物链,如,木材→白蚁→食蚁兽,动物尸体→秃鹫等。

(4)碎食性食物链(detritus food chain)　是指经过微生物分解的野果或树叶的碎片,以及微小的藻类组成碎屑性食物,被小动物、大动物相继利用而构成的食物链。如,树叶碎片及小藻类→虾(蟹)→鱼→食鱼的鸟类。

2.食物网(food webs)

在生态系统中,一种消费者往往不只吃一种食物,而同一种食物又可能被不同的消费者所食。因此,各食物链之间又可以相互交错相连,形成复杂的网状食物关系,称其为食物网。图2.4给出了一个简化的食物网。在生态系统中,生物间的食物关系,并不是以简单的食物链形式存在的,一般以食物网的形式存在。食物网作为一系列食物链的链锁关系,本质上反映了生态系统中各有机体之间的相互捕食关系和广泛的适应性。生态系统越稳定,生物种类越丰富,食物网也就越复杂。食物网在自然界中普遍存在,维护着生态系统的平衡和自我调节能力,推动着有机界的进化,是自然界发展演化的生命之网。

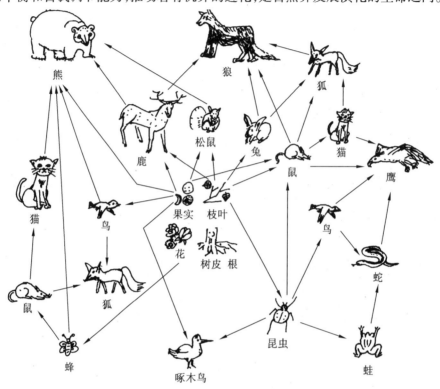

图2.4　简化的温带落叶林中的食物网

3.营养级(trophic levels)

生物群落中的各种生物之间进行物质和能量传递的级次叫营养级。食物链中每一个环节上的物种,都是一个营养级,每一个生物种群都处于一定的营养级上,生产者为第一营养级,二级消费者为第三营养级等,依此类推,而杂食性消费者却兼为几个营养级。自然界中的食物链加长不是无限的,通常营养级可达3~5级,一般不超过7级。因为低位营养级是高位营养级的营养及能量的供应者,但低位营养级的能量仅有10%能被上一个营养级利用。如第一营养级——初级生产者获得的能量,自身呼吸、代谢要消耗一部分,剩余的又不能全部被草食动物利用。因此,在数量上,第一营养级就必将大大超过第二营养级,逐级递减,就形成了生物数目金字塔、生物量金字塔、生产率金字塔等,如图2.5所示。可见,人为减少低位营养级的生物数量,必将影响高位营养级的产量。

4.食物链的特点

食物链在生态系统中不是固定不变的,它不仅在生态系统的进化历史上有改变,在短时间内也会有变化,特别是人为因素更会加速食物链的改变。动物在个体发育的不同阶段,食性发生改变能引起食物链的改变;动物食性的季节性变化,以及杂食动物均可引起

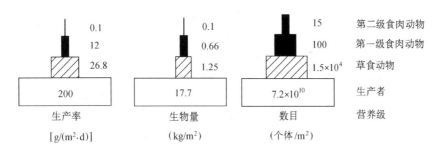

图 2.5 生态金字塔图

食物链的变化;如果食物缺乏,环境发生改变也会引起动物食性的变化。在一个复杂的食物网构成的生态系统中,个别食物链的变化不会影响大局,但在有些特殊情况下,如,人为因素或者生物链的某一环节发生变化,可能破坏整个食物链,甚至影响到生态系统的结构和功能。反过来,要想恢复生态系统原来的状态,却需要付出巨大的代价。

食物链还有一个重要特性,就是能够使环境污染中不能被代谢的有毒物质浓缩,也就是说,某种元素或难降解的物质,随着营养级的提高会在有机体中逐步增多,这种现象称做生物放大作用或生物富集作用(biomagnification;biolgical magnification)。例如,汞盐、长链的苯酚化合物、DDT 等,都可在食物链中富集。食物链这一概念揭示了环境污染中有毒物质转移、积累的原理和规律。生态系统理论对人类的生存和活动有极其重要的理论指导作用。

2.2 生态系统的功能

任何生态系统,其能量在不断地流动,物质在不断进行着循环,二者密切联系形成一个整体,是生态系统的动力。在生态系统中同时还存在着信息联系。能量流动,物质循环和信息传递,构成了生态系统的基本功能。

2.2.1 生态系统中的能量流动

2.2.1.1 能量、熵与热力学定律

能量(energy),简称能,是物质运动,或者说是物体做功能力的一种量度。自然界存在各种形式的能,如机械能、势能、动能、光能、电能、化学能、热能、生物能等等。能量形式之间可以互相转化,即能量可以从一种形式转变为另一种形式,其中,以其他能量形式与热能形式之间的转化最为普遍。在能量转化过程中,我们说能量在做功,因此,能量和功的度量单位通常相一致,均以焦耳(J)来表示。

熵(entropy)是指一个系统中不能再转化用来做功的那部分能量的总和。

能量在生态系统中的流动严格遵循热力学(thermodynamics)定律。

热力学第一定律是能量守恒定律:能量既不能创造,也不能消灭,只能从一种形态转变为另一种形态。例如,当绿色植物吸收光能后,可将光能转化为化学能,而当绿色植物被草食动物采食后,又可将化学能转化为机械能或其他形式的能量,在转换过程中尽管有热量的耗散,但其总量是不变的。

根据热力学第二定律,除向热能转变这一自发的不可逆过程外,能量从一种形式向另

一种形式转变(做功)的过程中,不可能百分之百地有效,即能量在转变过程中,总会有热损耗产生,其中一部分能量转化为无法利用的热能向周围散失。自发过程总是倾向于使体系中的熵增加,使体系中熵减少的能量转化过程不可能自发地进行。

能量在生态系统中流经食物链各营养级时,只能以能量做功或以热的形式进行,而决不可能逆向进行。例如,生态系统中复杂的有机物质,被还原者分解为无机物质是一种自发过程,而植物生产有机物质的光合作用过程,则需借助外界日光能来进行。

整个自然界的变化趋势是从有序到无序,熵值增加,从而放出能量。若从无序到有序,则熵值减少,或称负熵(negative entropy)增加,这需要从外界补充能量。维持生态系统的有序状态是以消耗太阳的能量,从而增加系统的熵为前提的。

2.2.1.2　生态系统的能量流动

地球上所有生态系统最初的能量,均来源于太阳。太阳光能辐射到地球表面被绿色植物吸收和固定,将光能转变为化学能,这个过程就是光合作用。在光合作用过程中,绿色植物在光能的作用下,吸收二氧化碳和水,合成碳水化合物;同时,也把吸收的光能固定在光合产物分子的化学键上。贮藏起来的化学能,一方面满足植物自身生理活动的需要,另一方面也供给其他异养生物生命活动的需要。太阳光能通过绿色植物的光合作用进入生态系统,并作为高效的化学能,沿着生态系统中的生产者、消费者、分解者流动。这种生物与环境之间、生物与生物之间的能量传递和转换过程,就是生态系统的能量流动过程,见图2.6所示。

1.总生产量、净生产量和生物量

绿色植物通过光合作用生产有机物质,同时将太阳能固定并转变为化学能,这种有机物质的生产

图2.6　生态系统能量流动模式图

和能量的积累过程就是生态系统的第一性生产或初级生产(primary prduction)。有机物积累的速度叫生产力(productivity)或生产率(rate of production)。植物在地表单位面积单位时间内经光合作用生产的有机物质数量叫做总第一性生产量或总初级生产力(gross primary productivity)。绿色植物的呼吸作用要消耗掉一部分光合作用中生成的有机物质,将其转化成热量散失到环境中,余下的部分才用于积累和组建器官,形成生物量(biomass)。植物除去呼吸消耗而余下的有机物积累速率叫净第一性生产量或净初级生产力(net primary productivity),也称为净同化作用(net assimilation),以公式表示为

$$P_N = P_G - R$$

其中,P_N为净初级生产力,P_G为总初级生产力;R为呼吸量。

实际上,总第一性生产除了呼吸消耗之外,还有一部分被植食动物所食,一部分(枯枝落叶)供给分解者,余下的部分经积累形成现存量(standing crop)。换言之,现存量是地表一定面积或体积内现有活生物组织的总量。严格说来,在某一时间某一地段所测定的有机物质数量是现存量,而不是生产量或生物量,但一般地称为生物量,以每平方米有机物的克数(g/m^2)或所含热量数(J/m^2)表示。此外,生态系统的生物量除植物部分外,还应包括动物和微生物的有机物数量(第二性生产或次级生产,secondary production),只因后者的数值很小(地球上全部动物的生物量仅占全部植物生物量的0.1%),常略去不计。

影响生产力的因素很多,首先是生态系统的年龄,再有是那些限制生态系统植物种群生长的条件:水分、营养物质、温度、光照、土壤理化性质等,还有遗传特性、二氧化碳等因素。另外,影响总生产力的因素同样也影响净生产力。

2. 能量在生态系统中的流动与转换

任何生态系统要正常运转都需要不断地输入能量。

进入大气层的太阳能大约为 $8.12\ J/(min \cdot cm^2)$,其中,约有 30% 被反射回太空,20% 被大气吸收,只有 46% 左右到达地面,10% 左右辐射到绿色植物上,而其中又有大部分被反射回去。在生态系统中,当能量从一种形式转换为另一种形式的时候,转换效率总是很低。真正被绿色植物利用的只占辐射到地面上的太阳能的 1% 左右。绿色植物利用这部分太阳能进行光合作用制造的有机质每年可达 1 500～2 000 亿 t,这是绿色植物提供给消费者的有机物产量。然而,绿色植物所获得的能量,根本不可能被草食动物全部利用,因为它的根、茎、杆和果壳中的坚硬部分,以及枯枝落叶都是不能被草食动物全部利用的。即使在已经采食的食物中,也有一部分不能被消化,要作为粪便排出体外。由于这一系列的原因,草食动物利用的能量,一般仅仅等于绿色植物所含总量的 5%～20% 左右。同样的道理,肉食动物所利用的能量,也要小于草食动物的能量。平均而言,大约有 10% 的能量可以从某一营养级转移到下一营养级,生态系统的能量转换效率约为 10%,这就是 Lindeman 的百分之十率(10% law)。

正像前面提到的,沿营养级序列向上,生产量急剧地、梯级般地递减,用图表示则得到状如金字塔般的生产率金字塔;同样,有机体的个体数目一般也向上急剧递减而构成数目金字塔;各营养级的生物量顺序向上递减构成生物量金字塔,总称生态金字塔(ecological pyramids)见图 2.5 所示。

总之,生态系统中的能量流动,具有如下两个显著的特点:一是能量在生态系统中的流动是沿着生产者和各级消费者的顺序逐级减少的;二是能量流动是单一方向的。这是因为,能量以光能的状态进入生态系统后,就不能再以光能的形式返回太阳,而是以热能的形式逸散于环境之中。同样,草食动物从绿色植物所获得的能量,也不能再返回绿色植物,所以,能量的流动是单程的,只能一次流过,是非循环的。能量在生态系统中的流动是不可逆的。

2.2.2　生态系统中的物质循环

在生态系统中,生物为了生存不仅需要能量,也需要物质。物质是化学能量的运载工具,又是有机体维持生命活动所进行的生物化学过程的结构基础。假如没有物质作为能量的载体,能量就会自由散失,不能沿着食物链转移;假如没有物质满足有机体生长发育的需要,生命就会停止。

自然界的 100 多种化学元素中,生物有机体维持生命所必须的约 40 多种,其中 O、C、H、N、P 被称为基本元素,占全部原生质(protoplasm)的 97% 以上,它们与 K、Na、Ca、Mg、S、Fe 等一起被称为大量营养元素(macro - nutrients)。另一些元素虽然需要量极少,但对生物的正常生长发育却不可缺少,称为微量营养元素(micro - nutrients),如 Cl、Co、I、Mn、Mo、Zn 等。构成生命有机体的这些化学营养元素首先被植物从空气、水、土壤中吸收利用,然后以有机物的形式从一个营养级传递到下一营养级。当动植物有机体死亡后被分解者分解时,它们又以无机形式的矿质元素归还到环境中,再次被植物重新吸收利用。由此可以看出,矿质养分不同于能量的单向流动,而是在生态系统内一次又一次地利用,再利用,形成循环。这就是生态系统的物质循环或生物地球化学循环(biogeochemical cycles)。图2.7表示了生物圈中的水、氧和二氧化碳的循环。

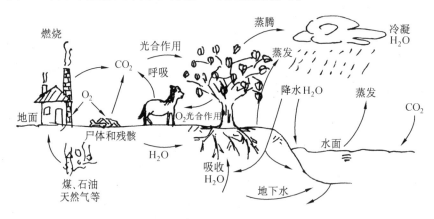

图2.7　生物圈中的水、氧气和二氧化碳的循环

各种营养元素的生物地球化学循环特点不尽相同,但都有一个或几个主要的环境蓄库(reservoirs pools)。在这种蓄库里,该元素储存的数量大大超过正常结合在生命系统中的数量,并且从蓄库里通常以缓慢的速度释放出来。这样的蓄库一般就是大气圈、水圈和岩石圈。与此相对的是元素储量少、移动较快的交换库(exchange pool),生物被看做是交换库。

根据主要蓄库的不同,物质循环可分为三大类型:水循环、气体循环和沉积循环。

2.2.2.1　水循环(hydrological cycle)

水由氢、氧组成,是生命过程中氢的主要来源,一切生命有机体大部分(约70%)是由水组成的,地面水体又是人类从事生产和生活所不可缺少的。任何一个生态系统都离不开水,同时,水循环为生态系统中物质和能量的交换提供了基础。此外,水还能起调节气候,清洗大气和净化环境的作用。

水约占地球表面的71%,在冰川、冰山、海洋、河流、湖泊、土壤、大气和生物体中的水约有 $1.4 \times 10^{18} m^3$。

海洋、湖泊、河流和地表水不断蒸发,进入大气;植物吸收到体内的大部分水分,通过叶表面的蒸腾作用(transpiration)进入大气。在大气中水分遇冷,形成雨、雪、雹,重新返回地面,一部分直接落到海洋、河流、湖泊等水域中;另一部分落到陆地表面。落到陆地上的水又有一部分渗入地下,形成地下水,再供植物根系吸收;一部分在地表形成径流,流入海洋、河流和湖泊,这就是水循环(图2.7)。

水循环的主要蓄库在水圈。水循环不仅为陆地生物、淡水生物和人类提供淡水来源,而且其他物质的循环都是与水循环结合在一起进行的。没有水循环,生命就不能维持,生态系统也无法开动起来。

2.2.2.2　气体循环(atmospheric cycle)

气体循环的主要蓄库是大气圈,其次是水圈。参加这类循环的元素相对地具有扩散性强、流动性大和容易混合的特点。所以,循环的周期较短,很少出现元素的过分聚集和短缺现象,具有明显的全球循环性质和比较完善的循环系统。属于气体循环的物质主要有 C、H、O、N 等。

1.碳的循环

碳是构成生物体的主要元素,约占生命物质的 25%,碳也存在于无机环境中,以二氧化碳和碳酸盐的形式存在。在地球表层,碳的藏量约为 20×10^6 亿 t,在大气中的二氧化碳约为 7 000 亿 t。

虽然最大量的碳元素被固结在岩石圈中,但碳的循环具有典型的气体循环性质,因为通过光合作用进入生物体内的碳元素来自于空气中的二氧化碳。

绿色植物从空气中获得二氧化碳,经过光合作用转化为葡萄糖,再合成为植物体的碳水化合物,经过食物链的传递,成为动物体的碳水化合物。植物和动物的呼吸作用把摄入体内的一部分碳转化为二氧化碳释放入大气,另一部分则构成生物的机体或在机体内贮存。动、植物死后,残体中的碳,被微生物分解而成为二氧化碳,并排入大气。也有小部分动植物尸体长期埋于地下,形成化石燃料,人们利用这些物质通过燃烧把二氧化碳放到大气中。此外,风化和火山活动及石灰岩的分解,也把某些碳作为二氧化碳或碳酸盐归还于大气和地表中。海洋中的碳酸盐可沉积海底,长期贮存。火山爆发又可使地壳中一部分碳回到大气中。碳就是这样周而复始地进行着循环,见图 2.8 所示。由于工业的高速发展,人类大量耗用化石燃料,使空气中的二氧化碳的浓度不断增加,加强了温室效应,对世界的气候发生影响,对人类造成危害。

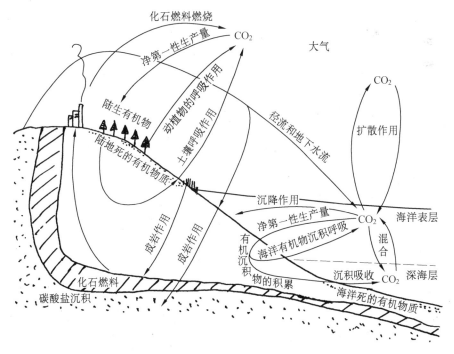

图 2.8 碳循环图

2.氮的循环

氮也是构成生物体有机物质的重要元素之一,是组成蛋白质的必需元素,存在于生物体、大气和矿物之中。氮循环过程包括固氮作用、氨化作用、硝化作用和反硝化作用。

大气中氮占组成的78%体积分数,但N_2是一种惰性气体,不能直接被大多数生物所利用。大气中的氮进入生物有机体内主要有四种途径。

(1)生物固氮。苜蓿、大豆等豆科植物和其他少数高等植物能通过根瘤菌这一类固氮细菌或某些蓝绿藻固定大气中的氮,转变为硝酸盐供给植物吸收,每年约54×10^6 t。

(2)工业固氮。人为通过工业手段,将大气中的N_2合成NH_3或NH_4^+,即合成氮肥供植物利用,每年约30×10^6 t。

(3)岩浆固氮。火山喷发时,喷射出的岩浆可以固定一部分氮,每年约0.2×10^6 t。

(4)大气固氮。通过雷雨天发生的闪电现象,形成电离作用,可使N_2转化成硝酸盐并经雨水带进土壤,每年约7.6×10^6 t。以上总计约为91.8×10^6 t。

土壤中的氨或氨盐,经硝化细菌的硝化作用,形成硝酸盐和亚硝酸盐,被植物吸收,在植物体内形成各种氨基酸,再转变成蛋白质。动物直接、间接以植物为食,从植物中摄取蛋白质,作为自己蛋白质的来源。动物在新陈代谢过程中又分解蛋白质,形成氨、尿素等排入土壤。动植物尸体在土壤中的微生物作用下分解成氨等。这些氨也进入土壤,一部分被植物利用,一部分在反硝化细菌的作用下,分解成游离氮,进入大气,完成了氮的循环。同时,火山喷发时也会有氮气进入大气。而化学肥料的生产也将使空气中的氮变成铵盐贮存于土壤中,还有一部分硝酸盐随水流入海洋或以生物遗体形式保存在沉积岩中。氮循环,如图2.9所示。每年返回大气中的固定氮为85×10^6 t,这样,每年有6.8×10^6 t固定氮滞留,它们分布在土壤、江、河、湖、海中,其后果是使土壤,江、河、湖、海水体富营养化,有关富营养化问题将在后面章节中讨论。

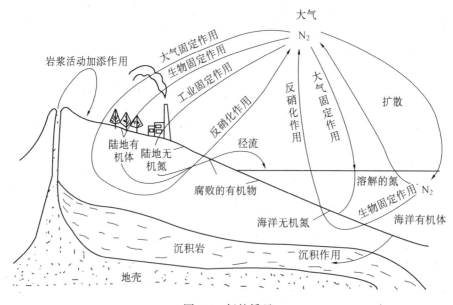

图2.9　氮的循环

N_2被还原成NH_3和其他氮化物的过程称为固氮作用;微生物分解有机氮化物产生氨的过程称为氨化作用;微生物将NH_3氧化成硝酸盐的过程称为硝化作用;微生物还原硝酸盐,释放出N_2和N_2O的过程称为反硝化作用或脱氮作用。

2.2.2.3　沉积循环(sedimentary cycle)

沉积循环指参与循环的物质中很大一部分又通过沉积作用进入地壳而暂时或长期离开循环。沉积循环的蓄库主要是岩石圈和土壤。属于沉积型循环的营养元素主要有磷、硫、碘、钾、钠、钙等。保存在岩石圈中的这些元素只有当地壳抬升变为陆地后,才有可能因岩石风化、侵蚀和人工采矿等形式释放出来,被生产者植物所利用,因此,循环周期很长。

下面主要介绍典型的沉积循环——磷循环。

磷是有机体不可缺少的重要元素。生物体细胞内的一切生化作用所需的能量,都是通过含磷的高能磷酸键在二磷酸腺苷(ADP)和三磷酸腺苷(ATP)之间的可逆性转化提供的。光合作用产生的糖,如果不经过磷酸化,碳的固定是无效的。而作为遗传基础的DNA分子的骨架,也是由磷酸和糖类构成的。在生物的各种代谢过程中需要磷来储存和释放能量。磷没有任何气体形式或蒸气形式的化合物,因此,磷是较典型的沉积循环。磷的主要来源是磷酸盐岩石的沉积物、鸟粪、动物化石,以及动物的骨骼。磷通过侵蚀和采矿从岩石中移出,进入水循环和食物链。磷溶于水但不挥发,所以,磷由于降水从岩石圈淋溶到水圈,形成可溶性磷酸盐,而被植物吸收。再经过一系列消费者的利用,将其含磷的物质、废料等有机化合物归还到土壤,通过分解者的分解作用,转变成可溶性磷酸盐,又供有机体利用,如图 2.10 所示。

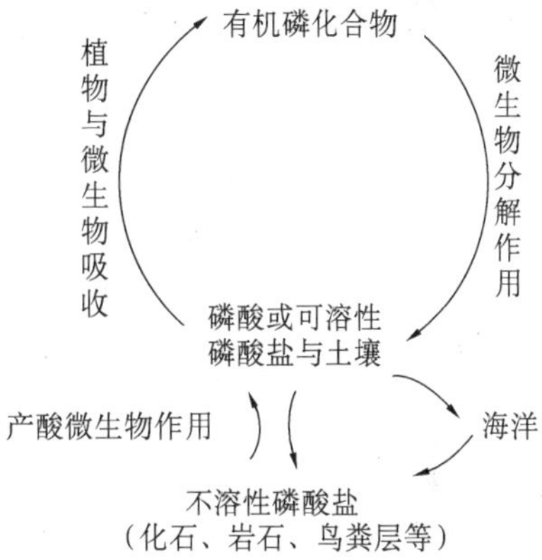

图 2.10　磷循环示意图

2.2.2.4　生态因子的有关概念

生物与环境之间的关系不仅体现在营养物质的交换中,也体现在其他一切影响生物生长发育的生态因子中。

1.最低量律和耐性定律

1840 年,Liebig 最早阐明了在植物生长所必需的营养元素中,供给量最少(与需要量相差最大)的元素决定着植物的产量。这一原理被表述为最低量律(law of the minimum)。1913 年,Shelford 提出,一种生物能否生存,要依赖一种综合的全部因子存在的环境,只要环境中的一项因子的量或质不足或过多,超过该种生物的忍耐限度,则该物种不能生存,甚至灭绝,这一概念被称为耐性定律(law of tolerance)。

2.生态因子和限制因子

在耐性定律中,不仅把最低量因子和最大量因子并提,而且将因子的范围扩大到涵盖任何生物生长发育起作用的环境因子(称之为生态因子 ecological factor),对于陆生绿色植物来说,这样的生态因子主要有:阳光、空气中的氧气和二氧化碳、水、温度、土壤中的各种营养元素等,其中的任一种对于植物的生长发育都是必不可少,并且不能相互替代,它们共同对植物起作用。而当其中任一种在环境中的量或质接近或超过耐性下限或上限时,便构成了威胁到植物生存的限制因子(limiting factor)。例如,当某一环境中的年最低温度低于某种植物能够忍受的最低温度时,即使这时温度条件、土壤类型等极适合于植物的生长发育,此种植物仍将无法生存于该环境中。

耐性定律和限制因子的概念,适用于一切生物及生物群体。限制因子随时间地点而变,也因生物种类而异。人类在生产实践中掌握了一些消除限制因子的途径,而同时,人类的活动又深入而又广泛地影响着生态系统的能量流动和物质循环。

3.物质循环与能量流动的关系

能量流动和物质循环是生态系统的两个基本过程,这两个基本过程使生态系统各个营养级之间和各种成分(非生物成分和生物成分)之间构成一个完整的功能单位,组织起有效的生产。但是能量流动和物质循环的性质不同,能量流经生态系统最终以热的形式消散,能量流动是单方向的,生态系统必须不断地从外界获得能量;而物质的流动是循环式的,各种物质都能以可被植物利用的形式重返环境,如图2.11所示。在生态系统中,能量流动和物质循环虽然具有性质上的差别,各自发挥自己的作用,然而它们之间是紧密结合,不可分割的整体。能量流动和物质循环是在生物取食过程中同时发生的,两者密切相关,相互伴随,难以分开。因为能量是储存在有

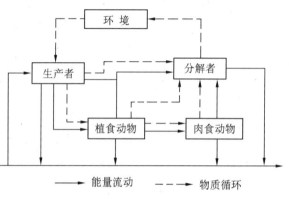

图 2.11　生态系统中能量流与物质之间的比较

机分子键内,当能量通过呼吸过程被释放出来用以作功的时候,该有机化合物就被分解,并以较简单的物质形式重新释放到环境中去。

2.2.3　生态系统的信息传递

在生态系统的各组成部分之间及各组成部分的内部,存在着各种形式的信息,以此把生态系统联系成为一个统一的整体。生态系统的信息传递在沟通生物群落与其生存环境之间、生物群落内各种生物种群之间的关系方面起着重要作用。

生态系统中的信息形式,主要有营养信息、化学信息、物理信息和行为信息等。这些信息最终都是经由基因和酸的作用并以激素和神经系统为中介体现出来的。

2.2.3.1　营养信息

是通过营养交换的形式把信息从一个种群传递给另一个种群,或以一个个体传递给另一个个体,食物链(网)即为一个营养信息系统。以草本植物、鹌鹑、鼠和猫头鹰组成的食物链为例,如图2.12所示,当鹌鹑多时,猫头鹰大量捕食鹌鹑,鼠类很少被害;当鹌鹑少时,猫头鹰转而大量捕食鼠类。通过猫头鹰对鼠类捕食的轻重,向鼠类传递了鹌鹑多少的信息。

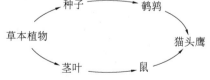

图 2.12　草本植物、鹌鹑、鼠、猫头鹰食物链

2.2.3.2　化学信息

生物可以在某些稳定条件或某个生长发育阶

段分泌出某些特殊的化学物质,这些分泌物在个体或种群之间起着某种传递信息的作用。例如,蚂蚁可以通过自身的分泌物留下化学痕迹,以便后者跟随;猫、狗等排尿,是为标记自己的行踪及活动区域。

2.2.3.3　物理信息

兽吼、鸟鸣、颜色和发光等构成了生态系统的物理信息。例如,鸟鸣、兽吼可以传递惊慌、安全、恫吓、警告、有无食物和要求配偶等各种信息;昆虫可以根据花的颜色判断食物——花蜜的有无。鱼在水中长期适应于把光作为食物的信息。

2.2.3.4　行为信息

有些动物可以通过自己的各种行为方式向同伴们发出识别、威吓、挑战和求偶等信息。如,丹顶鹤求偶时,雌雄双双起舞。这种信息表现在种内,但也可能为其他动物提供某种信息。

若信息系统遭到破坏,生态系统就会失去调节能力。如,石油污染水体表面导致回游性鱼类信息系统的破坏,使鱼无法溯流产卵,以致影响回游性鱼类的繁殖,破坏鱼类资源。

生态系统的生物和非生物成分之间,通过能量流动、物质循环和信息传递而联结,形成一个相互依赖、相互制约、环环紧扣、相生相克的网络状复杂关系的统一体。生物在能流、物流和信息流的各个环节上都起着深远的作用,无论哪个环节出了问题,都会发生链锁反应,致使能流、物流和信息流受阻或中断,破坏生态的稳定性。

2.3　生态平衡

2.3.1　种群与生物群落

2.3.1.1　种群的概念

种群(population)是指一定环境空间中同种生物的个体集群。例如,秦岭的箭竹种群、四川卧龙的大熊猫种群、北京市的人口种群等。一个种群比生物个体对自然界有更大的适应能力,他们可以有效地抵御不良的环境条件,共同对付天敌,共同寻觅食物等。由于种群是由种内许多个体组成的,因而具备了分布、密度、年龄结构等生物个体所不具备的新特征。

种群分布指种群个体在环境空间中的排布状况,一般分为随机分布、均匀分布和成群分布三类。种群密度(density)指单位空间中种群个体的数目。种群密度随物种与环境条件不同而有很大差异。种群过稀不利于抵御天敌和不良环境,不利于生殖繁衍;过密则会使能源、资源供应不足、空间不足,还会使代谢物充满空间而污染环境。种群的年龄结构(age structure)是指不同年龄组的个体在种群内的比例或配置情况,它反映种群的动态增长潜力,可根据生育年龄和其他各年龄段个体的多少分为三种类型:增长型、稳定型和衰退型。

2.3.1.2　种群增长

种群增长是指随时间变化种群个体数目增加的情况,体现着种群的动态特征。影响种群增长的因素来自两个方面:种群繁殖和迁移。繁殖(reproduction)能否使种群个体数量增加,取决于种群出生率与死亡率之间的对比关系。种群出生率的大小,决定于种群的生物学特性和种群中具有繁殖能力的个体的数目,也决定于环境条件。种群死亡率则决定于食物的丰富程度、疾病、天敌捕杀和种群竞争等。当出生率大于死亡率时,种群个体数目增加,反之减少。迁移(migration)则是种群个体从外部迁入某一生存空间或从内部迁出的现象,同样取决于该空间中环境条件给予种群个体生存与发展的机会。迁入和迁出对种群的影响与出生和死亡对种群的关系类似。

不同物种种群的个体,寿命长短各有差异,在各年龄段上的存活率也不同,就此可以做出三类不同形式的存活曲线(survivorship curve)。这些曲线直观地表现出种群中个体的存活过程,如图 2.13 所示。凸型曲线 A 表示在接近生理寿命前,种群内只有少数个体死亡,例如,大型兽类和人类的存活曲线。对角线型曲线 B 表示种群个体各年龄段死亡率相等,如,许多鸟类接近于此型。凹型曲线 C 表示幼年期死亡率很高,如鱼类和两栖类动物,又如树木中的橡树等。

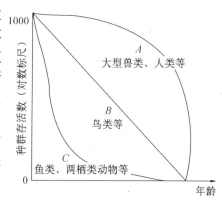

图 2.13　种群存活曲线的三种基本类型

2.3.1.3　生物群落(community)

生物群落是一组相互作用着的种群形成的整体。例如,在草原上生活着植物、动物、微生物的许多种群,他们之间相互以各种方式联系在一起。可以说,生物群落是一个生态系统中有生命的部分。植物被昆虫所吃,昆虫又成为鸟类的食物,小鸟又被更凶猛的鸟禽所食,最终各种动物尸体被微生物分解,又成为植物的有机和无机养分,这便构成了一个生物群落。

1.生态位

生命有机体生活离不开环境。一个生物种生活的具体环境称之为生态环境,简称生境(habitat)。一个生物种在一个生物群落中所处的地位和所扮演的角色,称为该种的生态位(niche)。生态位可分为环境生态位、营养生态位、超体积生态位。生物群落中种种的生态位分化为单位空间中容纳更多的生物种类提供了可能,从而可最充分地利用空间和营养资源,生产更多的生物物质。农业生产中的间作、套种等,就是模拟天然群落中生态分化的成功例子。

2.多样性与稳定性

前面已经提到,复杂的食物链网关系较易维持生态系统的稳定。而复杂的食物链网的形成,有赖于群落中较高的物种多样性(species diversity)。一个群落中的物种越多样化,食物链网越复杂,每个物种可选择的食物范围就越宽广,从而生物生存的可能性也越大;同时,群落中的反馈系统也更为复杂,部分物种受损不至于破坏群落的整体特征,保证了群落的稳定性和抵抗外力干扰的程度,这也是生态学中的种类多样性导致群落稳定性的原则。

稳定性(stability)的概念有两层含义:一是抵抗力(resistance),一是恢复力(resilience)。相对稳定可以是具有高的抗外界干扰的能力,也可以是在外界干扰后迅速恢复到原状的能力。多样性有助于增强群落的抵抗力,却不利于提高群落的恢复力。

3.种间相互关系

群落的物种种群间存在着复杂的相互作用。这些相互作用有直接影响和间接影响，有有利的作用与不利的作用。主要有以下几种形式。

(1)竞争(competition)是物种内或物种间为争夺生存资源和空间而相互抑制的现象。竞争对双方都不利，两个生态习性相近的物种不能同时占据相同的生态位，即符合竞争排斥原理(the competitive exclusion principle)。竞争往往发生在彼此共同需要的资源和空间有限，而物种的个体密度又过大的情况中。如，兽类内部为争取交配权而争斗，体现了种内的竞争；田间杂草与农作物争夺水肥，属于种间竞争。

(2)共生(symbiosis)是两种不同的生物在生活中密切结合在一起，互相依赖，彼此获利的一种物种间相互作用方式。如，固氮根瘤菌与豆科植物的相互依存是典型的共生例子。

(3)寄生(parasitism)是一个物种(寄生物)的个体生活在另一物种(寄主)的体内或体表，并从寄主身上取得营养的现象。寄生是弱者依附于强者的表现，虽对寄主有害，但一般不伤及其生命，如，虱子寄生于人体，绦虫寄生于猪肠内等。

(4)共栖(commensalism)指两种生物生活在一起，其中一方受益，另一方并不受害也无利。如，海洋中的小鱼吸附在大鱼的体表，以大鱼进食后的残渣为生。大鱼虽未获利益，但也无大碍。

(5)捕食(predation)是一种生物攻击或捕杀另一种生物并以其为食的现象。捕食者因获得食物而受益，被捕食者则受到抑制或死亡。例如，羚羊吃草而狮子捕食羚羊等。捕食作用对于生态系统而言并不一定总是有害，因为，猎物首先往往是被捕食种群中的老弱病残，通过捕食有利于淘汰劣小，控制种群的个体数量，维持生物种群间和生物与环境负荷间的平衡。

2.3.1.4 生态演替(ecological succession)

生命有机体在受到环境影响、控制的同时，也反过来对环境施加一定的影响。当有机体侵入到一处原来没有生命的领域内，便在与环境的相互作用下逐步发展。随着有机体的发展，对环境施加的影响力也逐渐加大，甚至大到使环境改变得不利于原有机体的生存，而有利于另一些有机体生存，从而原来的群落组成与结构被新的群落组成与结构所替代，这一现象称之为生态演替。

生态演替按照开始时环境条件的状况可分为原生演替(primary succession)和次生演替(secondary succession)。按照演替发展的方向可分为顺行演替(progressive succession)和逆行演替(retrogressive succession)。

原生演替出现在以前没有植物覆被的裸地上，如露天矿山废弃地，大规模自然灾害(如火山爆发)后的地表等处。次生演替发生在原来有过植物覆被，以后由于种种原因植被毁灭，但土壤中还保留有植物的种子或其他繁殖体的裸地上。次生演替比较普遍，例如，在撂荒农田、砍伐过的林地，以及战争废墟上发生的演替等。

在演替过程中，当演替的发展变化总趋势是朝着逐渐符合当地生态环境条件的方向进行时，称为顺行演替。其结果是，群落特征一般表现为种类组成多样性有所增加，生态位分化和结构变得较原来复杂，同时，群落对环境资源的利用也越来越充分。反之，群落由于受到干扰破坏而驱使演替过程倒退，称为逆行演替。

无论演替最初是在何种环境条件下发生的，若时间足够长且无外界因素干扰，演替将会不断地进行,经过一系列过渡阶段的群落(称为演替系列 seres),最终将达到一个与当地大气及土壤等生态环境条件相适应的、组成和结构相对动态稳定的群落,即演替顶极群落(climax)。维持顶极群落稳定状态(homeostasis)的是类似于种群调节的负反馈机制,除非有大的气候变动或人为活动干扰,使群落发生根本性的变化,否则,顶极群落将可以长期存在下去。

在自然条件下,生态系统的演替总是自动地向着生物种类多样化、结构复杂化、功能完善化的方向发展,最终导致顶极生态系统的形成,使生态系统中群落的数量、种群间的相互关系、生物产量达到相对平衡,从而增强系统的自我调节、自我维持和自我发展的能力,提高系统的稳定性及抵御外界干扰的能力。只要有足够的时间和相对稳定的环境条件,生态系统的演替迟早会进入成熟的稳定阶段。那时,它的生物种类最多,种群比例适宜,总生物量最大,生态系统的内稳定性最强。

综上可总结如下。

(1)生态系统的演替是有方向、有次序的发展过程,并且是可以预测的。

(2)演替是生态系统内外因素共同作用的结果,因而是可控制的。

(3)演替的自然趋势是增加系统的稳定性,因此,要充分认识和尊重生态系统的自我调节能力。

(4)在追求生态系统的稳定性时,应充分考虑系统的内在调节能力,而不必追求系统的复杂性。

2.3.2　生态平衡

2.3.2.1　生态系统的平衡

在任何一个正常的生态系统中,能量流动和物质循环总是不断地进行着。在一定的时期内,在生产者、消费者和分解者之间都保持着一种相对的平衡状态,也就是系统的能量流动和物质循环在较长的时间内保持稳定状态,这种平衡状态就叫做生态平衡(ecological balance)。在自然生态系统中,生态平衡还表现在其结构和功能上,包括生物种类的组成、各个种群的数量比例,以及能量和物质的输入、输出等,都处于相对稳定的状态。

生态平衡是动态的平衡,不是静止的平衡。系统内部因素和外界因素的变化,尤其是人为的因素,都可能对系统发生影响,引起系统的改变,甚至破坏系统的平衡,所以,平衡是暂时的、相对的,不平衡是永久的、绝对的。生态系统作为具有耗散结构的开放系统,在系统内通过一系列的反馈作用,对外界的干扰进行内部结构与功能的调整,以保持系统的稳定平衡,称为生态系统的自我调节能力,如图 2.14 所示。

生态系统之所以能够保持动态的平衡,主要是由于内部具有自动调节的能力。当系统的某一部分出现了机能异常时,就可能被不同部分的调节所抵消。生态系统的组成成分越多,能量流动和物质循环的途径越复杂,其调节能力也越强。相反,成分越单纯,结构越简单,其调节能力也越小。但是,一个生态系统的调节能力再强,也是有一定限度的,生态学上把这个自我调节能力的极限值称为阈值,即生态阈限(ecological threshold)。当外界压力过大,使系统的变化超过了生态阈限时,其自我调节能力随之下降,以至消失。此时,系统结构被破坏,功能受阻,以至整个系统受到伤害甚至崩溃,这就是平常所说的生态平衡失调或生态危机(ecological crisis)。

2.3.2.2　影响生态平衡的因素

1. 自然因素

自然因素主要是指自然界发生的异常变化或自然界本来就存在的对人类和生物影响的因素。包括地壳变动、火山爆发、山崩、海啸、水旱灾害、流行病等由自然界发生异常变化引起生态平衡的破坏。由此造成的事例很多，如，秘鲁海面每隔 6～7 年就会发生一次海洋变异，结果使来自寒流系的鳀鱼大量死亡，使食鱼的海鸟因缺食也大批死亡，从而又引起以鸟粪为肥料的当地农田因缺肥而减产。

2. 人为因素

人为因素主要指人类对自然资源的不合理利用，以及工农业生产带来的环境污染等。人为因素引起生态平衡的破坏主要有三种类型。

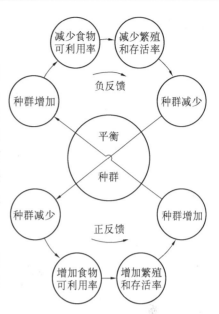

图 2.14　"生态系统自我调节机制"的理论模型（这种调节机制使种群数量保持在稳定的平衡点附近。Anderson, 1981）

一是生物种类的改变。当人类的活动有意或无意地使生态系统中的某一物种消失或某一新物种出现时，都可能影响整个生态系统。如，在澳大利亚草原上引进欧洲野兔，结果使野兔成灾，由此造成局部草原破坏。

二是环境因素的改变，引起平衡破坏。工农业迅速发展，产生大量的污染物进入环境，使生态系统中的环境因素改变，影响整个生态系统，甚至造成生态系统的破坏。如，含有氮、磷等的营养物质大量进入水体，增加了水中的营养成分，造成水藻丛生，使水中溶解氧减少，水中鱼虾等因缺氧而大量死亡，引起水系正常生态系统的破坏。

三是信息系统的破坏。在生态系统中，某些动物繁殖期间，雌性个体会放出性激素，引诱雄性，实现配偶，繁衍后代。当人们排放到该生态系统中某些污染物质，使某一动物排放的性激素失去引诱雄性个体的作用时，便破坏了这种动物的繁殖，改变了生物种群的组成，使生态平衡受到影响，甚至破坏。

2.3.2.3　生态学的一般规律

1. 相互依存与相互制约规律

相互依存与相互制约，反映了生物间的协调关系，是构成生物群落的基础。

(1) 普遍的依存与制约，亦称"物物相关"规律。有相同生理、生态特性的生物，占据与之相适宜的小环境，构成生物群落或生态系统。系统中不仅有同种生物的相互依存、相互制约的关系，而且在异种生物间、不同群落或系统之间，也存在相互依存与制约的关系，亦可以说彼此影响。这种影响有些是直接的，有些是间接的，有些是立即表现出来的，有些需滞后一段时间才显现出来。无论在动物、植物，还是微生物中，或在它们之间，这种生物间的相互依存与制约的关系都是普遍存在的。因此，在生产建设中，特别是在需要排放污染、倾倒废物、喷洒药品、施用化肥、采伐、开垦、修建大型水利工程及其他重要建设项目时，务必注意调查研究，摸清自然界诸事物之间的相互关系，并对与其生产活动有关的其他事物也加以全面考虑，从而做到统筹兼顾。

　　(2)通过食物而相互联系与制约的协调关系,亦称"相生相克"规律。具体形式就是食物链与食物网,即每一种生物在食物链(网)中,都占据一定的位置,并且有特定的作用。各生物种之间相互依赖、彼此制约、协同进化。被食者为捕食者提供生存条件,同时又为捕食者控制;反过来,捕食者又受制于被食者,彼此相生相克,使整个体系成为协调的整体。生物体间的这种相生相克,使生物保持数量相对稳定,是生态平衡的一个重要方面。

　　2.物质循环与再生规律

　　自然界通过动、植物和微生物,以及非生物成分之间的作用,一方面合成物质,一方面又把物质分解为原来的简单物质,重新供动植物使用,从此不断地进行着新陈代谢。若人类的活动,超出了生态系统的调节限度,便引起生态平衡的破坏。

　　3.物质输入输出的动态平衡规律

　　物质输入输出的平衡规律,又称协调稳定规律,涉及生态系统中生物与环境两个方面。当一个自然生态系统不受人类活动干扰时,生物与环境之间的输入与输出,是相互对立的关系,生物体进行输入时,环境必然进行输出,反之亦然。也就是说,对于一个稳定的生态系统,无论对生物,还是对环境,以及对整个生态系统,物质的输入与输出总是处于相对的平衡状态。

　　对于生物体而言,当物质输入不足时,如对农田施肥不足,影响作物生长,使其产量下降。对环境而言,如果物质移入过多,如营养成分过剩,就会出现富营养化现象。

　　4.相互适应与补偿的协同进化规律

　　生物与生物,以及生物与环境之间,存在着作用与反作用的过程。生物与环境是互相制约、互相影响的。植物从环境中吸收水分和营养,反过来,生物又以排泄物和尸体把水分和营养还给环境,这还回的物质不同于原来的物质,这样如此下去,生物和环境彼此相互适应与补偿,促进了生物的发展和进化。

　　5.环境资源的有效极限规律

　　任何生态系统中的环境资源,在质量、数量、空间和时间等方面,都有其一定的限度,不能无限制的供给,因而生物生产力通常都有一个大致的上限,因此,每一个生态系统对任何外来干扰都有一定的忍耐极限。所以,采伐森林、捕鱼狩猎不应超过能使资源永续利用的产量;保护某一物种时,必须要有足够它生存、繁殖的空间;排污时,必须使排污量不超过环境的自净能力等。

　　以上生态学的一般规律,是生态平衡的理论基础。生态平衡、生态系统的结构与功能又与人口、粮食、能源、自然资源、环境保护等五大社会问题紧密相关,它们之间的关系如图2.15所示。

　　许多科学家认为,解决这五大问题的核心是控制人口的增长,即维持人类自身种群数量的稳定,做到与地球生物圈协调共处,从而实现既满足当前人类需要,又不危及后代子孙生存的可持续发展(sustainable development)。

　　城市生态学(urban ecology)是生态学的一个分支,是以城市空间范围内生态系统和环境系统之间联系为研究对象的学科。由于人是城市中生命成分的主体,因此,也可以说城市生态学是研究城市居民与城市环境之间相互关系的科学。

　　城市是生物圈中的一个基本功能单位,是一种特殊的以人为主体的生态系统。城市生态学以整体的观点开展研究,除了研究城市的形态结构以外,更多地把注意力放在全面阐明它的组分(子系统)之间的关系,以及在它们之间的能量流动、物质代谢、信息和人的流通所形成的格局和过程(即城市的生理方面)。城市生态学综合性很强,并涉及众多的学科领域,只要是与城市有关的并且涉及生态学的问题,都属于城市生态学的研究范畴。城市生态学在极大的程度上属于应用性学科,其研究的首要目的不仅仅是认识城市生态系统中的各种关系,而且也是为将城市建设成为一个有益于人类生活的生态系统寻求出路。

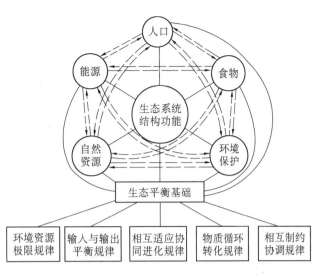

图 2.15　生态平衡与五大环境问题的关系示意图

思考题及习题

1.什么叫食物链和食物网?

2.什么叫做生态系统? 它具有哪些结构与功能特性?

3.生态系统有哪些物质循环? 特点如何?

4.简述生物圈中水、氧气和二氧化碳的循环。

5.生态系统的能量流动服从什么规律?

6.什么叫生态平衡? 破坏生态平衡的因素有哪些? 试列举你熟知的破坏生态平衡的例子。

7.什么叫生态系统调节能力? 如何充分利用生态系统的调节能力?

8.什么叫生态学? 生态学具有哪些一般规律?

第3章　城市环境与生态保护

随着全球城市化进程的加快,经济的快速发展和人们生活水平的不断提高,城市环境改善问题已经引起了世界各国政府和公众的广泛关注。由于城市在世界各国的国民经济和社会发展中占有举足轻重的地位,世界各国都十分重视城市环境保护方面的问题。中国的城市化已进入高速发展阶段。迅速的城市化进程,使城市环境污染问题日趋严重。国内外大量事实已经证明,城市中巨大的人口压力,日益紧缺的资源和环境质量的恶化,已经成为城市发展的重要制约因素。因此,在城市化进程中,保护和改善城市环境质量和居民的生活环境,直接关系到人们生活水平的提高,关系到城市经济和社会的可持续发展;对于全面建设小康社会,加快推进我国现代化建设具有重要作用。

3.1　城市环境

3.1.1　城市发展概况

城市是人类社会政治、经济、文化、科学教育的中心,经济活动和人口高度密集,面临巨大的资源与环境压力。

2004 年我国共有建制城市 661 个,全国城市市辖区土地面积为 39.42 万 km^2,仅占全国土地总面积的 6%。城镇人口约 5.24 亿,占全国人口的 41.7%,市辖区的人口密度为 847 人/km^2,人口密度高。城市化率从 1993 年的 28% 提高到了 2004 年的 41.7%,如图 3.1 所示,11 年提高了 13.7 个百分点,城市化水平不断提高,进入快速增长期。

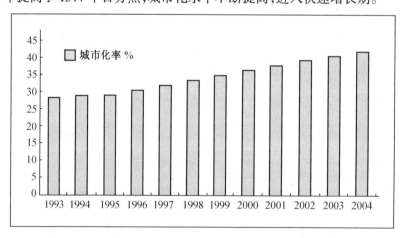

图 3.1　中国城市化的发展态势

城市在整个国民经济中占有十分重要的地位,城市对中国 GDP 的贡献为 65.5%,城市第二产业增加值占全国的 64%,第三产业增加值占全国的 86%。城市经济长期保持高速增长态势。

城市经济的快速发展、人口的急剧膨胀、资源的大量消耗,部分城市市区原有的自然生态系统破坏严重,地表大部分被建筑物、混凝土路面所覆盖。由此,引发了各种各样的环境问题,影响了城市居民的日常生活,制约着城市的健康发展。

3.1.2　城市环境的概念及组成

3.1.2.1　城市环境的概念

城市是随着私有制和国家的出现而出现的非农业人口聚居的场所、活动的中心,是自然环境和人工环境的有机合成。城市环境是环境的一个组成部分,是指影响城市人类活动的各种自然的或人工的外部条件。它是人类有计划、有目的地利用和改造自然环境创造出来的高度人工化的生存环境,是一个典型的受自然、经济、社会因素共同作用的地域综合体。狭义的城市环境主要包括地形、地貌、土壤、水文、气候、植被、动物、微生物等自然环境,以及住宅、道路、管线、基础设施、不同类型的土地利用、废气、废水、废渣、噪声等人工环境。广义的城市环境除了包括狭义的城市环境外,还包括人口分布及变化、服务设施、娱乐设施、社会生活等社会环境,资源、市场条件、就业、收入水平、经济基础、技术条件等经济环境以及风景、风貌、建筑特色、文物古迹等美学环境。从环境保护的角度看,城市环境主要是指狭义的城市环境。

3.1.2.2　城市环境的组成

城市环境可分为自然环境和人工环境(或社会环境)两个部分。城市自然环境是城市环境的基础,它为城市这一物质实体提供了一定的地域空间,包括城市的大气环境、水环境、生物环境、土壤环境和地理环境等。因此,城市环境的形成在许多方面都必然受到自然环境的影响和作用。城市自然环境中的各个环境要素,如地形、地貌、气候、水文等,决定城市用地形态、城市用地布局、城市建筑结构、城市基础设施配置和工程造价等各个方面;同时,城市环境的建立也改变了自然环境的性质和状况。

城市人工环境是在城市自然环境基础上建立起来的,它是由实现城市各种功能所必需的物质基础设施单元组成,包括房屋建筑、管道设施、交通设施、供电、供热、供气和垃圾清运等服务设施,通讯广播电视和文化体育等娱乐设施,以及园林绿化设施等。

没有城市人工环境,城市与其他人类聚居区域或聚居形式的差别将无法体现,城市本身的运行也将受到限制。

对于人类活动最频繁、人口最集中的城市来说,我们还可根据与城市中某一地域相联系的人类主要活动方式,进一步将城市社会环境划分为居住环境、交通环境、工业环境、商业环境、文教环境、旅游娱乐环境等次环境部分,这种划分体现了城市环境为一地域综合体所具有的地域层次性。与城市功能分区相吻合,在城市环境改造和建设中具有实际指导意义。

3.1.3　城市环境问题的产生、发展

3.1.3.1　城市环境问题

城市环境是国家和地区城市社会发展的主体构成,改善城市环境的重大意义在于改善城市社会发展环境,促进城市社会发展,提高城市居民生活质量的总体水平。然而,世

界上的许多城市,在城市化的进程中,先后普遍地出现了包括环境污染在内的"城市综合症",甚至发生了环境公害。例如,英国伦敦的烟雾事件、美国洛杉矶的光化学烟雾事件等。

我国的环境问题也首先在城市突出地表现出来,城市环境污染问题正在成为制约我国城市发展的一个重要障碍,许多城市的环境污染已相当严重,如沈阳、西安和北京等城市曾被列入全球空气污染严重的城市名单。为此,如何更有效地控制我国城市环境污染,改善城市环境质量,使城市社会经济得以全面、持续、稳定和协调发展,已成为一个迫在眉睫的问题。

目前,城市的环境问题主要包括城市空气污染问题、城市水污染问题、城市固体废物污染问题、城市噪声污染问题、有毒化学品污染问题、城市电磁波污染问题及生态环境系统脆弱问题等。这些环境问题很多是由于盲目的城市化建设过程中造成的。城市的水源短缺和水污染问题将成为我国城市在 21 世纪面临的最紧迫的环境问题。

3.1.3.2　城市环境问题产生和发展阶段

1.产业革命以前生态环境的早期破坏阶段

此阶段从人类出现开始直到产业革命,与其他几个阶段相比,是一个漫长的时期,虽然已经出现了城市化和手工业作坊,但工业生产并不发达。因此,引起的环境问题并不突出。总的说来,这一阶段的人类活动对环境的影响还是局部的,没有达到影响整个生物圈的程度。

2.产业革命至 20 世纪 80 年代近代城市环境问题

此阶段从产业革命开始,到 20 世纪 80 年代在南极上空发现"臭氧空洞"为止。

这一阶段的环境问题主要是由于人口的迅猛增加,都市化的速度加快,工业化生产不断急剧扩大,能源的消耗剧增等所致。先是由于人口和工业密集,燃煤量和燃油量剧增,发达国家的城市饱受空气污染之苦,后来这些国家的城市周围又出现日益严重的水污染和垃圾污染,工业"三废"、汽车尾气更是加剧了这些污染公害的程度。在 20 世纪 60 ~ 70 年代,发达国家普遍花大力气对这些城市环境问题进行治理,并把污染严重的工业搬到发展中国家,较好地解决了国内的环境污染问题。随着发达国家环境状况的改善,发展中国家却开始步发达国家的后尘,重走工业化和城市化的老路,城市环境问题带来了严重的生态破坏。

20 世纪 60 年代后期,由于环境污染日益严重,各国兴起环境保护运动,1972 年联合国通过了《联合国人类环境会议宣言》,呼吁世界各国政府和民众共同来维护和改善人类环境,为子孙后代造福。这次会议对人类认识环境问题来说是一个里程碑。进入 20 世纪 70 年代以后,各国政府开始重视环境保护,着手治理环境污染。许多国家用于防治污染的投资大幅度增加。由于相继制定了有关的环境保护法规,并加强了严格的环境管理,采取了综合防治措施,一些国家的环境污染基本上得到了有效控制,城市和工业区的环境质量有了明显的改善。

3. 20 世纪 80 年代以后当代环境问题阶段

1984 年英国科学家发现(1985 年美国科学家证实)南极上空出现的"臭氧空洞"开始,人类环境问题发展到当代环境问题阶段。这一阶段环境问题的特征是,在全球范围内出现了不利于人类生存和发展的征兆,人们共同关心的影响范围大和危害严重的环境问题有三类:一是全球性的大气污染,如温室效应、臭氧层破坏和酸雨;二是大面积森林被毁、草场退化、土壤侵蚀和沙漠化;三是突发性的严重污染事件迭起。与此同时,发展中国家的城市环境问题、生态破坏以及一些国家的贫困化愈演愈烈,水资源短缺在全球范围内普遍发生,其他资源(包括能源)也相继出现将要耗竭的信号。这些全球性大范围的环境污染问题严重威胁着人类的生存和发展。不论是广大公众还是政府官员,也不论是发达国家还是发展中国家,都普遍对此表示不安。1992 年里约热内卢"环境与发展大会"正是在这种社会背景下召开的,这次会议是人类对环境污染问题认识的又一里程碑。

3.1.4　中国城市环境保护的发展历程

中国政府一贯将城市环境保护作为环境保护工作的重点,自 1973 年中国环保事业起步以来,中国城市环境保护经历工业污染的点源治理、污染综合防治、城市环境综合整治和生态建设与环境质量全面改善四个发展阶段:

(1)工业点源治理阶段

工业点源治理阶段(1973~1978 年)的主要工作是控制大气污染、工业"三废"综合治理与利用及主要污染物的净化处理。

(2)污染综合防治阶段

污染综合防治阶段(1979~1983 年)主要在城区开展了污染综合防治工作,一些城市区域的污染治理已经初见成效。

(3)城市环境综合整治阶段

实施城市环境综合整治和城市环境综合整治定量考核(1984~1999 年)是把工业污染防治与城市基础设施建设有机结合起来,由单纯污染治理向调整产业结构和城市布局转变。

(4)生态建设与环境质量全面改善阶段

2000 年后,随着城市环境管理进一步深化,我国城市步入生态建设与环境质量全面改善的新阶段,并向着创建国家环境保护模范城市、探索生态型城市和不断提升城市可持续发展能力等方向不断迈进。

经过 30 多年的努力,中国城市环境保护工作取得了巨大成就。在城市人口不断增加和经济持续快速增长的情况下,基本遏制住了环境污染加剧的趋势,建成了一批社会全面进步,城市基础设施较为完善,环境质量良好,环境面貌清洁优美,生态趋向良性循环,环境与社会经济协调发展的国家环境保护模范城市。

3.1.5　中国城市环境保护面临的主要问题

3.1.5.1　粗放型的经济增长方式和城市人口的不断增长加剧城市的环境压力

中国城市经济一直保持高速增长态势,并且长期以来延续的是一种"高投入、高消耗和高排放"的粗放式增长模式,城市化进程的加快,城市人口的增加,人民生活水平的提高和消费升级,都给原本趋紧的城市资源、环境供给带来更大的压力,一些城市污染物排放总量超过环境容量,保护和改善城市环境质量的任务十分艰巨。

3.1.5.2　城市环境现状和改善的进度尚不能满足公众的要求

目前,影响中国城市空气质量的首要污染物是颗粒物,根据 2004 年 500 个"城考"的统计结果,有 290 个城市的环境空气质量达不到国家环境空气质量二级标准(居住区标准),有 119 个城市超过三级标准;有 50 个城市的水环境功能区水质达标率低于 50%,一部分城市的饮用水水源水质尚达不到标准;垃圾围城、机动车污染、噪声扰民、扬尘污染、油烟污染等环境问题,已成为城市居民环境投诉最多的问题,直接影响城市居民的生活质量。

3.1.5.3　城市环境基础设施尚难支撑城市的可持续发展

中国城市环境基础设施建设相当薄弱。根据 2004 年"城考"的 500 个城市的统计结果,全国城市生活污水处理率平均仅为 32.33%,有 193 个城市的生活污水集中处理率为零;全国城市生活垃圾无害化处理率平均为 57.76%,有 160 个城市的生活垃圾无害化处理率为零。全国危险废物集中处理率(特指医疗垃圾集中处理率)平均为 60.44%,有 155 个城市的危险废物集中处理率为零。

3.1.5.4　出现一系列新的环境问题

一是城市环境污染边缘化问题日益显现。城市周边地区的水体(包括地表水和地下水)、土壤、大气污染问题突出,影响了城市区域和城乡的协调发展。二是机动车污染问题严峻。中国已经成为世界汽车第四大生产国和第三大消费国。2004 年汽车保有量达到 2 742 万辆。三是城市生态失衡问题加重,出现"城市热岛"、"城市荒漠"等问题。城市自然生态系统退化,进一步降低了城市自然生态系统的环境承载力,加剧了资源环境供给和城市社会经济发展的矛盾。

3.1.6　中国城市环境质量防治状况

3.1.6.1　城市的大气污染防治

中国城市空气污染具有复合型的特点,工业、生活和交通是造成城市空气污染的原因。通过实施强化工业污染控制,促进工业废气达标排放,实现能源结构调整,提高清洁能源使用率,推广集中供热和加强机动车尾气控制等大气污染防治措施,在城市经济持续快速增长和城市化进程不断加快的背景下,城市空气质量基本保持稳定,部分城市空气质量有所改善。

1.中国城市空气质量现状

目前,我国城市总体上空气质量较差。2005 年检测的城市中,只有 60.3% 的城市达到国家环境空气质量二级标准(居住区标准)。53.2% 的城市可吸入颗粒物(PM_{10})的浓度达到二级标准;74.3% 的城市二氧化硫浓度达到二级标准。影响城市空气质量的主要污染物为颗粒物,颗粒物污染较重的城市主要分布在西北、华北、中原和四川东部。

2.中国城市空气质量变化趋势

1995~2005 年间,全国主要大气污染物的排放量逐年增加,其中工业源污染物排放增加显著,这与中国经济总量的持续增长和粗放式的经济增长方式密切相关。同期,生活源大气污染物排放得到有效控制,二氧化硫和烟尘排放量呈下降趋势,近年来基本保持稳定,这与中国城市能源结构日趋清洁化和城市综合整治工作加强密切相关。城市机动车尾气排放增长加快,成为许多城市,特别是大城市的主要大气污染源。

3.1.6.2　城市的水污染防治

1.中国城市水体污染的总体形势

城市作为经济和生活中心,污水排放量大,加之我国城市污水的处理水平普遍不高,城市水环境面临的形势十分严峻,流经城市的河段近 90% 受到污染,城市内湖水质较差。城市水体主要污染因子为化学需氧量、总磷和总氮。

2004 年全国 187 个城市中,地下水污染减轻的有 39 个,污染加重的有 52 个,水质稳定的有 96 个。

中国城市中有近 2/3 的城市供水不足,1/6 的城市严重缺水。

近年来,中国环保重点城市深入开展重点流域、水域和饮用水源污染防治和保护工作,进一步改善水源保护区水质状况,确保饮用水源的环境质量和安全。

2004 年 113 个国家环保重点城市水域功能区达标率为 87.04%,其中原 47 个环保重点城市的水域功能区达标率为 93.95%,新增 66 个城市的水域功能区达标率为 82.2%。

原 47 个环保重点城市集中式饮用水源地水质总体良好,饮用水源地水质达标率基本稳定,53% 的城市全年水质 100% 达标,70.2% 的城市全年水质达标率大于 80%(水质优良),但还有 23.4% 的城市全年水质达标率小于 60%。

2.中国城市水环境质量的变化趋势

2004 年,全国城市污水排放总量为 355 亿 t,城市污水处理率为 45.6%。随着城市环境基础设施建设投资和运行机制的改变,城市污水处理厂建设加快,处理量逐年增加,城市污水处理率不断提高。

1993 ~ 2004 年,生活污水排放量呈增长态势,生活污水排放量年均增长 7.7%,生活污水自 1999 年起已超过工业废水排放量成为城市水污染的首要来源。1993 ~ 2000 年工业废水排放总体呈下降趋势,2000 年以来呈缓慢增长态势。

1999 ~ 2004 年,来自生活污水的主要污染物 COD 排放量呈增长趋势,年均增长 3.1%,生活 COD 排放量现已超过工业源 COD 的排放量。工业企业废水排放达标率总体呈上升态势,近年来基本保持稳定。

1999 ~ 2004 年 5 年间,原 47 个环保重点城市的工业废水排放达标率从 83.6% 提高到 91.5%,水域功能区达标率从 89.49% 提高到 93.95%,生活污水处理率从 24.7% 提高到 53.6%,5 年提高了 28.9 个百分点。

3.1.6.3　城市的噪声、固体废弃物和辐射污染防治

1.城市声环境状况

城市声环境质量总体良好。2004 年全国 328 个城(镇)中,84.4% 的城市道路交通声环境质量较好,61.9% 的城市区域声环境质量较好。但仍有 38.1% 的城市存在区域环境噪声污染,15.6% 的城市存在道路交通噪声污染。

中国原 47 个环保重点城市 97.9% 的城市道路交通声环境质量较好,54.4% 的城市区域声环境质量较好。监测结果表明:原 47 个环境保护重点城市道路的平均噪声等级范围在 63.8 ~ 72.3 dB 之间,区域噪声的等效声级范围在 51 ~ 58 dB 之间。

2000 ~ 2004 年度的监测数据表明,城市声环境质量有所改善,城市交通噪声和区域环境噪声环境质量较好的城市比例有所增加。

2.城市固体废弃物污染状况

2003年全国生活垃圾清运量为14 857万t,比1993年增加71.2%;生活垃圾无害化处理率比1993年提高了29个百分点。

随着城市人口的增加和人均消费水平的提高,城市垃圾清运量逐年增加。由于垃圾等固体废弃物的无害化处理技术水平普遍偏低,垃圾等固体废弃物造成的直接和间接污染问题普遍存在。

3.城市辐射环境质量状况

2004年度全国辐射环境监测网环境γ辐射空气吸收剂量率监测表明,10多个省、市辖区内环境γ辐射空气吸收剂量率为38.5~102.6 nGy/h,在天然放射性水平调查时的本底水平值50.3~92.3 nGy/h范围内。

监测结果表明,除个别移动通信基站架设天线的楼顶平台电磁辐射水平超过国家有关标准外,绝大部分基站周围建筑物室内及环境敏感点的电磁辐射水平均符合国家《电磁辐射防护规定》(GB 702—88)的限值。

3.2 城市环境效应分析

3.2.1 环境效应的概念

环境效应(environmental effect)是指在人类活动或自然因素作用于环境后,所产生的正、负效果在环境系统中的响应。当对环境施加更有利于人类的生产和生活方面发展的影响时,在环境系统中就会产生正效应,或称之为环境优化;反之,当对环境施加不利于人类的生产和生活方面发展的影响时,在环境系统中就会产生负效应,或称之为环境恶化。当环境系统具有稳定的有序结构时,其承受外部施加的有害影响的能力就比较强,作出负效果响应的时间也会相应拉长;当环境系统脆弱时,其抵抗有害影响的能力就弱,系统响应的时间也将相应缩短,容易导致环境系统的衰亡。

3.2.2 城市环境效应分析

城市环境效应是指城市中人类的生产活动和生活活动给自然环境带来一定程度的积极影响和消极影响的综合效果(或称之为正效应和负效应的综合效果),包括城市环境污染效应(包括空气质量、水质、恶臭、噪声、固体废弃物、辐射、有毒物质等)、城市环境生态效应(包括植被、鸟类、昆虫和野生动物等的变化)、城市环境地学效应(包括土壤、地质、气候、水文的变化及自然灾害等)、城市环境资源效应(包括以周围能源、水资源、矿产、森林等的耗竭程度等)、城市环境美学效应(包括景观、美感、视野、艺术及休闲旅游价值等)等。

3.2.2.1 城市环境的污染效应

城市环境的污染效应是指城市中人类的生产活动和生活活动给城市自然环境所带来的污染作用及其效果。城市环境的污染效应从污染物的类型上可分为空气污染效应、水体污染效应、固体废物、噪声、恶臭、辐射和有毒物质污染等。按污染物引起环境变化的性质可分为物理效应、化学效应和生物效应三种。

(1)污染物引起环境的物理效应是指由物理作用引起的环境效果,包括城市"热岛效应"、"温室效应"和"雨岛效应",以及噪声、振动、地面下沉等。例如,城市环境中人口稠密、工业生产、家庭炉灶、交通运输所排放出的热量进入空气中,使城市区域的空气直接变暖,再加上城市下垫面的改变,建筑群和街道的辐射热量,致使城市中某一区域的气温高于周围地带,形成城市"热岛效应"。

(2)污染物引起的环境化学效应是指在环境条件的影响下,物质之间的化学反应所引起的环境效果,包括环境的酸化、土壤的盐碱化、地下水硬度升高、发生光化学烟雾等。例如,化石燃料燃烧排放的二氧化硫和氮氧化物,与水蒸气结合后形成酸雨,并随大气降水而降落地面而引起的地面水体和土壤的酸度增大。

(3)污染物引起的环境生物效应是指各种环境因素变化而导致生态系统变异的效果。环境生物效应种类繁多,数量巨大,成因多样。生物效应的例子有许多,例如工业废水、生活污水及农业污水大量排放江河湖泊,改变了水体的物理、化学和生物条件,致使鱼类受害,数量减少,有的甚至灭绝。由于城市环境的生物效应关系到人和生物的生存和发展。因此,有关这种效应的机理及其反应过程的研究已经引起广泛的关注。

生物效应可分为急性生物效应和慢性生物效应,前者如某种细菌传播引起的疾病流行,后者如日本有机汞污染引起的水俣病和镉污染引起的痛痛病等都是经过数年后才出现的。

城市环境的污染效应在一定程度上受城市所在地域自然环境状况的影响,例如,沿海城市的污染效应比相同规模的内陆城市的污染效应要小,南方和北方相同规模的城市的污染效应也有区别;同时,城市环境的污染效应还受城市性质、规模、城市产业结构及城市能源结构类型等的影响。一般而言,以非工业职能为主的城市,如政治、文化和科技、风景旅游、休闲疗养、纪念地城市等,城市环境污染效应要小于以工业及交通职能为主的城市。

3.2.2.2 城市环境的生态效应

城市环境的生态效应是指由于城市的自然过程和人为活动造成的环境污染和破坏,给城市中除人类之外的生物的生命活动所带来的影响。当今世界上城市中除人类以外的生物有机体,大量地、迅速地从城市环境中减少、退缩以至消亡。这既是城市化以及城市人类活动强度对城市各类生物的冲击所致,也是城市生态环境恶化的重要原因之一,同时也是目前城市环境生态效应的主要表现。引起城市环境的生态效应的例子很多:如城市开发建设中的砍树、填湖造地、房屋建设等引起的自然生态环境改变;人为的建(构)筑物、柏油马路代替了树林、草地、农田生态系统,破坏了生物的栖息地,使得城市的野生动物灭绝,生态系统变得简单化等。结果是城市环境中剩下的生物只有一些家养动物和少数喜欢生活在居住区的受保护的动物和人工绿化植物,栽培观赏植物等。

城市化引起的城市生态环境恶化的重要原因,是由于城市人类活动,使生物赖以生存的栖息环境发生了变化。例如城市特殊的下垫面,使得微生物不能在城市土壤中生存。由于城市化使城市绿地面积大大减少,使得很多以前常常可以看见的昆虫、鸟类从城市中消失。

3.2.2.3 城市环境的地学效应

城市环境的地学效应是指城市人类的生产和生活活动对自然环境,尤其是对与地表环境有关方面所造成的影响,包括土壤、地质、气候、水文的变化及自然灾害等。城市环境的地学效应表现在城市热岛效应、城市地面沉降和城市地下水污染等方面。

（1）城市"热岛效应"是城市环境的地学效应之一。城市"热岛效应"具有阻止大气污染物扩散的不良作用，热岛效应的强度与局部地区气象条件（如云量、风速）、季节、地形、建筑形态以及城市规模、性质等有关。

（2）城市地面沉降也是城市环境地学效应的一种。自20世纪60年代以来，工业城市地面沉降问题在世界很多国家出现过。我国的北京、天津、广州、上海等一些工业城市，也存在着地面沉降的问题。造成城市地面沉降的最主要因素是城市中的工业生产和生活活动中大量抽取地下水所致。

人为的地面沉降速度比自然沉降速度快几十倍，甚至几百倍。地面沉降可造成地表积水、海湖水的倒灌、建筑物及交通设施损毁等重大损失。

（3）城市地下水污染也是城市环境地学效应的一种。城市地下水污染主要是由人类活动排放污染物引起的地下水的物理、化学性质发生变化而造成的水体水质污染。近年来，城市的地下水都遭到不同程度的污染，主要来自工业废水、生活污水和城市垃圾等固体废物的渗透液。主要表现为地下水的硬度升高，汞、镉、铬、砷、氰化物、硝酸盐等重金属和无机盐类以及苯、酚和香烃类等有机物含量的升高，而且地下水一旦污染，将很难恢复。

3.2.2.4　城市环境的资源效应

城市环境的资源效应是指城市人类生产和生活活动对自然环境中的资源，包括能源、水资源、矿产、森林等资源的消耗作用及其程度。

城市环境的资源效应首先体现在城市对自然资源的极大的消耗能力和消耗强度等方面。城市是一个巨大的经济实体，聚集着地球上大部分的人口和绝大部分的生产力，所消耗的资源非常大。其次，城市环境的资源效应反映了人类迄今为止具有的，以及最新拥有的利用资源的方式，不仅对城市经济和社会生活产生影响，而且还对除城市以外的其他人类具有深远的影响和作用。城市环境的资源效应还表明，由于城市人类消耗资源所占的绝对比例，以及伴随着资源巨大消耗不可避免产生的环境污染，再加上不可更新资源的逐渐损耗，城市人类对此具有不可推卸的责任。

3.2.2.5　城市环境的美学效应

城市中人类为满足其生存、繁衍、活动的需要，修建了包括房屋、道路、休闲设施在内的各种人工环境，并形成了形形色色的景观。这些人工景观在美感、视野、艺术及休闲等方面具有不同的特点，对人的心理和行为产生了潜在的作用和影响。这种潜在的作用和影响就是一种美学效应。可以说，城市环境的景观不仅仅由人工环境构成，在相当程度上还包括了地形、地质、土壤、水文、气候、植被等物理环境。因此，城市环境的景观（美学）效应包含城市物理环境与人工环境在内的所有因素的综合作用的结果。城市人类对城市环境的美学效应具有积极的作用。

3.3　城市生态系统

城市是生物圈中的一个基本功能单位，是一种特殊的以人为主体的生态系统。城市生态学以整体的观点开展研究，除了研究城市的形态结构以外，更多地把注意力放在全面阐明它的组分(子系统)之间的关系,以及在它们之间的能量流动、物质代谢、信息和人的流通所形成的格局和过程(即城市的生理方面)。城市生态学综合性很强,并涉及众多的学科领域,只要是与城市有关的并且涉及生态学的问题,都属于城市生态学的研究范畴。城市生态学在极大的程度上属于应用性学科,其研究的首要目的不仅仅是认识城市生态系统中的各种关系,而且也是为将城市建设成为一个有益于人类生活的生态系统寻求出路。

3.3.1　城市生态系统的概念

城市生态系统(urban ecosystem)是生态系统的重要组成部分之一。它既是自然生态系统发展到一定阶段的结果,也是人类生态系统发展到一定阶段的结果。

《环境科学词典》将城市生态系统定义为:特定地域内的人口、资源、环境(包括生物和物理的、社会的和经济的、政治的和文化的)通过各种相生相克的关系,建立起来的人类聚居地或社会、经济、自然的复合体。

3.3.2　城市生态系统的组成与结构

3.3.2.1　城市生态系统的组成

城市是一个庞大而复杂的复合生态体系,可分为自然生态系统、经济生态系统和社会生态系统三个子系统,各子系统下面又分为不同层次的次级子系统。这些子系统之间按照一定的形态结构和营养结构组成城市生态系统,如图 3.2 所示。自然生态系统包括城市居民赖以生存的基本物质环境,如太阳、空气、淡水、森林、气候、岩石、土壤、动物、植物、微生物、矿藏,以及自然景观等。它以生物与环境的协同共生及环境对城市活动的支持、容纳、缓冲及净化为特征。经济生态系统涉及生产、分配、流通与消费的各个环节,包括工业、农业、交通、运输、贸易、金融、建筑、通讯、科技等。它以物资从分散向集中的高密度运转,能量从低质向高质的高强度集聚,信息从低序向高序的连续积累为特征。社会生态系统涉及到城市居民及其物质生活与精神生活的诸方面,它以高密度的人口和高强度的生活消费为特征,如居住、饮食、服务、供应、医疗、旅游,以及人们的心理状态,还涉及到文化、艺术、宗教、法律等上层建筑范畴。社会生态系统是人类在自身的活动中产生的,主要存在于人与人之间的关系上,存在于意识形态领域中。

3.3.2.2　城市生态系统的结构

1.城市生态系统的形态结构

城市存在于一定的区域范围内,占有一定的空间位置,并具有某种形态结构。从城市的构型上看,城市的外貌除了受自然地形、水体、气候等影响外,更要受城市形成的历史、文化、产业结构、民族、宗教,甚至受人的兴趣等人为因素的影响。一般城市的总体构型有同心圆结构、棋盘结构、辐射形结构、卫星城结构及多中心镶嵌结构等。除城市构型外,城市的人口密度、功能分区和交通桥梁、道路等都是描述形态结构的因素。

2.城市生态系统的营养结构

城市生态系统是以人类为中心的复合生态系统,系统中生产者——绿色植物的量很少,消费者主要是人,而不是其他动物,分解者微生物亦少。因此,城市生态系统不能维持

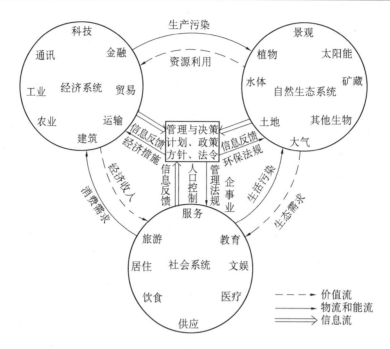

图 3.2　城市生态系统的组成结构

自给自足的状态,需要从外界供给物质和能量,从而形成不同于自然生态系统的倒三角形营养结构,如图 3.3 所示。

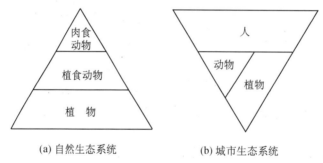

（a）自然生态系统　　　　　　（b）城市生态系统

图 3.3　自然与城市生态系统的营养结构比较

城市生态系统的营养物质——水、空气、食品等的加工、输入、传送过程都是人为因素起着主导作用。特别在现代城市中,其生态系统的营养物质传递媒介主要是金融、货币。政治经济规律起着决定性作用,可以认为城市生态系统的营养结构主要是城市的经济结构,包括城市产业结构、能源结构、资源结构和交通结构。经济结构又决定着城市的人口结构(城市生态系统的主要生物结构)和城市的形态结构(城市生态系统的空间结构)。同时,经济结构又是制约城市环境状况的主要因素,所以,研究城市生态系统的中心问题是研究城市的经济结构,把握住这一中心环节,对于城市规划、管理,以及城市的环境保护工作都是极为重要的。

3.3.3　城市生态系统的特点

城市生态系统是一个结构复杂、功能多样、巨大而开放的复合人工生态系统,包括自然、社会、经济。与自然生态系统相比,具有如下特点。

3.3.3.1　城市生态系统是以人为主体的生态系统

人类是城市生态系统中的生产者,城市的一切设施都是人创造的。人类的生命活动是生态系统中能流、物流和信息流的一部分,人类亦具有其自身的再生产过程。

人类又是城市生态系统中的主要消费者。与绿色植物和其他动物相比,人类处在营养级倒金字塔的顶端,如图 3.3 所示。人类是城市生态系统的主宰者,人类为了自身的利益对城市生态系统进行着控制和管理,人类的经济活动对城市生态系统的发展起着重要的支配作用。

3.3.3.2　城市生态系统是容量大、流量大、密度高、运转快、高度开放的生态系统

城市生态系统所需求的大部分能量和物质,要依靠从其他生态系统(如农田、森林、草原、海洋等生态系统)人为输入。能量在系统内通过人类的生产和生活实现流通转化,逐级消耗,从而维持系统的功能稳定;而人类生产所产生的产品和生活产生的大量废弃物,大多不是在城市内部消化、消耗和分解,而必须输送到其他生态系统中去消化。构成城市生态系统的能流和物流可概括为

开采──→制造──→输入──→使用──→废弃

这种与周围其他生态系统高速而大量的能流和物流交换,主要靠人类活动来协调,使之趋于相对平衡,从而最大限度地完善城市生活环境,满足居民的需要。正是由于城市生态系统的这种非独立性和对其他生态系统的依赖性,使城市生态系统显得特别脆弱,自我调节能力很小。

3.3.3.3　城市生态系统是人类的自我驯化的系统

在城市生态系统中,人类一方面为自身创造了舒适的生活条件,满足自己在生存、享受和发展上的许多需要;另一方面又抑制了绿色植物和其他生物的生存与活动,污染了洁净的自然环境,反过来又影响人类自身的生存和发展。人类驯化了其他生物,把野生生物限制在一定范围内,同时把自己圈在人工化的城市里,使自己不断适应城市环境和生活方式,这就是人类自身驯化的过程。

3.3.3.4　城市生态系统是多层次的复杂系统

仅以人为中心,即可将城市生态系统划分为三个层次的子系统。

(1)生物(人)－自然(环境)系统。只考虑人的生物性活动,是人与其生存环境的气候、地形、食物、淡水、生活废弃物等构成的子系统。

(2)工业－经济系统。只考虑人的经济(生产、消费)活动。由人与能源、原料、工业生产过程、交通运输、商品贸易、工业废弃物等构成的子系统。

(3)文化－社会系统。只考虑人的社会活动和文化生活。由人的社会组织、政治活动、文化、教育、康乐、服务等构成的子系统。

以上各层次的子系统内部,都有自己的能量流、物质流和信息流,而各层次之间又相互联系,构成一个不可分割的整体。

3.3.4　城市生态系统的功能

城市生态系统是城市居民与城市环境构成的对立统一体,它和自然生态系统一样,也

具有进行物质循环、能量流动和信息交换的三项基本功能,简称"流",同时还特有人口流与价值流等城市生态流,也可以归入物质流中。

3.3.4.1 城市生态系统的能量流

为了推动城市生态系统的物质流动,必须从外部不断地转入能量,如煤、石油、电力、水及食物(生物燃料)等,并通过加工、储存、传输、使用等环节,使能量在城市生态系统中进行流动。一般来说,城市的能流随着物流的流动而逐渐转化和消耗,它是城市居民赖以生存、城市经济赖以发展的基础。城市生态系统的能量流动一般是由低质能量向高质能量的转化及消耗高质能量的过程,其中一部分能量被储存在产品中,而一部分损耗的所谓"废能"则以热能、磁能、辐射能等形式耗散于环境中,成为城市的热、磁、

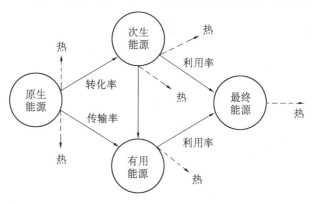

图 3.4 城市生态系统能流的基本过程

光、微波污染的污染源。城市生态系统的能量流动基本过程如图 3.4 所示。

图中的原生能源(又称一次能源)是从自然界直接获取的能量形式,主要包括:煤、石油、天然气、油页岩、油沙等;还有太阳能、生物能(生物转化了的太阳能)、风能、水力、潮流能、波浪能、海洋温差能、核能(聚、裂变能)和地热能等。原生能源中有少数可以直接利用,如煤、天然气等,但大多数都要经过加工或转化后才能利用。

次生能源为经过加工或转化,便于输送、贮存和使用的能量形式,较单一,如电力、柴油、液化气等。有用能源指使用者为使用能源,将次生能源转化为特殊的使用形式,如马达的机械能、炉子的热能、灯的光能。最终能源则是能量使用的最终目的,是存在于产品中或投入到所创造的环境中的能量形式。如,水泵把机械能转变为水的势能;炼钢炉把热能转变为钢材内部的分子能;日光灯把光能投入到所创造的明亮中,最终变为热量耗散掉等。

城市生态系统与自然生态系统一样,其能量流动有两个相同的性质。

(1)遵守热力学第一、第二定律,在流动中不断有损耗,不能构成循环(单向性)。

(2)除部分热损耗是由辐射传输外,其余的能量都是由物质携带的,能流的特点体现在物质流中。但是能量每流过一个能级时,并不服从所谓的"百分之十率"(10% law)。

3.3.4.2 城市生态系统的物质流

在城市生态系统里,物质运动同样必须遵守"物质不灭定律"。城市生态系统里的物质流动是建立在城市与城市外区域大量的工业原料和农副产品的输入和工业产品与废弃物的输出形成的城市新陈代谢基础之上的。每个城市天天都要从外界转入大量的矿石、煤、油、粮食、淡水等,同时,又向外界输出大量的产品、副产品、生活垃圾与工业废弃物。香港每天物质流动量高达 100 万 t。所以,城市是地球表层物质在空间大量集聚的地域,其物质的流速依据不同城市的状况而变化。

按物质流流动介质的属性可把城市生态系统的物质流分为自然物质流、经济物质流和废弃物物质流。按动力性质的不同,城市生态系统的物质流可分为自然推动的物质流和人工推动的物质流,前者如空气流动、自然水体流动等,可统称为资源流;后者即交通运输。按照物质流动的范围,又可分为系统内部的物质流和系统与外界之间的物质流(物质输入和输出),这一点与自然生态系统一致。

按类型城市生态系统的物质流包括资源流、货物流、人口流、劳力流、智力流。人口流在后面有介绍,劳力流是特殊的人口流,包括劳力在时间上的变化,即由于就业、退休等导致劳力数量的变动和劳力在空间上的变化,即劳力在各职业部门的分配情况的变化。智力流则是特殊的劳力流,智力的开发过程(入学、就读、毕业、升学)是智力在时间上的变化,反映着城市智力结构的改变过程;而智力在空间上的变化则反映智力(人才)在不同部门中的改变。在物质流中,以货物流的流动过程最为复杂,它不是简单的输入和输出,其中还经过生产(形态、功能的转变)、消耗、累积及排放出废弃物等过程。图 3.5 为城市生态系统中的货物流流动途径。城市生态系统的各个子系统中也有其自身的货物流。资源流虽不稳定,但其数量也是极大的,如空气、氧气和二氧化碳,其流动速率和强度,直接影响着城市的大气环境质量,资源流是物质流的重要组成部分。

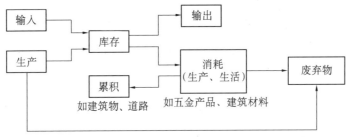

图 3.5　城市系统中货物流流动途径

3.3.4.3　城市生态系统的信息流

信息流是对城市生态系统的各种"流"的状态的加工、传递、控制和认识的过程。

信息(information,message)就是指消息,是对某一事物不确定性的度量,或者说指对某事物知道、了解的程度。一个事物越复杂,其中所含的信息就越多。信息具有传递知识、传递情报、节省时间、提高效率等作用。

城市中的任何运动都要产生一定的信息。如属于自然信息的水文、气候、地质、生物、环境等信息;属于经济信息的市场、金融、价格、新技术、人才、贸易等信息。城市具有完善的新闻传播网络系统,因而,可以在广阔的范围内能以高速度、大容量及时地传播信息。城市具有现代化的通讯基础设施,能够以信息系统连接生产、交换、分配和消费的各个领域、环节,可高效地组织社会生产和生活。

城市的重要功能之一,就是输入分散、无序的信息,输出经过加工、集中、有序的信息。对于以政治、文化、科学、商业为中心的城市,这一功能尤其重要。城市的输出物中,除了物质产品和废物外,还有精神产品,这就要靠信息流来完成。信息流是附于物质流中的,报纸、广告、书刊、信件、照片等是信息的载体,电话、电视、电讯通讯、网络也是信息的载体,人的各种活动,如集合、交淡、讲演、表演等,也是在交流信息。信息流量大小反映了城市的发展水平和现代化程度。信息流的高密度集中与高速度有序是现代城市的重要特征之一。

3.3.4.4 城市生态系统的人口流

人口流是一种特殊的物质流,它包括时间上和空间上的变化。前者体现在城市人口的自然增长和机械增长上;后者体现在城市内部的人口流动和与相邻系统之间的人口流动上。城市人口流的时空变化往往是决定城市的规模、性质、交通量,以及生产、消费能力的主要依据。城市人口流可从自然生态系统的流动情况分为常住人口(城市中有固定户口的市镇居民)和流动人口(临时户口及暂时过境旅游人口等)。如果从社会经济的观点出发,也可以把城市人口流按各专业的劳动力和技术人才分类。城市,特别是大城市,既是人口的密集之地,更是各种人才荟萃与培养之地,他们是使一个城市富有生机,使城市经济可持续发展的主导因素。

3.3.4.5 城市生态系统的价值流

城市生态系统的价值流是物质流的表现与计量形式的体现,包括投资、产值、利润、商品流通和货币流通等,反映城市经济的活跃程度,其实质仍是物质流。

城市既然是人类社会劳动及物质、经济交流的产物,则在系统运转的过程中必然伴随着价值的增殖和金融货币的流动。城市往往是一定地域的货币流通中心或财政金融中心,并通过价值规律合理流通来调节城市的社会经济功能和生态功能的正常进行。当今世界,货币金融的流动往往会改变一个城市,甚至一个地区或者国家的性质与功能,所以,国际性大都市必须是一定范围的金融中心。

目前世界各大城市的能量流、物质流强度均处于极高状态,如此强大的能量流、物质流对环境产生不可低估的影响,另外,高强度的人口流动也会带来严重的环境问题。总的来讲,城市生态系统物质流、能量流、信息流之间的关系为:信息流指导能量流和物质流;能量流为物质流和信息流提供能源;物质流是能量流和信息流的基础。

3.3.5　城市生态系统的平衡与调控

城市生态系统的平衡,是指城市这一自然－经济复合生态系统在动态发展过程中,保持自身相对稳定有序的一种状态。

从生态控制理论观点看,城市生态系统只有在其整体高度有序化之时,才能趋近达到动平衡状态。此时,系统功能得以充分发挥,系统本身和其中各子系统均具有自我调节能力(即系统处于自组织状态),并且可以通过少量"序参量"的调控,保持全系统稳定运行,其表现为城市中人类与自然环境间相互协调,城市的各个组成部分结构合理,系统的输入与输出均衡,城市经济的各个部门有计划按比例发展,城市社会安定,人民安居乐业。可见,这种平衡是在人类有意识的调控下才能达到的一种动态平衡。

城市生态调控的目标有二:一是高效,即高的经济效益和发展速度;二是和谐,即和谐的社会关系和稳定性。经济高效与社会和谐是相辅相成的两个侧面,前者是正反馈过程,强调发展的速度;后者是负反馈过程,强调发展的稳定。二者既是矛盾的又是统一的。城市生态调控的目的,在于利用一切可以利用的机会,充分提高物质能量利用效率,使系统风险最小,而综合效益最高,从而使社会、经济、环境得到协调发展。调控城市生态系统各种"生态流"时应遵循以下原则。

1.循环再生原则

注重综合利用物质,建立生态工艺、生态工厂、废品处理厂等,把废物变成为能够被再次利用的资源。如再生纸、垃圾焚烧发电、污水的净化处理和再利用等。

2.协调共生原则

城市生态系统中各子系统之间、各元素之间是互相联系、互相依存的,在调控中要保证它们的共生关系,达到综合平衡。共生可以节约能源、资源和运输,带来更多的效益。如采煤和火力电厂的配置、公共交通网的配置等。

3.持续自生原则

城市生态系统整体功能的发挥是在其子系统功能得以充分发挥的基础上的。子系统的自我调节和自我维持稳定机制,表现在当子系统处于生态阈值范围内,各自尽可能抓住一切可以利用的力量和能量,为系统整体功能服务,而不是局部组织结构的增大。正是由于子系统间的相互作用和协作,城市整体才能形成具有一定功能的自组织结构,达到良性循环状态。

按照生态学理论,只要通过对城市生态系统的物质流、能量流、信息流、人口流、价值流做适当调控,即通过输入负熵值,使系统总熵值降低,并保持这种负熵值连续适量输入,就可以使城市生态系统达到高度有序化,并保持这种高度有序的动态平衡状况。

循环再生原则、协调共生原则、持续自生原则是生态控制论中最主要原则,也是城市生态系统调控中所必须遵循的原则。

3.4　生态城市与城市生态建设

自 20 世纪 70 年代以来,人们日益重视应用生态学原理和方法来研究城市社会经济与环境协调发展的战略,促进城市这一人工复合生态系统的良性循环,"生态城市"已成为国际大都市的发展目标。

3.4.1　生态城市的概念及衡量标志

3.4.1.1　生态城市概念

生态城市是一个经济发达、社会繁荣、生态保护三者保持高度和谐,技术与自然达到充分融合,城乡环境清洁、优美、舒适,从而能最大限度地发挥人的创造力与生产力,并有利于提高城市文明程度的稳定、协调、持续发展的人工复合生态系统。它是人类社会发展到一定阶段的产物,也是现代文明在发达城市中的象征。建设生态城市是人类共同的愿望,其目的就是让人的创造力和各种有利于推动社会发展的潜能充分释放出来。在一个高度文明的环境里造就一代胜一代的生产力。在达到这个目的过程中,保持经济发展、社会进步和生态保护的高度和谐是基础。只有在这个基础上,城市的经济目标、社会目标和生态环境目标才能达到统一,技术与自然才有可能充分融合;各种资源的配置和利用才会最有效,进而促进经济、社会与生态三效益的同步增长,使城市环境更加清洁、舒适,景观更加适宜优美。

3.4.1.2　生态城市的特征

从总体上说,生态城市应该是综合效益最高,风险最小,存活机会最大,即在生态城市的条件下,人们在各种社会经济活动中所耗费的活劳动和物化劳动,不仅能通过城市经济系统获得较大的经济成果,而且能保持城市生态系统的动态平衡和提高社会系统的层次与文明程度;同时,大大降低因自然灾害等外部力量的影响和由于生态环境遭破坏,或暂时失衡而产生的各种风险,并给予作为城市主体的人的生活和其他动植物与微生物的生存提供良好的环境。具体包括以下特征。

1.生态城市具有高效益的转换系统

在从自然物质—经济物质—废弃物的转换过程中,必须是自然物质投入少,经济物质产出多,废弃物排泄少。该系统的有效运行,是以合理的产业结构和各产业的较高的发展深度为基础的。从三个产业的总体结构来看,必须是第三产业、第二产业、第一产业的倒金字塔构造,并且形成合理的比例关系。其中:第三产业的比重最好在70%以上;第二产业中的高新技术产业的比例应超过30%,即第二产业要向高度化和生态化发展,以充分利用各种自然资源,使边际产出最大,对城市环境污染最小,达到在满足消费需求的同时,又能使城市的生态环境得到保护;第一产业应以绿色产品和绿色产业为开发重点,其在整个农副产品的比例中达到80%以上。

2.生态城市具有高效率的流转系统

生态城市的流转系统应以现代化的城市基础设施为支撑骨架,为物流、能源流、信息流、价值流和人口流的运动创造必要的条件,从而在加速各流的有序运动过程中,减少经济损耗和对城市生态环境的污染。高效率的流转系统,包括构筑于三维空间并连接内外的交通运输系统,其主动脉是地铁、高速公路干线、空中航线和远洋航线以及相互贯通的城市高架道路等;建立在通信数字化、综合化和智能化基础上的快速有序的信息传输系统;配套齐全、保障有效的物资和能源(主副食品原材料、水、电、煤及其他燃烧等)的供给系统;网络完善、布局合理、服务良好的商业、金融服务系统和设施先进的废物排放处理系统,以及城郊生态支持系统。

3.生态城市具有高质量的环境状况

生态城市具有对城市生产和生活造成的空气、固体废物、噪声和其他污染,都能按照各自的特点予以防治和及时处理、处置,使各项环境质量指标均能达到国际大都市的最高标准。

4.生态城市具有多功能、立体化的绿化系统

生态城市具有多功能、立体化的绿化系统是指由大地绿化、城镇绿化和庭园绿化所构成,点、线、面相结合、高低错落,形成的绿化网络,在更大程度上发挥绿化调节城市气候(如湿度、温度等),美化城市景观和提供娱乐、休闲场所的功效。根据联合国有关组织的规定,生态城市的绿地覆盖率应达到50%,居民人均绿地面积90 m²,居住区内人均绿地面积28 m²等。

5.生态城市具有高素质的人文环境

作为建设生态城市的基础和智力条件之一,成人受教育的程度都必须在高中以上,其中受过高等教育的人数应占40%~50%。此外,生态城市还应具有良好的社会风气、井然有序的社会秩序、丰富多彩的精神生活、良好的医疗条件与祥和的社区环境。同时,人们能保持高度的生态环境意识,能自觉地维护公共道德标准,并以此来规范各自的行为。

6.生态城市具有高水平的管理功能

生态城市通过其结构,对人口控制、资源利用、社会服务、劳动就业、治安防灾、城市建设、环境整治等实施高效率的管理,以保证资源的合理开发利用,城市人口规模、用地规模的适度增长,最大限度地促进人与自然、人与生态环境关系的和谐。

3.4.1.3　生态城市建设的原则

城市应该以环境为体,经济为用,生态为纲,文化为常。因此,生态城市的建设必须遵守以下几个原则:

(1)系统原则。用系统的观点从区域环境和区域生态系统的角度,考虑城市生态环境问题。

(2)自然原则。城市生态环境建设,必须充分考虑自然特征和环境承载能力。

(3)经济原则。在发展经济的同时,必须保护环境,实现经济发展与环境保护相协调。

(4)生态原则。维持城市人工生态系统的平衡,必须注意城市生态系统中结构与功能的相互适应,使城市能量、物质、信息的传递和转化持续进行,处于动态平衡状态。

(5)阶段性原则。发展生态城市,不能急功近利,要将城市的社会经济水平与科学技术水平相结合,分阶段地确定目标,使其持续发展。

3.4.2　城市生态建设

3.4.2.1　城市生态建设的概念

城市生态建设是指运用环境科学和生态学的理论和方法,以空间的合理利用为目标,以建立科学的城市人工化环境措施去协调人与人、人与环境的关系,协调城市内部结构与外部环境关系,使人类在空间的利用方式、程度、结构、功能等方面与自然生态系统相适应,为城市人类创造一个安全、清洁、美丽、舒适的工作、居住环境。它是在城市生态规划的基础上,具体实施城市生态规划的建设性行为,城市生态规划的一系列目标、设想,通过城市生态建设能够得到逐步实现。同时,城市生态建设是在对城市环境质量变异规律的深化认识的基础上,有计划、有系统、有组织地安排城市人类今后相当长的一段时间内活动的强度、广度和深度的行为。

3.4.2.1　城市生态建设内容

城市生态建设的内容是由城市现实存在的生态问题所决定的。生态建设相应包含两大部分内容:一是资源开发利用;二是环境整治。前者着重研究在资源开发、利用过程中所产生的生态问题;后者着重研究解决、治理环境污染问题。从广义而言,城市生态建设除包括以上内容外,还应包括其他有关城市人口、经济、社会等领域。

1.确定城市人口适宜容量

适宜人口是指在某一特定区域内与物质生产相适应、与自然资源相适应的并能产生最大社会效益的一定数量的人口。它以解决人口增长同生产发展与资源有限性之间的矛盾,并维持它们之间的平衡,促进社会发展为前提,其核心是资源与生产、浪费的平衡,使人口的增长与资源的丰欠程度、气候条件的好坏、资源开发利用深度及社会物质生产和消费水平相匹配。一个特定区域的适宜人口是社会经济发展水平、消费水平、自然资源和生态环境的函数。

2.研究土地利用适宜性程度

土地资源是人类进行食物性生产的基础,也是人类最主要的自然资源,它具有不可移动、不可创造和不可再生的特性。不同的土地利用方式对城市生态系统有着深刻的影响。土地利用符合生态法则才能称之为"适宜",要达到城市土地利用适宜的目的,在土地开发利用的过程中,不仅要考虑经济上的合理性,而且要考虑与其相关的社会效益和环境效益。在具体进行城市土地适宜性研究过程中,要借助于土地生态潜力和土地生态限制分析。土地利用适宜性研究就是寻求某种能最大限度地发挥土地潜力,并减少其生态限制的土地利用方式。

3.推进产业结构模式演进

城市的产业结构体现了城市的职能和性质,决定了城市基本活动的方向、内容、形式和空间分布。无论采取哪种类型,具有哪些特性,城市合理的产业结构模式都应遵循生态工艺原理演进,使其内部各组分形成"综合利用资源,互相利用产品和废弃物,最终成为首尾相接的统一体"。

4.建立城市与郊区的复合生态系统。

由于特殊的区位关系,城市郊区与城市市区有着十分广泛的经济、社会和生态联系。从经济、社会联系看,城市是个强者,郊区乡村的经济、社会的发展依附于市区、但从生态联系看,城市又是个弱者,郊区的生物生产能力和环境容量大于城市,是城市存在的基础。因此,为了增强城市生态系统的自律性和协调机制,必须将城市和郊区看作一个完整的复合生态系统,对系统的运行作统一调控。生态农业是城郊农业较理想的生产方式,因此,加强生态农业建设,是城市 – 郊区复合生态系统完善结构和强化功能的重要途径。

5.防治城市污染

城市污染防治是城市生态建设的重要而具体的内容,只有通过城市环境污染的有效治理,才能形成并维持高质量的城市生态系统,为城市可持续发展打下坚实的基础。其重点是解决城市的空气、水、固体废物和噪声污染等的处理,其中心环节是在做好环境污染预测基础上,使环境的承受能力与排污强度相适应,使污染控制能力与经济增长速度相协调。

6.保护城市生物

各类生物,尤其是绿色植物在城市生态环境中担负着重要的还原功能,城市绿化程度以及人均绿地面积,是体现城市生态建设水平的重要指标;实施城市生物保护,应制定科学合理的规划,内容包括:城市绿地系统规划、国家森林公园及自然保护区规划、珍稀及濒临灭绝动植物保护规划等。

7.提高资源利用效率

城市是资源高强度集中消耗区域,其资源综合利用效率,既反映了城市科学技术水平及经济发展水平,同时也反映和决定了环境质量水平。提高资源综合利用效率是改善城市乃至区域环境质量的重要措施,应贯穿于资源开发、再生利用等多个环节中,并通过水资源保护、供水优化、能源利用及保护、再生资源利用等方面予以体现,使之成为城市生态系统建设的一个重要组成部分。

3.5　当前中国城市环境保护的主要对策

面对中国城市发展的环境压力和出现的新问题,城市环境保护的战略和对策必须进行相应的调整。今后一个时期,推进中国城市实施环境可持续发展的战略性对策主要有以下六个方面:

1.以城市环境容量和资源承载力为依据,制定城市发展规划

将环境容量、资源承载力和城市环境质量按功能区达标的要求作为各城市制定和修订城市发展规划的基础和前提,坚持做到以下几点:一是从区域整体出发,统筹考虑城镇与乡村的协调发展,明确城镇的职能分工,引导各类城镇的合理布局和协调发展;二是调整城市经济结构,转变经济增长方式,发展循环经济,降低污染物排放强度,保护资源、保护环境,限制不符合区域整体利益和长远利益的经济开发活动;三是统筹安排和合理布局区域基础设施,避免重复建设,实现基础设施的区域共享和有效利用;四是把合理划分城市功能、合理布局工业和城市交通作为首要的规划目标。

2.提高城市环境基础设施建设和运营水平,积极推进市场化运行机制

城市环境基础设施建设落后已经成为保护和改善我国城市环境的瓶颈和障碍,必须加大环境投入,提高城市环境基础设施建设和运营水平。各级城市在继续发挥政府主导作用的同时,要重视发挥市场机制的作用,充分调动社会各方面的积极性,把国家宏观调控与市场配置资源更好地结合起来,多渠道筹集资金,积极推进投资多元化、产权股份化、运营市场化和服务专业化。

加快城市污水处理设施建设步伐,加强和完善污水处理配套管网系统,提高城市污水处理率和污水再生利用率。加快城市生活垃圾和医疗废物集中处置设施建设步伐,减少危险废物污染风险;各级环境保护部门要加大对城市环境基础设施的环境监管力度,确保城市环境基础设施的正常运行。

3.实施城乡一体化的城市环境生态保护战略

统筹城乡的污染防治工作,防止将城区内污染转嫁到城市周边地区,把城市及周边地区的生态建设放到更加突出的位置,走城市建设与生态建设相统一、城市发展与生态环境容量相协调的城市化道路。加强城市间及城市周边地区生态建设,加强城市绿地建设,改善城市生态环境。

4.实施城市环境管理的分类指导

城市环境管理必须体现分类指导,对西部城市要在保护环境的前提下给城市发展留出一定的环境空间;对东部发达地区的城市在环境保护上要高标准要求,逐步实施环境优先的发展战略,严格环境准入;大城市环境保护工作重点要突出机动车污染、城市环境基础设施建设、城市生态功能恢复等城市生态环境问题,强调城市合理规划和布局,发展综合城市交通系统,在改善城市环境的同时带动城乡结合区的环境保护工作;中小城镇要加大工业污染控制和集约农业污染控制,加快城市基础设施建设步骤,促进城乡协调发展。

5.继续深化城市环境综合整治制度

根据新形势和任务的要求逐步深化和发展“城考”制度。进一步强调地方政府对环境

质量负责,加快改善城市环境质量;发挥政府的主导作用,建立部门之间的分工协作机制和环保部门的统一监管体系,将"城考"制度纳入党政一把手政绩考核,作为提高城市可持续发展能力的基本手段;"城考"中增加污染排放强度和资源生态效率、促进城市经济增长方式转变的指标,增加与群众生活密切相关的环境问题和群众的满意度的内容,增加强化环保统一监督管理、提高环境保护的能力建设的内容等。

优先建设与群众日常生活关系密切的环境问题。切实抓好城市水污染防治,对城市污染河道进行综合整治,改善城市地表水水质,加大面源污染的综合防治力度;防治城市和农村集中式水源地的环境污染,优先保护饮用水水源地水质;加快城市大气污染治理,优化能源结构,提高能源利用效率和清洁能源利用;建设高污染燃料禁燃区,推行集中供热;加强汽车尾气排放控制,严格新车准入制度,加大在用车排放控制,改进油品质量,大力发展公共交通;继续削减工业污染物排放总量,降低单位产品的能耗和物耗,搬迁严重污染的企业;控制噪声、扬尘和油烟污染等;在城市推广以资源节约、物质循环利用和减少废物排放为核心的绿色消费理念,引导和改变居民的生活习惯和消费行为,减少生活污水、生活垃圾等的排放。

6.继续推进国家环境保护模范城市创建工作,树立城市可持续发展的典范

国家环保模范城市是当今中国城市环境保护工作的最高奖项,是城市社会经济发展与环境建设协调发展的综合体现,是城市实施可持续发展战略的典范。目前,已命名的国家环保模范城市占全国城市总数的比例小,且主要集中在东南沿海发达地区。要广泛地宣传和推广环保模范城市的经验和做法,继续深化国家环境保护模范城市创建工作,在全国各地,特别是中西部地区、重点流域区域以及国家环保重点城市建设一批经济快速发展、环境基础设施比较完善、环境质量良好、人民群众积极参与的环境保护模范城市;已获得国家环保模范城市称号的城市要持续改进,汲取先进国家城市环境管理的先进经验,继续创建资源能源最有效利用、废物排放量最少、生态环境良性循环、最适合人类居住的生态市。

思考题及习题

1.什么叫城市生态系统?它有何特点?

2.说明城市生态系统的结构模式和功能特性。

3.城市生态系统的调控原则有哪些?

4.什么是城市环境问题,说明城市环境问题产生发展阶段。

5.什么是城市环境效应,体现在哪几个方面?

6.说明当前中国城市环境保护的主要对策。

第4章　环境污染控制

4.1　大气污染控制

4.1.1　大气及大气污染

大气是指包围在地球外围的空气层,是地球自然环境的重要组成部分之一,与人类的生存息息相关。通常把从地面到 1 000 ~ 1 400 km 高度内的气层作为地球大气层的厚度,大气层内大气的总质量约为 5.3×10^{15} t,其中,92%的大气集中在 30 km 以下。

4.1.1.1　大气的组成

地球大气的组成是 46 亿年前地球形成后,逐渐变化而来的,是多种气体的混合物,其组成包括:恒定的、可变的和不定的三种组分。

(1)恒定组分。大气的恒定组分是指大气中含有的氮、氧、氩、氙等稀有气体,其中,氮、氧、氩三种组分共占大气总量体积分数的 99.96%。在从地球表面向上,大约 80 ~ 85 km 这段大气层(均质层)里,这些气体的含量几乎可认为是不变的。

(2)可变组分。大气的可变组分主要是指大气中的二氧化碳和水蒸气等。这些气体的含量由于受地区、季节、气象,以及人们生活和生产活动等因素的影响而有所变化。通常情况下,水蒸气的含量为 0 ~ 4%,二氧化碳的含量近几年来已达到 0.033%。

(3)不定组分。大气中的不定组分,有时是由自然界的火山爆发、森林火灾、海啸、地震等暂时性灾害所产生的,由此所形成的污染物有尘埃、硫、硫化氢、硫氧化物、盐类及恶臭气体等。另外,大气中的不定组分还来源于人类社会的工业生产,或由于城市工业布局不合理和环境管理不善等人为因素所造成。其排放的不定组分的种类和数量与该地区工业类别、气象条件等多种因素有关。如电厂、焦化厂、冶炼厂所在地区,大气中的烟气、硫氧化物、氮氧化物、重金属元素及其氧化物等较多,而在化工区则有机或无机的化合物质等较多,当大气中不定组分达到一定浓度时,就会对人、动物、植物和环境器物等造成危害。

由恒定组分和正常状态下的可变组分所组成的大气,叫做洁净大气。

大气是生命活动不可缺少的物质。大气中的氮和氧等元素是生物体的支柱;成人每人每天平均吸入 15 kg 的空气;大气通过紫外线照射和电火花合成有机物;保护地球一切生命的安全,减弱陨石和宇宙线的损伤;保护地球表面的热量,调节气候;大气是某些环境物质运移的载体。

4.1.1.2　大气层的结构

大气的垂直分层,按气温垂直分布的不同,参考气象学上大气不同高度上的物理性质和化学组成,可将大气分为对流层、平流层、中间层、暖层、和逸散层等五个层次(图4.1)。

（1）对流层。对流层是大气中最低的一层,其厚度随纬度和季节等因素而变。就纬度变化而言,在低纬度地区(赤道南北 30°以内的纬度带)约为 17 ~ 18 km,在中纬度地区(30° ~ 60°的纬度带)约为 10 ~ 12 km,在高纬度地区(60°纬度带)为 8 ~ 9 km;就季节变化而言,夏季厚度大于冬季。对流层的厚度虽然与整个大气层的总厚度相比是浅薄的,但由于地球引力的作用,使这一层集中了整个大气质量的 75% 到 90% 以上的水汽质量。飞行中所遇到的雷雨、低云、雾等较复杂的天气现象都出现在这一层。对流层主要特点是:气温随高度的增高而降低,通常每上升 100 m,平均降温0.65 ℃。

在部分对流层,有时也会出现气温随高度增高而升高的现象,这种现象叫逆温。逆温层可以阻碍空气的对流,但大多是出现在气流比较稳定的天气里,在它的下面常聚集着大量烟粒、尘粒和水蒸气,使大气的透明度变坏,甚至形成云、雾,影响飞行。

对流层空气具有强烈的对流运动,使地面的水汽和杂质向上输送,易于形成云以致雨或冰雹和大风使天气复杂,对人类生活影响很大。

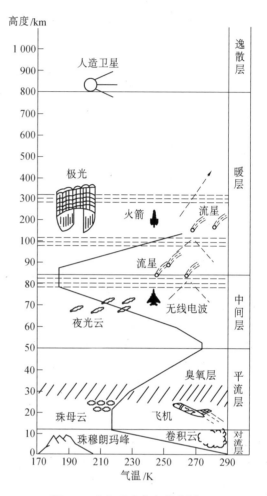

图 4.1　大气垂直方向的分层

（2）平流层。自对流层顶向上 50 km 左右为平流层。在平流层的下部,温度随高度的升高变化很小或不变;顶部温度随高度的升高而显著增高,这主要是由于受地面辐射影响的减少及氧和臭氧强烈吸收太阳紫外线辐射的结果。空气的垂直混合的程度显著减弱,特别是上半部几乎没有垂直气流,整层气流比较平稳,水汽和尘埃等很少,云很少出现,大气透明度也比较好。

（3）中间层。平流层顶至 85 km 范围内称为中层,也称中间层。由于中层内没有臭氧这一类可直接吸收太阳辐射能量的组分,因此温度随高度增加而迅速降低,中间层顶部温度可低于 − 83 ℃,这种温度下高上低的特点,使得中层的空气再次出现强烈的垂直对流运动。

（4）暖层。中间层顶至 800 km 范围内称为暖层,也称电离层。这一层空气密度很小,气体在宇宙射线作用下处于电离状态。由于电离后的氧能强烈地吸收太阳的短波辐射,使空气迅速升温,气温分布是随高度增加而增加,其顶部可达 480℃至 1230℃。电离层能将电磁波反射回地球,对全球的无线电通讯具有重大意义。

(5)逸散层。暖层顶以上的大气统称为逸散层,也称外层。该层大气极为稀薄,气温高,分子运动速度快,有的高速运动的粒子能克服地球引力的作用而逃逸到太空中去,所以称为逸散层。

4.1.1.3　大气污染与大气污染物

1.大气污染

大气即使受到一些污染,由于自然环境具有巨大的自净作用,仍能使空气保持清洁新鲜的状态。但是,当大气中某些有毒、有害物质的含量超过正常值或大气的自净能力时,大气中污染物的浓度达到了造成灾害的程度,就会对人体健康和动植物的生长发育,或对气候产生不良影响,这就发生了大气污染。自然因素和人类活动都能使大气受到污染。但人们经常所说的大气污染,主要是指由于人类的活动而造成的污染。

(1)大气污染的定义。由于自然或人类活动使大气中某些物质浓度超过一定数值,并持续足够时间,从而危害了人体健康和环境。在这一定义中,大气污染指的是物质污染(光、放射性等不包括在其中)。

(2)大气污染类型及其主要特征。构成大气污染的类型可分为煤烟型污染、光化学烟雾污染、混合型污染三类。此外还有非能源性的污染称为特殊型污染。

煤烟型污染。其主要特征是由煤炭燃烧排放出的烟尘、二氧化硫等一次污染物,以及再由这些污染物发生化学反应而生成二次污染物所构成的污染。我国北方城市冬季的大气污染主要是煤烟型污染。1952 年英国伦敦烟雾事件就是典型的煤烟型污染。

光化学烟雾污染。机动车尾气是光化学烟雾污染的主要污染源。汽车尾气含有大量的氮氧化物和碳氢化合物,氮氧化物主要是一氧化氮(NO)、二氧化氮(NO_2)对人体都是有害的。氮氧化物(NO_x)和碳氢化合物(HC)在大气环境中受强烈太阳光紫外线照射后,产生一种复杂的光化学反应,生成一种新的污染物——光化学烟雾。

1943 年,美国洛杉矶市发生了世界上最早的光化学烟雾事件。此后,日本、英国、德国、澳大利亚和中国先后出现过光化学烟雾污染。北京市早在 1986 年夏季就出现了光化学烟雾生成的迹象,近十几年来已日趋严重。

混合型污染。包括以煤炭为主要污染源而排出的烟气、粉尘、二氧化硫及其他氧化物所形成的气溶胶;以石油为污染源而排出的烯烃和二氧化氮为主的污染物。此类污染,其反应更为复杂。如臭氧和烯烃反应生成的过氧化氢自由基等氧化物,可大大增加二氧化硫的氧化速率。

特殊型污染。主要产生于工厂生产过程中排出和发生意外事故释放出的废气,如氯气、氟化物、金属蒸气或酸雾等所引起的污染。

(3)造成大气污染的主要因素。造成大气污染的主要因素,首先与污染物的排放量有关。一般来说污染物排放量越大,污染程度也相应增加。然而,客观条件如气象、地形、地物等因素也是影响大气污染程度的主要因素。如在小风、静风或出现逆温等情况下,污染物很难扩散和稀释,使得大气污染加重;特殊的地形条件,如山地、谷地等地形,因其影响空气流动并能形成特殊的空气流场(如山谷风),也会使大气污染加重。美国的多诺拉烟雾事件和比利时的马斯河谷事件都是由于工厂集中,又处于河谷盆地,加之无风逆温下的气象条件,使烟雾累积,以致发生了严重的大气污染公害事件。

2.大气污染物

大气污染物系指由于人类活动和自然过程排入大气的并对人或环境产生有害影响的那些物质。

大气污染物的分类方法很多。按其存在状态可分为气溶胶状态污染物和气体状态污染物。按大气污染物的形成过程,可将其分为一次污染物和二次污染物。

(1)气溶胶状态污染物。气溶胶系指固体粒子、液体粒子或它们在气体介质中的悬浮体。按照气溶胶的来源和物理性质,可将其分为如下几种。

粉尘(dust):粉尘系指悬浮于气体介质中的小固体粒子,因重力作用发生沉降,但在某一段时间内能保持悬浮状态,其粒径为 $1 \sim 200 ~\mu m$ 左右。属于粉尘类的大气污染物的种类很多,如粘土粉尘、石英粉尘、煤粉、水泥粉尘、各种金属粉尘等。

烟(fume):烟一般系指由冶金过程形成的固体粒子的气溶胶,它是由熔融物质挥发后生成的气态物质的冷凝物。烟的粒径一般为 $0.01 \sim 1 ~\mu m$ 左右。产生烟是一种较为普遍的现象,如有色金属冶炼过程中产生的氧化铅烟、氧化锌烟及在核燃料后处理厂中的氧化钙烟等。

飞灰(fly ash):飞灰系指随燃料燃烧产生的烟气中飞出的较细的灰分。

黑烟(smoke):黑烟一般系指由燃料燃烧产生的能见气溶胶。

雾(fog):雾是气体中液滴悬浮体的总称。在气象中指造成能见度小于 $1 ~\mu m$ 的小水滴悬浮体。在工程中,雾一般泛指小液体粒子悬浮体,它可能是由于液体蒸气的凝结、液体的雾化及化学反应等过程形成的。如,水雾、酸雾、碱雾、油雾等。

在大气污染控制中,还根据大气中的粉尘(或烟尘)颗粒的大小,将其分为飘尘、降尘和总悬浮微粒。

可吸入颗粒(PM_{10}):可吸入颗粒指大气中粒径小于 $10 ~\mu m$ 的颗粒物。它能较长期地在大气中飘浮,以前亦称飘尘(SPM)。

降尘:降尘指大气中粒径大于 $10 ~\mu m$ 的固体颗粒。在重力作用下它可在较短时间内沉降到地面。自然界刮风及沙尘暴可产生降尘。沙尘暴天气沙尘可分为浮尘、扬沙、沙尘暴和强沙尘暴四类。浮尘:尘土、细沙均匀地浮游在空中,使水平能见度小于 $10 ~km$ 的天气现象;扬沙:风将地面尘沙吹起,使空气相当混浊,水平能见度在 $1 \sim 10 ~km$ 以内的天气现象;沙尘暴:强风将地面大量尘沙吹起,使空气很混浊,水平能见度小于 $1 ~km$ 的天气现象;强沙尘暴:大风将地面尘沙吹起,使空气很混浊,水平能见度小于 $500 ~m$ 的天气现象。

总悬浮微粒(TSP):总悬浮微粒系指大气中粒径小于 $100 ~\mu m$ 的所有固体颗粒。

(2)气体状态污染物。气体状态污染物是以分子状态存在的污染物,简称气态污染物。气态污染物的种类很多,大部分为无机气体。常见的有五类:以 SO_2 为主的含硫化合物,以 NO 和 NO_2 为主的含氮化合物、碳氧化物、碳氢化合物及卤素化合物等。

一次污染物是直接从各种污染源排放到大气中的有害物质,常见的主要有 SO_2,NO_x,CO_x,HC 及颗粒性物质等。颗粒性物质中包含苯并芘(a)等强致癌物质、有毒重金属、多种有机和无机化合物等。

二次污染物是一次污染物在大气中相互作用或它们与大气中的正常组分发生反应所产生的新污染物。这些新污染物与一次污染物的化学、物理性质完全不同,多为气溶胶,具有颗粒小,毒性一般比一次污染物大等特点。常见的二次污染物有硫酸盐、硝酸盐、臭氧、醛类(乙醛和丙烯醛等)和过氧乙酰硝酸酯(PAN)等。

4.1.1.4　大气的污染源

大气污染源通常是指向大气排放出足以对环境产生有害影响的有毒或有害物质的生产过程、设备或场所等。

1.大气污染源分类

大气的污染源按不同方法分类,划分出的污染源类型也不同,可按存在形式、排放形式、排放空间或污染物发生类型等方法分类。

(1)按污染源存在形式可分为固定污染源、移动污染源。固定污染源:如工厂烟囱、车间排气筒等。移动污染源:如汽车、火车、轮船、飞机等。

(2)按污染源排放形式可分为点源、线源、面源。点源:集中在一点或在可当作一点的小范围内排放污染物,如烟囱等。线源:沿着一条线排放污染物,如汽车、火车等。面源:在一个大范围内排放污染物,如煤田自燃的煤堆、密集而低矮的居民住宅烟囱群等。

(3)按污染物排放空间可分为高架源、低架源。高架源:在距地面一定高度排放污染物,如电厂烟囱等。低架源:在地面上或离地面高度很低的排放源。

(4)按污染物发生类型可分为工业污染源、农业污染源、农业污染源、生活污染源、交通污染源等。工业污染源:工业燃料燃烧及工业生产过程排气等。农业污染源:农用燃料燃烧排气、农药扩散、化肥分解等对大气的污染。生活污染源:民用炉灶、取暖锅炉排放污染物、焚烧城市垃圾等的废气、城市垃圾堆放过程中分解排出的废气等。交通污染源:交通运输工具燃料燃烧的排放。

除上述分类以外,大气污染物主要来源通常分为三大方面:①燃料燃烧,包括工业锅炉、民用锅炉和小炉灶;②工矿企业生产过程产生的尘、烟、废气;③交通运输,如飞机、火车、汽车、轮船运行过程中排放的废气。前两类污染源统称为固定源,而交通运输污染源称为流动源。

2.大气污染物的危害

(1)大气污染对人体和健康的伤害。大气污染物主要通过三条途径危害人体:一是人体表面接触后受到伤害;二是食用含有大气污染物的食物和水中毒;三是吸入污染的空气后患了种种严重的疾病。

(2)大气污染危害生物的生存和发育。大气污染主要是通过三条途径危害生物的生存和发育:一是使生物中毒或枯竭死亡;二是减缓生物的正常发育;三是降低生物对病虫害的抗御能力。植物在生长期中长期接触大气的污染,损伤了叶面,减弱了光合作用,伤害了内部结构,使植物枯萎,直至死亡。各种有害气体中,二氧化硫、氯气和氟化氢等对植物的危害最大。大气污染对动物的损害,主要是呼吸道感染和食用了被大气污染的食物。其中,以砷、氟、铅、钼等危害最大。大气污染使动物体质变弱,以至死亡。大气污染还通过酸雨的形式杀死土壤微生物,使土壤酸化,降低土壤肥力,危害了农作物和森林。在欧美等国,空气污染对森林退化也产生了显著影响。

(3)大气污染对物体的腐蚀。大气污染物对仪器、设备和建筑物等,都有腐蚀作用。如金属建筑物出现的锈斑、古代文物的严重风化等。

(4)大气污染对全球大气环境的影响。大气污染发展至今已超越国界,其危害遍及全球。对全球大气的影响明显表现为三个方面:臭氧层破坏、酸雨腐蚀和全球气候变暖。

4.1.1.5 大气污染现状

大气污染是人类当前面临的主要环境污染问题之一。在迄今为止的 11 次世界上重大污染事件中,就有 7 件是由大气造成的,如马斯河谷烟雾事件、多诺拉烟雾事件、伦敦烟雾事件、洛杉矶光化学烟雾事件、四日市哮喘事件、博帕尔农药厂泄漏事件和切尔诺贝利核电站事故等,这些污染事件均造成大量人口的中毒与死亡。

近几年,中国城市空气质量恶化的趋势有所减缓,部分城市空气质量有所改善,但整体污染水平仍较严重。总悬浮颗粒物(TSP)或可吸入颗粒物(PM_{10})是影响城市空气质量的主要污染物,部分地区二氧化硫污染较重,少数大城市氮氧化物浓度较高。酸雨区范围及频率保持稳定,酸雨区面积约占国土面积的 30%。

中国酸雨分布区域广泛,是继欧洲、北美之后的世界第三大酸雨中心。华中、华南、西南及华东地区存在酸雨污染严重的区域,北方局部也出现酸雨区。"酸雨控制区"中 102 个城市和地区降水年均 pH 值范围在 4.1 ~ 6.9,其中 95 个城市出现酸雨,占 93.1%;72 个城市年均降水 pH 值小于 5.6,占 70.6%。

1994 ~ 2005 年间,全国主要大气污染物的排放量逐年增加,其中工业源污染物排放增加显著,这与中国经济总量的持续增长和粗放式的经济增长方式密切相关。同期,生活源大气污染物排放得到有效控制,二氧化硫和烟尘排放量呈下降趋势,近年来基本保持稳定,这与中国城市能源结构日趋清洁化和城市综合整治工作加强密切相关。城市机动车尾气排放增长加快,成为许多城市,特别是大城市的主要大气污染源。1999 ~ 2005 年,来自生活污水的主要污染物 COD 排放量呈增长趋势,年均增长 3.1%,生活 COD 排放量现已超过工业源 COD 的排放量。工业企业废水排放达标率总体呈上升态势,近年来基本保持稳定。

4.1.2　大气污染治理技术与综合防治

大气中的污染物,无论是颗粒状污染物或是气体状态污染物,都能够在大气中扩散,具有污染面广的特点,这就是说,大气污染带有区域性和整体性的特征。因此,大气污染的程度要受到该地区的自然条件、能源构成、工业结构和布局、交通状况,以及人口密度等多种因素的影响。各种治理技术是对点污染源排放的污染物进行治理,不能解决区域性的大气污染问题。对于区域性大气污染问题,必须通过采取综合防治的措施加以解决。

4.1.2.1 大气污染的综合防治

所谓大气污染的综合防治,就是从区域环境的整体出发,充分考虑该地区的环境特征(如我国应减少直接燃煤作为能源,改用清洁能源,控制汽车排气等),对所有能够影响大气质量的各项因素作全面、系统的分析,充分利用环境的自净能力,对多种大气污染控制技术的可行性、经济合理性、设施可能性和区域适应性等作出最优化的选择和评价,从中得到最优的控制技术方案和工程措施,达到整个区域的大气环境质量控制目标。

大气污染综合防治涉及面比较广,影响因素比较复杂,通常可以从下列几个方面加以考虑。

1.全面规划、合理布局

大气污染综合防治,必须从协调地区经济发展和保护环境之间的关系出发,对该地区各污染源所排放的各类污染物质的种类、数量、时空分布做全面的调查研究,并在此基础上,制定控制污染的最佳方案。

合理布局的工业、商业、居住区,可减轻对污染人群的影响。工业生产区应设在城市主导风向的下风向。在工厂区与城市生活区之间,要有一定间隔距离,并植树造林、绿化,以减轻污染危害。对已有污染重、浪费资源、治理无望的企业要实行关、停、并、转、迁等措施。对重污染的企业还应先进行环境影响评价,论证其可能的影响和对策措施,并提出适当的绿化措施等。

另外,从保护大气环境质量的根本目的出发,应控制区域的排污总量不超过该区域的环境容量。

2.清洁生产,将源头的污染物减到最低点

大气污染防治应从污染源产生的源头采取措施,改用清洁能源,改革生产工艺,减少废气排放。我国当前的能源结构中以煤炭为主,煤炭占商品能源消费总量的 73%,在煤炭燃烧过程中放出大量的二氧化硫(SO_2)、氮氧化物(NO_x)、一氧化碳(CO),以及悬浮颗粒等污染物。因此,如从根本上解决大气污染问题,首先必须从改善能源结构入手,例如,使用天然气及二次能源,如煤气、液化石油气、电等,还应重视太阳能、风能、地热等所谓清洁能源的利用。我国以煤炭为主的能源结构在短时间内不会有根本性的改变。对此,当前应首先推广型煤及洗选煤的生产和使用,以降低烟尘和二氧化硫的排放量。

我国能源的平均利用率仅 30%,提高能源利用率的潜力很大。我国有 20 余万台锅炉,年耗煤 2 亿多 t,因此,合理选择锅炉,对低效锅炉进行改造、更新以提高锅炉的热效率,能够有效地降低燃煤对大气的污染。

发展区域性集中供暖供热,设立规模较大的热电厂和供热站,用以代替分散于千家万户的燃煤炉灶,是消除烟尘的有效措施。它还具有以下各项效益:①提高热能利用率;②便于采用高效率的除尘器;③采用高烟囱排放;④减少燃料的运输量。

3.植树造林、绿化环境

绿化造林是大气污染防治的一种即经济又有效的措施。植物有吸收各种有毒有害气体和净化空气的功能,是空气的天然过滤器。茂密的丛林能够降低风速,使气流挟带的大颗粒灰尘下降。树叶表面粗糙不平,多绒毛,某些树种的树叶还分泌粘液,能吸附大量飘尘。蒙尘的树叶经雨水淋洗后,又能够恢复吸附、阻拦尘埃的作用,使空气得到净化。

植物的光合作用吸收二氧化碳,放出氧气,因而树林有调节空气成分的功能,一般情况下 1 hm^2 的阔叶林,在生长季节,每天能够消耗约 1 t 的二氧化碳,释放出 0.75 t 的氧气。以成年人考虑,每天需吸入 0.75 kg 的氧气,排出 0.9 kg 的二氧化碳,这样,每人平均有 10 m^2 面积的森林,就能够得到充足的氧气。有一些林木,在其生长过程中能够挥发出柠檬油、肉桂油等多种杀菌物质。有人做过分析测定,在百货大楼内,每立方米空气中的细菌数达 400 万个,林区则仅有 55 个,这样,林区与百货大楼空气中的含菌量相差 7 万多倍。

4.1.2.2　大气污染控制技术

在实际的燃料燃烧、工业生产、交通工具运行中最终总有污染物要排放,因此,需要污染控制技术措施予以解决,即使用必要的末端控制技术。

1.除尘技术

除尘技术包括机械式除尘器、电除尘器、袋式除尘器、湿式除尘器和过滤式除尘器等。

(1)机械式除尘器。机械式除尘器包括重力沉降室、惯性除尘器、旋风除尘器等。

重力沉降室利用粒子在气流运动过程中重力沉降除尘。通常用于去除含尘粒子密度大,粒径大于40 μm的多级除尘系统中,作为预处理装置,压力损失约为50~100 Pa。结构简单,投资少,体积较大,效率不高。

惯性除尘器是重力沉降室的改型,内设各种形式的挡板,使含尘气流冲击在挡板上,气流方向发生急剧改变,借助尘粒本身的惯性力作用,使其与气流分离。通常用于去除含尘粒子密度大,粒径大于15 μm左右的多级除尘系统中,作为预处理装置,压力损失约为100~1 000 Pa。结构形式多样,投资不大,去除效率高于重力尘降室。

旋风除尘器利用旋转气流产生的离心力使尘粒从气流中分流。这是一种使用较广的除尘器,通常用于去除含尘粒子密度较大,粒径大于5 μm左右的除尘系统中,除尘效果好于前两种,一般除尘效率大于80%左右。结构形式很多,投资不大,压力损失为800~1 500 Pa。

(2)电除尘器。含尘气体通过高压电场进行电离,使尘粒荷电,带电粒子并在电场力的作用下,使尘粒沉积在集尘极上,从而将尘粒从含尘气体中分离。电除尘过程与其他除尘过程的区别在于分离力(主要是静电力)直接作用在粒子上,而不是作用在整个气流上,这就决定了他具有分离粒子耗能小、气流阻力小(50~500 Pa)的特点。由于作用在粒子上的静电力相对较大,所以,对0.1 μm粒子的捕集效率可达到99%以上。目前,电除尘器已成为主要的除尘装置。

(3)湿式除尘器。湿式除尘器是使含尘气体与液体(一般为水)接触,利用水滴和尘粒的惯性碰撞及其他作用捕集尘粒或使粒径增大的装置。湿式除尘器可以将直径为0.1~20 μm的液态或固态粒子从气流中除去,同时,也能脱除气态污染物。它具有结构简单、造价低、占地面积小、操作及维修方便和净化效率高等优点,能够处理高温、高湿的气流,将着火、爆炸的可能减至最低。但湿式除尘器有设备和管道腐蚀,以及污水和污泥的处理等问题;湿式除尘过程也不利于副产品的回收;其耗水量较大,缺水地区不适用;寒冷地区要考虑防冻问题。

根据湿式除尘器的净化机理,可将其大致分为七类:重力喷雾洗涤器;旋风洗涤器;自激喷雾洗涤器;板式洗涤器;填料洗涤器;文丘里洗涤器;机械诱导喷雾洗涤器。

(4)过滤式除尘器。过滤式除尘器又称空气过滤器,是使含尘气流通过具有很多毛细孔的过滤材料而将颗粒污染物截留下来的捕集装置。

采用滤纸或玻璃纤维等填充层作滤料的空气过滤器,主要可用于通风及空气调节室内空气净化。

采用纤维织物作滤料的袋式除尘器,在工业废气的除尘方面应用较广。袋式除尘器对细尘的除尘效率一般可达99%以上。因而获得广泛的应用。但在应用时应注意:不适用于处理易燃、易爆含尘气体;不宜净化粘结和吸湿性强的含尘气体,目前,袋式除尘器在结构型式、滤料、清灰方式和运行等方面也都得到不断的发展。

2.吸收法净化气态污染物

气体吸收是气体混合物中一种或多种组分溶解于选定的液体吸收剂中,或者与吸收剂中的组分发生选择性化学反应。用吸收法净化气态污染物,不仅是减少或消除气态污染物向大气排放的重要途径,而且还能将污染物转化为有用的产品。例如,在用吸收法净

化石油炼制尾气中 H_2S 的同时,还可回收硫。吸收法可从工业废气中去除二氧化硫(SO_2)、氮氧化物(NO_x)、硫化氢(H_2S),以及氟化氢(HF)等有害气体。

吸收可分为化学吸收和物理吸收两大类。用于吸收气态污染物质的吸收液有:水,用于吸收易溶的、浓度较高的有害气体;碱性吸收液,用于吸收那些能够和碱起化学反应的有害酸性气体,如 SO_2,NO_x,H_2S 等。常用的碱吸收液有氢氧化钠、氢氧化钙、氨水等;酸性吸收液,一氧化氮(NO)和二氧化氮(NO_2)气体能够在稀硝酸中溶解,而且其溶解度比在水中高得多;有机吸收液,用于有机废气的吸收,汽油、聚乙醇醚、冷甲醇、二乙醇胺都可作为吸收液,并能够去除酸性气体,如 H_2S,CO_2 等。

用吸收法净化气态污染物,与化工生产中的吸收过程相似,但具有处理气体量大,需要净化的气体成分往往较复杂,吸收组分浓度低及要求吸收效率和吸收速率较高等特点,其难度更高,一般简单的物理吸收不能满足要求,多采用化学吸收过程。如,用碱性溶液或浆液吸收燃烧烟气中低浓度 SO_2 的过程。多数情况下,吸收过程仅是将污染物由气相转入液相,还需对吸收液进一步处理,以免造成二次污染。

目前在工业上常用吸收设备有表面吸收器、板式塔、喷洒塔、文丘里塔和填料塔等。

3. 吸附法净化气态污染物

用多孔性固体处理流体混合物,使其中所含的一种或几种组分浓集在固体表面,而与其他组分分离的过程称为吸附。被吸附到固体表面的物质称为吸附质,吸附吸附质的物质称为吸附剂。吸附分物理吸附和化学吸附两类。物理吸附是靠分子之间引力的吸附;化学吸附又称活性吸附,它是由化学键力导致的吸附。

吸附工艺在实用上和经济上有以下几方面的优点:系统操作便于控制;具有良好的控制和对过程变化的敏感性,可实现全自动化运行;能将废气中的污染物去除到极低的浓度,使其达标排放,又能回收这些污染物,实现废物资源化。因此,目前吸附操作广泛地应用于有机污染物的回收净化,低浓度二氧化硫和氮氧化物的净化处理,以及其他有害气态污染物的净化上。但是,由于吸附剂的容量有限,需耗用大量的吸附剂,工业设备体积庞大。要考虑吸附剂的再生和处理处置。

(1)作为工业用的吸附剂必须要有足够大的内表面;对不同气体具有选择性的吸附作用;具有足够的机械强度、热稳定性及化学稳定性;原料广泛易得,价格低廉,以适应对吸附剂日益增长的需要。

(2)工业吸附剂。工业上广泛应用的吸附剂主要有四种:活性炭、活性氧化铝、硅胶和沸石分子筛。

活性炭:活性炭对广谱污染物具有吸附功能,除 CO,SO_2,NO_x,H_2S 外,还对苯、甲苯、二甲苯、乙醇、乙醚、煤油、汽油、苯乙烯、氯乙烯等有机物质都有吸附功能。用活性炭为吸附剂可使废气中的有机溶剂回收率达 80% ~ 90%,如采用串联操作,回收率将更高。

活性氧化铝:可用于气体的干燥、石油的脱硫,以及含氟废气的净化。

硅胶:大量用于气体的干燥和烃类气体回收。

沸石分子筛:用于净化气态污染物的吸附设备,与废水处理中的设备相同,可分为固定床、移动床和流化床三种。

除吸收法、吸附法外,用于气态污染物处理的技术还有冷凝法、催化转化法、直接燃烧法、膜分离法,以及生物法等。

4.1.3　汽车尾气污染及其治理

汽车是一种高效的现代化交通工具,它提高了人们的出行效率,促进了生产的发展,方便了人们的生活。近年来,我国汽车业发展迅速,全国机动车持有量持续增长,但汽车又是一种流动污染源。世界上几乎所有大城市和中小城市都遭受汽车排放污染的严重危害。

近几年国内城市大气环境质量监测结果分析表明,尤其在大城市,机动车辆排烟型污染已代替煤烟型污染,成为城市的主要大气污染源,并且这一趋势还将继续发展。以上海为例,1995 年,上海市中心城区内机动车排放的 CO、碳氢化物和氮氧化物分别约占该区域内机动车和固定源排放总量的 76%、93% 和 44%。如不采取措施,到 2010 年,机动车排污分担率将进一步上升至 94%、98% 和 75%。

4.1.3.1　汽车排放污染物的来源和种类

发动机的排气成分中含有一定量的一氧化碳(CO)、碳氢化合物(HC)、氮氧化物(NO_x)、二氧化硫(SO_2)、微粒物质(铅化物、碳烟、油雾等)与臭气(甲醛、丙烯醛等)等有害排放物。它们的部分是有毒的,有些还带强烈刺激性,有臭味,甚至有些有致癌作用。这些由汽车排出的 CO,HC,NO_x 和碳烟、微粒等正是造成大气污染的主要物质。

据有关资料统计,每千辆汽车每天排出的 CO 量约为 3 000 kg,HC 化合物约 200~400 kg,NO_x 约为 50~150 kg,平均每燃烧 1 t 燃油生成的有害物质达 40~70 kg。由于污染物排放区域恰为人们呼吸带区,因此,对人体健康威胁很大。

4.1.3.2　汽车排放污染物的危害

一氧化碳(CO)是汽油机有害排放物中浓度最高的一种成分,是燃油燃烧不充分的产物,一氧化碳能与体内血红蛋白结合成一氧化碳 – 血红蛋白(离解很慢),阻碍了血红蛋白和氧气的结合,因而导致组织缺氧。当大气中的一氧化碳浓度达 70~80 mg/L 以上时,人在接触几小时以后,一氧化碳 – 血红蛋白含量为 20% 左右时,就会引起中毒,当含量达 60% 时,即可因窒息而死。

各种碳氢化合物总称为烃类,汽车发动机排气中所含的烃类成分有百余种之多,其中甲醛与丙烯醛对鼻、眼和呼吸道黏膜有刺激作用,可引起结膜炎、鼻炎、支气管炎等症状,它们还有难闻的臭味。苯并(a)芘被认为是一种强致癌物质,加上烃类还是光化学烟雾形成的重要物质,因此,碳氢化合物排放的危害性是不可忽视的。

汽车发动机排出的氮氧化物(NO_x)主要是一氧化氮(NO)和二氧化氮(NO_2)。NO_x 中的 NO 与血液中血红蛋白的亲和力比 CO 还强,通过呼吸道及肺进入血液,产生与 CO 相似的严重后果。NO 很易氧化成剧毒的 NO_2,进入肺脏深处的肺毛细血管,引起肺水肿,同时还能刺激眼黏膜,麻痹嗅觉。NO_2 单独存在时是一种棕色气体,有特殊的刺激性臭味,被吸入肺部后,能与肺部的水分结合生成可溶性硝酸,严重时会引起肺气肿。如大气中的 NO_2 的浓度 5 mg/L,就会对哮喘病患者有影响,若在浓度为 100~150 mg/L 的高浓度下连续呼吸 30~60 min,就会使人陷入危险状态。此外,即使是 NO_x 的浓度很低,也会对某些植物产生不良影响。

汽车排气中的微粒,主要有作为抗爆剂加入到汽油中的四乙基铅经燃烧后生成的铅化物微粒,以及燃料不完全燃烧生成的碳烟粒等。铅阻碍血液中的红血球的生长与成熟,使心、肺等发生病变,侵入大脑时则引起头痛,出现一种精神病的症状。铅化物还会吸附在催化剂表面,使催化剂"中毒"从而降低催化剂的净化效果,并显著缩短使用寿命。碳烟粒的孔隙中往往吸附着二氧化硫及有致癌作用的多环芳烃,如苯并(a)芘等。

光化学烟雾是由汽车和工厂排出的碳氢化合物和氮氧化物在阳光作用下,进行一系列的光化学反应,生成臭氧(O_3)和过氧化乙酰硝酸盐(PAN)等光化学过氧化产物,以及各种游离基、醛、酮等成分,形成一种毒性较大的浅蓝色烟雾。PAN、甲醛、丙烯醛等产物对人眼睛、咽喉、鼻子等有刺激作用,光化学烟雾能促使哮喘病患者哮喘发作,能引起慢性呼吸系统疾病恶化,长期吸入氧化剂能降低人体细胞的新陈代谢,加速人的衰老。并且,光化学氧化产物中的臭氧和过氧化乙酰硝酸盐都能使植物受害,臭氧具有极强的氧化力,能使植物变黑、橡胶开裂;动物在 1.0 mg/L 的臭氧浓度下 4 h 就会出现轻度肺气肿。过氧化乙酰硝酸盐的毒性介于 NO 和 NO_2 之间。

4.1.3.3　汽车尾气污染的控制与净化技术

机动车污染控制工作是一项涉及多部门,多方面的系统工程,除了加强法规要求和执法力度外,机动车污染控制技术的进步是根本的物质保证。1998 年 9 月国务院决定自 2000 年 1 月 1 日起,汽车制造企业生产的所有汽车都要适合使用无铅汽油,新生产的轿车要采用电子控制燃油喷射装置并安装排气净化三效催化转化器。

1.三效催化转化器

三效催化剂是一种当发动机在近似理论空燃比下运转时,同时具有净化排气中 CO、HC 和 NO_x 能力的催化剂。在催化反应过程中,废气中的 CO 和 HC 将 NO_x 还原成氮气等;同时,CO,HC 被氧化成 CO_2 和 H_2O。使用催化净化器,绝对禁止使用有铅汽油,另外,汽车润滑油中的磷和汽油中硫等杂质都有可能影响催化剂的性能。

2.改进和提高燃料质量

油品质量的提高能降低车辆污染物的排放,保证发动机及其排放控制系统正常工作,因此,提高燃料质量,改变燃料构成,也是强化燃烧过程,降低排气中有害物质含量的有效措施。

3.推广使用清洁燃料汽车

为达到更严格的排放标准,世界各国汽车制造商都在努力积极地研究开发各种低污染代用燃料汽车。天然气汽车、液化气汽车、甲醇汽车、乙醇汽车、生物燃料汽车、多种灵活燃料汽车、氢燃料汽车、电动汽车、太阳能汽车等等。其中,尤以天然气汽车和液化石油气汽车最为成熟,并在一些国家普及,成为很有实用价值的清洁燃料汽车。

4.1.4　全球气候变暖

4.1.4.1　全球气候变暖的主要原因

进入工业革命以来,由于人类大量燃烧煤、石油和天然气等燃料,尤其近几十年来,由于人类消耗的能源急剧增加,森林遭到破坏,大气中二氧化碳等温室气体的含量骤增,它们就像温室的玻璃一样,不影响太阳对地球表面的短波辐射,却能阻碍由地面反射回高空的红外长波辐射,这就像给地球罩上了一层保温膜,使地球表面气温增高,产生"温室效应"。能产生"温室效应"的气体主要有大气中的水气、二氧化碳和云,另外,痕气体,如甲烷、氮氧化物也可产生温室效应。二氧化碳(CO_2)、臭氧(O_3)、甲烷(CH_4)、一氧化二氮(N_2O)和20多种的氟氯烃(CFCs)化合物(其中主要有 CCl_3F,CCl_2F_2)等称为温室气体。

2001年德国三位气象专家发表报告指出,全球气温变暖的速度正在加快。报告说,过去100年里,全球平均气温升高了 0.7 ℃,而在未来的50年中,气温可能会再提高 2～5℃。这个变化相当于从上一个冰川期至今,即近1.8万年的温度变化速度。

尽管地球气候系统是高度复杂的,但其变化的主要原因是由于人类在自身发展中对能源的过度使用和自然资源的过度开发,造成了大气中温室气体的浓度以极快的速度增长,使得温室效应不断增强,从而引起全球气候的改变。1995年政府间气候变化委员会(IPCC)说明了全球年平均气温的变化情况,见图4.2所示。

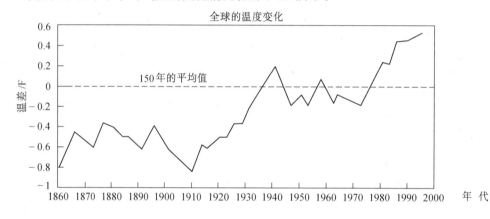

图 4.2　全球年平均气温的变化情况(IPCC,1995)

4.1.4.2　全球气候变暖对人类及环境的影响

1. 对人类健康的影响

过热引起的死亡率远远大于寒冷时期,尤其老年人,他们很难适应高温。另一方面,携带许多疾病的昆虫,在暖湿的条件下生长得更好(如蚊子),各种疾病会频繁发作,危及人类健康和生命。

2. 沿海地区的海岸线变化

全球变暖可能导致两极的冰川融化,使海平面升高,淹没许多城市。世界上大约有1/3的人口生活在沿海岸线 60 km 的范围内,世界上 35 座最大的城市中,有 20 座地处沿海。海平面升高无疑将是对人类的巨大威胁。据有关估计,当全球增暖 1.5～4.5 ℃时,海平面可能会上升 20～165 cm。

3. 气候带移动

全球变暖将会使气候带(包括温热带和降水带)北移,在远离赤道的地方变化最显著。在高纬度地区,冬季降雪量将会增加,农业条件可能会更好些。中纬度地区夏季降水量会减少。对于低纬度热带多雨地区则面临洪涝威胁。地球表面气温升高,各地降水和干湿状况也会发生变化。某些地区农业生产可能会因温度上升而受益。但全球范围的农作物产量和品种的地理分布将会发生变化,农业生产要相应的改变土地使用和耕作方式。现在温带的农业发达地区,由于气温升高,蒸发加强,气候会变得干旱,农业区会退化成草原,干旱区会变得更干旱,造成土地沙漠化,使农业减产。

4.物种变化

气候变暖会使生物带、生物群落纬度分布发生变化,很多动植物的迁移可能跟不上气候变化的速率,使部分生态系统(如常绿植被、冰川生态等)、候鸟、冷水鱼类和高等真菌处于濒临灭绝、变异的境地。

5.对中国的影响

根据中国学者的研究,中国西北冰川面积自"小冰期"以来减少了24.7%。预计到2050年,中国西部冰川面积将继续减少27.2%。未来50年,青藏高原多年冻土空间分布格局将发生较大变化。

其影响首先是湖泊水位下降,面积萎缩。在中国,除天山西段赛里木湖外,自20世纪50年代以来西北各大湖泊水量平衡均处于入不敷出状态,有的甚至干涸消亡。

其次是海平面升高对海岸带和海洋生态系统产生了严重影响。近百年来,全球海平面平均上升了10~20 cm。中国海平面近50年呈明显上升趋势,平均速率为每年2.6 mm。中国未来海平面还将继续上升,到2050年升幅预计为6~26 cm;到21世纪末将达到30~70 cm。许多海岸区遭受洪水泛滥的机会增大、遭受风暴潮影响的程度和严重性加大,尤其是在珠江三角洲、长江三角洲和渤海湾这些经济发达地区。

再次是一些极端天气气候事件可能增加,如干旱发生频率和强度的增加,将加重草地土壤侵蚀,因而将增大荒漠化或沙漠化的趋势。

气候变化将改变植被的组成、结构及生物量,使森林分布格局发生变化,生物多样性减少等等。在中国,除云南松和红松分布面积有所增加(大约为3%~12%)外,其他树种的面积均有所减少,减少幅度为2%~57%。

根据中国科学家的研究,近百年中国的气温上升了0.4~0.5 ℃,以西北、华北、东北最为明显。自进入21世纪以来,中国已连续出现了4个全国大范围暖冬。降水自20世纪50年代以后逐渐减少,特别是华北地区出现了明显的暖干化趋势。让大家记忆犹新的是,2003年夏季,中国南方地区,特别是江南和华南北部出现了持续高温(日最高气温大于35℃)天气,历时1个多月,局部地区近2个月的罕见高温热浪天气。

对于未来的气候变化,科学家们计算的结果表明:全球和中国气候将继续变暖,增暖的速率将比过去100年更快:全球平均地表气温到2100年时将比1990年上升1.4~5.8 ℃。这一增温值将是20世纪内增温值(0.6 ℃左右)的2~10倍,可能是近1万年中增温最显著的速率。预计到2050年,全国平均气温将上升2.2 ℃;不少地区降水出现增加趋势,但华北和东北南部等一些地区将出现继续变干的趋势。

中国科学家预计,气候变暖将使中国未来农业生产面临以下3个突出问题:

(1)农业产量的年际波动增大。

(2)农业生产布局和结构将出现变动。2050年气候变暖将使中国三熟制的北界从长江流域移至黄河流域,北移五百公里;而两熟制地区将北移至目前一熟制地区的中部,一熟制地区的面积将减少23.1%。

(3)农业生产成本和投资大幅度增加。由于气候变暖,土壤有机质的微生物分解将加快,造成地力下降。由此导致的施肥量和农药的施用量将增大,农业生产成本增加。

据估算,到2030年,中国种植业产量在总体上因全球变暖可能会减少5%~10%左右,如果能够对不利影响及时采取应对措施的话,未来 30～50 年的气候变化还不会对全球乃至中国的粮食安全、重要基础设施和自然资源产生重大影响。

气候变暖将导致水资源供需矛盾更为突出。中国 7 大流域天然年径流量整体上呈减少趋势。其中,长江及其以南地区年径流量变幅较少;淮河及其以北地区变幅较大。另一方面,中国各流域年平均蒸发量将增大,其中黄河及内陆河地区的蒸发量将可能增大 15% 左右。

气候变化将影响人类的居住环境,最直接的威胁是洪涝和滑坡。目前,中国大中城市所面临的水和能源短缺、垃圾处理和交通等环境问题,也可能因高温、多雨而加剧。对气候变化敏感的传染性疾病,如疟疾和登革热的传播范围可能增加;与高温热浪天气有关的疾病和死亡率增加。

鉴于气候变暖对经济的巨大影响,中国科学家提出要加速中国气候系统模式的发展,提高中国对未来气候变化趋势的预测能力,以进一步确定未来环境和生态的变化及对经济、社会的影响。应以科学技术与气象业务现代化为核心,着力提高天气、气候、气候变化的科研水平,使应对气候变化问题成为促进中国可持续发展的动力之一。

4.1.4.3　温室效应的防治对策

调整能源结构,减少使用煤、石油、天然气等矿物燃料;更多地利用太阳能、风能、地热等;采取技术措施,节约能源,加强废物回收利用。限制并逐步停止氟氯化碳的生产和使用。大力植树造林,严禁乱砍滥伐森林等。

控制人口增长,提高粮食产量。依靠农业技术,发展生态农业,走提高单产之路,摒弃毁林从耕的落后农业方式。

加强环境道德意识教育,促进全球合作。缺乏环境道德意识是环境灾害发生的重要原因。例如,发达国家的无节制消费及短期行为就是这种表现之一。

20 世纪 80 年代初,我国积极参与世界气象组织全球大气环境监测计划,分别在北京上甸子、浙江临安、黑龙江龙凤山建立了三个区域大气本底污染监测站。90 年代初,根据监测全球温室气体变化、研究全球气候变化的需要,在我国青海省瓦里关山海拔 3 816m 处建立了全球第一个大陆型全球大气本底基准观象台,使我国在大气温室气体变化监测方面取得了重要进展。

为了人类免受气候变暖的威胁,1997 年 12 月,在日本京都召开的《联合国气候变化框架公约》缔约方第三次会议通过了旨在限制发达国家温室气体排放量以抑制全球变暖的《京都议定书》。

《京都议定书》规定,到 2010 年,所有发达国家二氧化碳等 6 种温室气体的排放量,要比 1990 年减少 5.2%。具体说,各发达国家从 2008 年到 2012 年必须完成的削减目标是:与 1990 年相比,欧盟削减 8%、美国削减 7%、日本削减 6%、加拿大削减 6%、东欧各国削减 5% 至 8%。新西兰、俄罗斯和乌克兰可将排放量稳定在 1990 年水平上。议定书同时允许爱尔兰、澳大利亚和挪威的排放量比 1990 年分别增加 10%、8% 和 1%。

中国于 1998 年 5 月签署并于 2002 年 8 月核准了该议定书。欧盟及其成员国于 2002 年 5 月 31 日正式批准了《京都议定书》。2004 年 11 月 5 日,俄罗斯总统普京在《京都议定书》上签字,使其正式成为俄罗斯的法律文本。目前全球已有 141 个国家和地区签署该议定书,其中包括 30 个工业化国家。

4.1.5　臭氧层受损

4.1.5.1　臭氧层的作用

在距地球表面 15～50 km 高空的平流层中,臭氧的含量很丰富,形成一个臭氧浓度达 1.0×10^{-5} mg/L 的小圈层。它与人类生存有着极其密切的关系。臭氧层对太阳光中的紫外线有极强的吸收作用,能吸收高强度紫外线的 99%,从而挡住了太阳紫外线对地球上人类和生物的伤害。臭氧层像一个巨大的过滤网,为地球上的生命提供了天然的保护屏障,如果没有臭氧层的存在,所有紫外线全部到达地球表面的话,太阳光晒焦的速度将比夏季烈日下的晒焦速度快 50 倍。

4.1.5.2　臭氧层受损的出现

20 世纪 70 年代初期,科学家发出警告,臭氧层可能受到损害,到了 80 年代,人们观测到,南极上空的臭氧每年 9～10 月份急剧减少,形成了"臭氧空洞"。南极上空在离地面 10～55 km 的平流层里出现臭氧洞。继南极之后,1987 年,科学家又发现北极上空也出现了"臭氧空洞"。

20 世纪 90 年代中期以来,每年春季南极上空臭氧平均减少 2/3。2000 年 9 月 3 日南极上空的臭氧层空洞面积达到 2 830 万 km^2,超出中国面积 2 倍以上,相当于美国领土面积的 3 倍。这是迄今观测到的最大的臭氧层洞。

4.1.5.3　臭氧层受损原因

人工合成的一些含氯和含溴的物质是造成南极臭氧洞的元凶,最典型的是氟氯碳化合物即氟里昂(CFCs)和含溴化合物哈龙(Halons)。越来越多的科学证据证实氯和溴在平流层通过催化化学过程破坏臭氧是造成南极臭氧洞的根本原因。

就重量而言,人为释放的 CFCs 和 Halons 的分子都比空气分子重,但这些化合物在对流层几乎是化学惰性的,自由基对其的氧化作用也可以忽略。因此,它们在对流层十分稳定,不能通过一般的大气化学反应去除。经过一两年的时间,这些化合物会在全球范围内的对流层分布均匀,然后主要在热带地区上空被大气环流带入到平流层,风又将它们从低纬度地区向高纬度地区输送,从而在平流层内混合均匀。

在平流层内,强烈的紫外线照射使 CFCs 和 Halons 分子发生解离,释放出高活性原子态的氯和溴,氯和溴原子也是自由基。氯原子自由基和溴原子自由基就是破坏臭氧层的主要物质,它们对臭氧的破坏是以催化的方式进行,即

$$Cl + O_3 \longrightarrow ClO + O_2$$

$$ClO + O \longrightarrow Cl + O_2$$

据估算,一个氯原子自由基可以破坏 10^4～10^5 个臭氧分子,而由 Halon 释放的溴原子自由基对臭氧的破坏能力是氯原子的 30～60 倍。而且,氯原子自由基和溴原子自由基之间还存在协同作用,即二者同时存在时,破坏臭氧的能力要大于二者简单的加和。

实际上,上述的均相化学反应并不能解释南极臭氧洞形成的全部过程。深入的科学研究发现,臭氧洞的形成是有空气动力学过程参与的非均相催化反应过程。当 CFCs 和 Halons 进入平流层后,通常是以化学惰性的形态($ClONO_2$ 和 HCl)而存在,并无原子态的活性氯和溴的释放。但南极冬天的极低气温造成两种非常重要的过程,一是极地的空气受

冷下沉,形成一个强烈的西向环流,称为"极地涡旋"(polar vortex)。该涡旋的重要作用是使南极空气与大气的其余部分隔离,从而使涡旋内部的大气成为一个巨大的反应器。另外,尽管南极空气十分干燥,极低的温度使该地区仍有成云过程,云滴的主要成份是三水合硝酸($HNO_3 \cdot 3H_2O$)和冰晶,称为极地平流层云(polar stratospheric clouds)。

南极的科学考察和实验室研究都证明,$ClONO_2$ 和 HCl 在平流层表面会发生化学反应,即

$$ClONO_2 + HCl \longrightarrow Cl_2 + HNO_3$$

$$ClONO_2 + H_2O \longrightarrow HOCl + HNO_3$$

生成的 HNO_3 被保留在云滴中。当云滴成长到一定的程度后将会沉降到对流层,与此同时也使 HNO_3 从平流层去除,其结果是 Cl_2 和 HOCl 等组分的不断积累。

Cl_2 和 HOCl 是在紫外线照射下极易光解的分子,但在冬天南极的紫外光极少,Cl_2 和 HOCl 的光解机会很小。当春天来临时,Cl_2 和 HOCl 开始发生大量的光解,产生前述的均相催化过程所需的大量原子氯,以致造成严重的臭氧损耗。氯原子的催化过程可以解释所观测到的南极臭氧破坏的约 70%,氯原子和溴原子的协同机制可以解释大约 20%。当更多的太阳光到达南极后,南极地区的温度上升,气象条件发生变化,南极涡旋逐渐消失,南极地区臭氧浓度极低的空气传输到地球的其他高纬度和中纬度地区,造成全球范围的臭氧浓度下降。

北极也发生与南极同样的空气动力学和化学过程。研究发现,北极地区在每年的一月至二月生成北极涡旋,并发现有北极平流层云的存在。在涡旋内活性氯(ClO)占氯总量的 85% 以上,同时测到与南极涡旋内浓度相当的活性溴(BrO)的浓度。但由于北极不存在类似南极的冰川,加上气象条件的差异,北极涡旋的温度远较南极高,而且北极平流云的云量也比南极少得多。因此,目前北极的臭氧层破坏还没有达到出现又一个臭氧洞的程度。

4.1.5.4 臭氧层破坏对地球环境危害和影响

紫外线的波长 $40 \sim 400$ nm,其中,$40 \sim 290$ nm 为 UV－C;$290 \sim 320$ nm 为 UV－B;$320 \sim 400$ nm 为 UV－A。波长越短能量越大,臭氧层能够吸收 UV－C 和部分 UV－B。科学研究表明,如果大气中臭氧含量减少 1%,地面受紫外线 UV－B 辐射量就会增加 2% ~ 3%。根据 1998 年联合国环境署的报告,由于臭氧层破坏,导致全球范围地面紫外线照射加强,其中,北半球中纬度地区冬、春季增加了 7%;北半球中纬度地区夏、秋季增加了 4%;南半球中纬度地区全年平均增加了 6%;南极地区春季增加了 130%;北极地区春季增加了 22%。这将严重损害动植物的基本结构,降低了农作物产量、危害海洋生命,使气候和生态环境发生变异,特别是人和地球上的其他生物会因此遭受极大伤害。

1. 对人类和动物健康影响

适量的 UV－B 是维持人体健康所必须的,它能增强人体交感肾上腺机能,提高免疫反应,促进磷钙代谢,增强人体对环境污染的抵抗力。但臭氧层耗损使地表所受 UV－B 辐射量增加,将导致白内障发病率增加;降低对传染病和肿瘤的抵抗能力,降低疫苗的反应能力;还会导致皮肤癌发病率增加,而导致皮肤病的概率对不同肤色人种是不一样的。

2.对植物和农作物的影响

过量 UV - B 辐射改变植物的生物活性和生物化学过程(但不一定是破坏)。这种改变将包括植物的生命周期和植物中的一些化学成分,某些化学成分可能是一些植物含有的关键成分,而这些成分可以帮助植物防止病菌和昆虫的袭击,可以影响作为人类和动物食物的植物的质量。例如,可使大豆、玉米、棉花、甜菜等的叶片受损,抑制其光合作用,导致减产。

3.对水生生态影响

过量的 UV - B 会杀死水中的微生物,削弱浮游植物的光合作用,破坏水生生物的食物链,引起水生生态系统发生变化,降低水体的自净能力,导致水生物大批死亡;导致海洋经济产品产量下降,进而减少了海洋浮游生物对 CO_2 的吸收能力。

4.对空气质量影响

城市工业排放的 NO_x,以及汽车尾气,在紫外线的照射下会较快的发生光化学反应,产生光化学烟雾,且城市近地层大气中的臭氧增加,进而引起咳嗽、鼻咽刺激、呼吸短促和胸闷不适等症状。据美国环保局估计,当臭氧层耗减产 25% 时,城市光化学烟雾发生率将增加 30%。

5.对材料影响

UV - B 辐射增加将影响聚合材料的物理和机械性能。减少聚合和生物材料(如木材、纸张、羊毛和棉制品、塑料等)的使用寿命。

6.改变大气辐射平衡

卫星数据表明,UV - B 辐射在春季高纬度地区增长较快。由于臭氧层耗损,导致平流层下部气温变冷和对流层变热。

臭氧层的破坏会导致原有的臭氧纵向分布的改变,破坏地球的辐射收支平衡,加剧对流层中二氧化碳、臭氧这些温室气体量的增加,成为影响气候变化的一个重要的因素。

4.1.5.5　控制对策

为了保护臭氧层,人类共同采取了"补天"行动。签订了《保护臭氧层维也纳公约》、《关于消耗臭氧层物质的蒙特利尔议定书》等国际公约,要求减少并逐步停止氟氯化碳等消耗耗氧层物质的生产和使用。

臭氧层损耗对全球环境和健康的影响是深远的。为了推动氟里昂替代物质和技术的开发和使用,逐步淘汰消耗臭氧层物质,许多国家采取了一系列政策措施。一类是传统的环境管制措施,如禁用、限制、配额和技术标准,并对违反规定实施严厉处罚。另一类是经济手段,如征收税费,资助替代物质和技术开发等。

另外,许多国家的政府、企业和民间团体还发起了自愿行动,采用各种环境标志,鼓励生产者和消费者生产和使用不带有消耗臭氧层物质的材料和产品,其中绿色冰箱标志得到了非常广泛的应用。我国从 1998 年起,逐步实施《中国哈龙行业淘汰计划》,到 2006 年和 2010 年底,分别将哈龙 1211 和 1301 的生产水平减少到零。

4.1.6　酸雨

酸沉降是指大气中的酸通过降水(如雨、雾、雪)等迁移到地表,或在含酸气团气流的作用下直接迁移到地表。前者即是湿沉降,后者即是干沉降。由于酸雨研究的多,所以概念与其等同起来。

4.1.6.1　酸雨的形成

酸雨是指因空气污染而造成的酸性降水,指 pH 值小于 5.6 的雨、雪、霜、雹等大气降水。通常认为大气降水与二氧化碳气体平衡时的酸度 pH 值等于 5.6 为降水天然酸度,并将其作为判断是否酸化的标准,当降水的 pH 值低于 5.6 时,降水即为酸雨。

分析表明,酸雨中含有多种无机酸和有机酸,其中,绝大部分是硫酸和硝酸。一般认为,酸雨主要是由人为排放的硫氧化物和氮氧化物等酸性气体转化而成的。酸性物质硫氧化物、氮氧化物人工排放源之一,是煤、石油和天然气等化石燃料燃烧;之二是工业过程,如金属冶炼、化工生产、石油炼制等;之三是交通运输,如汽车尾气。

1. 雨水酸化机制

酸雨形成的机制比较复杂,一般将其分为两个过程,即污染物的云内成雨清除过程和云下冲刷清除过程。前一过程为水蒸气凝结在硫酸盐、硝酸盐等微粒组成的凝结核上,形成液滴,液滴吸收 SO_2、NO_x 和气溶胶粒子,并互相碰撞、絮凝而结合在一起形成云和雨滴;后一过程是云下的微量物质被雨滴从大气中捕获、吸收、冲刷带走。这两个过程中包括着极其复杂的云雾物理、云水、含水气溶胶和雨滴中的化学问题。

2. 降水中酸的来源

降水在形成和降落的过程中,会吸收大气中的各种物质。如果酸性物质多于碱性物质,就会形成酸雨。硫酸根和硝酸根是酸雨的主要成分。硫酸和硝酸分别由二氧化硫和氮氧化物转化而成。二氧化硫转化为硫酸有两条途径:一为触媒氧化作用,即由 Fe、Mn 等作为触媒剂,二氧化硫和氧化合,形成三氧化硫,再与水结合,成为硫酸气溶胶;另一途径为光氧化作用,二氧化硫经光量子激化后与氧结合成为三氧化硫。另外也可与光化作用形成的自由基化合,形成三氧化硫。如光化作用形成的 $HO\cdot$ 和 $HO_2\cdot$ 与二氧化硫发生下列反应:

$$HO\cdot + SO_2 \longrightarrow HOSO_2$$
$$HOSO_2 + HO\cdot \longrightarrow H_2SO_4$$
$$HO_2\cdot + SO_2 \longrightarrow HO\cdot + SO_3$$
$$SO_3 + H_2O \longrightarrow H_2SO_4$$

氮氧化物转化为硝酸也有两条途径:

$$HO\cdot + NO_2 \longrightarrow HNO_3$$
$$N_2O_5 + H_2O \longrightarrow 2HNO_3$$

4.1.6.2　酸雨的危害

1. 酸雨对水生生态系统的影响

酸雨会使湖泊水生生态系统变成酸性,导致水生生物死亡。研究表明,酸雨危害水生生态系统,一方面是通过湖水 pH 值降低导致鱼类死亡,另一方面是由酸雨侵渍了土壤,侵蚀了矿物,使 Al 元素和重金属元素沿着基石裂缝流入附近水体,影响水生生物的生存。当水中铝含量达到 0.2 mg/L 时,就会杀死鱼类。同时,对浮游植物和其他水生植物起营养作用的磷酸盐,由于附着在铝上,难于被生物吸收,其营养价值就会降低,并使赖以生存的水生生物的初级生产力降低。另外,瑞典、加拿大和美国的一些研究揭示,在酸性水域,鱼体内汞的浓度很高。若这些含有高水平汞的水生生物进入人体,势必会对人类健康带来潜在的危害。

2.酸雨对陆生生态系统的影响

酸雨可对植物直接造成破坏。酸雨对植物的影响主要表现在影响植物的产量和质量上。由于酸雨的影响使得植物群落发生改变,因此会进一步影响食草动物种群和数量。酸雨使植物受到双重危害,酸雨在落地前首先影响叶片,落地后会影响植物的根系。试验结果表明,酸雨可以加速破坏叶面的蜡质,冲淋掉叶片等处的养分,破坏植物的呼吸及代谢等生理功能,引起叶片坏死。

近年来,人们普遍认为大面积的森林死亡是由于酸雨的危害所致。在德国,横贯巴伐利亚州山区的 12 000 hm² 的森林有 1/4 已坏死,波兰已观察到针叶林大面积枯萎达 24 万 hm²,捷克的受害森林占森林总面积的 1/5。

3.酸雨对各种材料的影响

酸雨加速了许多用于建筑结构、桥梁、水坝、工业装备、输水输油管网、贮罐、水轮发电机、动力和通讯电缆等材料的腐蚀。酸雨能严重损坏古迹、古建筑物。我国故宫的汉白玉雕刻、雅典神奇建筑巴特农神殿和罗马的图拉真凯旋柱,都正在受到酸性沉积物的侵蚀。

4.酸雨对人体健康的影响

酸雨对人体健康产生间接的影响。酸雨使地面水变成酸性,地下水中金属量也增高,饮用这种水或食用酸性河水中鱼类会对人类健康产生危害。据报道,有些国家由于酸雨的影响,地下水中铝、铜、锌、镉的浓度已上升到正常值的 10～100 倍。对人类的生存构成直接的威胁。据一些遭受酸雨危害严重的国家和地区的科研机构的报告:目前每年因酸雨污染致死的儿童和老人,前西德有 2 000～4 000 人;英国有 1 500～5 000 人;美国有 1 500～2 500 人。情况严重的 1980 年,仅美国和加拿大就有 51 000 人遭酸雨污染致死。

酸雨对人类健康产生影响主要通过三种方式:一是经皮肤沉积而吸收;二是经呼吸道吸入,主要是硫和氮的氧化物引起急性和慢性呼吸道损害,原先就有肺部疾患,特别是年幼的哮喘病人受酸雨影响最为明显;三是来自地球表面微量金属的毒性作用,这是酸雨对人类健康最具重要性的潜在危害。

4.1.6.3　酸雨的防治措施

大气无国界,防治酸雨是一个国际性的环境问题,不能依靠一个国家单独解决,必须共同采取对策,减少硫氧化物和氮氧化物的排放量。经过多次协商,1979 年 11 月在日内瓦举行的联合国欧洲经济委员会的环境部长会议上,通过了《控制长距离越境空气污染公约》,并于 1983 年生效。《公约》规定,到 1993 年底,缔约国必须把二氧化硫排放量削减为 1980 年排放量的 70%。欧洲和北美(包括美国和加拿大)等 32 个国家都在公约上签了字。为了实现许诺,多数国家都已经采取了积极的对策,制订了减少致酸物排放量的法规。目前世界上减少二氧化硫及氮氧化物排放量的主要技术措施有:

①原煤脱硫技术,可以除去燃煤中大约 40%～60%(质量分数)的无机硫。

②优先使用低硫燃料,如含硫较低的低硫煤和天然气等。

③改进燃煤技术,减少燃煤过程中二氧化硫和氮氧化物的排放量。

④控制酸雨的根本措施是通过净化回收装置,回收利用硫和氮,控制硫氧化物和氮氧化物的排放。对煤燃烧后形成的烟气在排放到大气中之前进行烟气脱硫。

造成我国酸雨形成的主要原因是以燃煤为主的能源消耗过程中排放的大量二氧化硫。因此,要治理酸雨污染,首先要控制二氧化硫排放总量。为了有效地控制酸雨的污染,国务院将"两控区"(即酸雨控制区和二氧化硫污染控制区)列为国家污染防治重点地区。

综上所述,全球气候变暖、臭氧层破坏和酸雨已成为公认的全球性大气污染三大问题。人类要可持续发展,解决这些问题已迫在眉睫。

4.2　水体污染及其防治

4.2.1　水资源及其开发利用

水是地球上一切生命赖以生存,也是人类生活和生产中不可缺少的基本物质之一。20 世纪以来,由于世界各国工农业的迅速发展,城市人口的剧增,水资源短缺已是当今世界许多国家面临的重大问题,尤其是城市缺水状况,越来越严重。相关资料表明,全世界有 22 个国家严重缺水,其人均水资源占有量都在 1 000 m³ 以下。另外还有 18 个国家的人均水资源占有量不足 2 000 m³,如遇到降水少的年份,这些国家也会出现较严重的缺水局面。我国目前有 400 多个城市缺水,其中,近 50 个百万以上人口的大城市的缺水程度更为严重。这不仅影响居民的正常生活用水,而且制约着经济建设的发展。

防治水污染,保护水资源是当今世界性的问题,更是我国城乡普遍面临的当务之急。

4.2.1.1　水资源的基本含义与特征

水是地球上最为普遍存在的物质之一。作为一种自然资源,其价值十分丰富广泛,通常可表现为维持生物生存、社会生产正常运转的功能价值;维持生态平衡、提供良好生息条件的环境价值;以及蕴藏在水流里的能量价值等诸多方面。

水资源的定义有广义和狭义之分。广义的水资源是指地球上所有的水。不论它以何种形式、何种状态存在,都能够直接或间接的加以利用,是人类社会的财富,属于自然资源的范畴。狭义的水资源则认为水资源是在目前的社会条件下可被人类直接开发与利用的水。而且开发利用时必须技术上可行、经济上合理且不影响地球生态。此外,狭义的水资源除了考虑水量外还要考虑水质。不符合使用水质标准、或用现有技术和经济条件难以处理达到使用标准的水也不能视为水资源。

我们这里所讨论的水资源仅限于狭义水资源的范围,即与人类生活和生产活动、社会进步息息相关的淡水资源。

水资源与其他固体资源的本质区别在于其具有流动性,它是在循环中形成的一种动态资源,具有循环性。水在太阳的辐射及地球气象因素的作用下,会有气、液、固三种形态不断的转化、迁移,形成水的循环,使地球上的各种水体不断得到更新,使水资源呈现再生性。但是,水资源是非常有限的,全球通过各种水循环的水总量是一定的,世界陆地年径流量约为 470 000 亿 m³,可以说这是目前可供人类利用的水资源的极限。水在时空分布上的不均匀性使得一些区域的可更新水量非常有限。

水资源是被人类在生产和生活活动中广泛利用的资源,不仅广泛应用于农业、工业和生活,还用于发电、水运、水产、旅游和环境改造等。但水资源具有利、害的两重性,所以在水资源的开发利用过程中尤其应强调合理利用、有序开发,以达到兴利除害的目的。

4.2.1.2 水资源概况

1.世界水资源概况

世界各地自然条件不同,降水和径流相差也很大。年降水量以大洋洲(不包括澳大利亚)的诸岛最多;其次是南美洲,那里大部分地区位于赤道气候区内,水循环十分活跃,降水量和径流量均为全球平均值的两倍以上。欧洲、亚洲和北美洲与世界平均水平相接近,而非洲大陆是世界上最为干燥地区之一,虽然其降水量与世界平均值相接近,但由于沙漠面积大,蒸发强烈,径流量仅为 151 mm。相比之下大洋洲的澳大利亚最为干燥,与降水量 761 mm 相对其径流量仅为 39 mm,这是由于澳大利亚有 2/3 的地区为荒漠、半荒漠所致。

(1)水量短缺严重,供需矛盾尖锐。联合国在对世界范围内的水资源状况进行分析研究后发出警报:"世界缺水将严重制约下个世纪的经济发展,可能导致国家间冲突"。同时指出,全球已经有 1/4 的人口面临着一场为得到足够的饮用水、灌溉用水和工业用水而展开的争斗。预测"到 2025 年,全世界将有 2/3 的人口面临严重缺水的局面"。

(2)水源污染严重,"水质型缺水"突出。据卫生学家估计,目前世界上有 1/4 人口患病是由水污染引起的。据不完全统计,发展中国家每年有 2 500 万人死于饮用不洁净的水,占所有发展中国家死亡人数的 1/3。水源污染造成的"水质型缺水",加剧了水资源短缺的矛盾,加剧了居民生活用水的紧张和不安全性。

2.中国的水资源概况

中国是水贫乏国,淡水资源的总量 2.8×10^{13} m³,居世界第六位。但人均占有量较低,以 13 亿人口计,人均占有量仅有 2 185 m³/人,只相当于世界人均水资源占有量的 1/4 左右。空间分布不均匀,总的说来,东南多,西北少;沿海多,内陆少;山区多,平原少。在同一地区中,不同时间的分布差异性很大,一般夏多冬少。

3.水危机产生的原因

从总的水储量和循环量来看,地球上的水资源是丰富的,如能妥善保护与利用,可以供应 200 亿人的使用。但由于消耗量不断的增长和可利用水域的污染等原因,造成可利用水资源的短缺和危机,主要有以下几个方面的原因:

(1)自然条件影响。地球上淡水资源在时间和空间上的极不均匀分布,并受到气候变化的影响,致使许多国家或地区的可用水量甚缺。例如我国长江、珠江、浙、闽、台及西南诸河流域的水量占总水量的 81.0%,而这些地区的耕地仅占全国的 35.9%;而华北和西北地处于干旱或半干旱气候区,其降雨和径流都很少,季节性缺水很严重。

(2)城市与工业区集中发展。200 多年来,世界人口趋向于集中在占地球较小部分的城镇和城市中,20 世纪中期以来这种城市化的进程已明显加快。城市生活用水急剧增长。1960 年世界城市生活用水量为 800 亿 m³,1975 年增至 1 500 亿 m³,15 年间几乎增长了一倍。城市或城市周围又建设大量的工业区,使得集中用水量很大,超过了当地水资源的供应能力。

(3)水体污染。由于污染物的入侵,使许多水体受到污染,致使其可利用性下降或丧失。因此,水体污染是破坏水资源、造成可利用水资源缺乏的重要原因之一。主要的水体污染物包括各种有机物、酸污染、悬浮物、有毒重金属和农药以及氮磷等营养物质。

4.2.2　水体的污染与自净

人类在生活和生产活动中,需要从天然水体中抽取大量的淡水,并把使用过的生活污水和生产废水排回到天然水体中。由于这些污(废)水中含有大量的污染物质,污染了天然水体的水质,降低了水体的使用价值,也影响着人类对水体的再利用。

4.2.2.1　水体的污染

1.水体污染

在环境污染研究中,区分"水"和"水体"的概念十分重要。如重金属污染物易于从水中转移到底泥中(生成沉淀,或被吸附和螯合),水中重金属的含量一般都不高,仅从水来看,似乎水未受到污染;但从整个水体来看,则很可能受到较严重的污染。重金属污染由水转向底泥属于水的自净作用;但从整个水体来看,沉积在底泥中的重金属将成为该水体的一个长期次生污染源,很难治理,它们将逐渐向下游移动,扩大了污染面。

水体污染是指排入水体的污染物在数量上超过了该物质在水体中的本底含量和水体的环境容量,从而导致水体的物理特征、化学特征和生物特征发生不良变化,破坏了水中固有的生态系统,破坏了水体的功能及其在经济发展和人民生活中的作用。

造成水体污染的因素是多方面的,向水体排放未经过妥善处理的城市污水和工业废水;施用的化肥、农药及城市地面的污染物,被雨水冲刷,随地面径流进入水体;随大气扩散的有毒物质通过重力沉降或降水过程进入水体等。

2.水体主要污染源

向水体排放或释放污染物的来源或场所,称之为水体污染源。从环境保护角度可将其分为以下几个方面。

(1)生活污水。生活污水是人们日常生活中产生的各种污水的总称,其中,包括厨房、洗涤室、浴室等排出的污水和厕所排出的含粪便污水等。其来源除家庭生活污水外,还有各种集体单位和公用事业单位等排出的污水。

(2)工业废水。由于工业的迅速发展,工业废水的水量及水质污染量很大,造成工业废水量大,成分复杂,难处理,不易降解和净化,危害性较大。工业废水是水体污染的最根本来源,工业废水主要来源于采矿及选矿废水、金属冶炼、炼焦、煤气、机械加工、石油工业、化工、造纸、纺织印染、皮毛加工、制革、食品等工业生产过程。

(3)农业污水。农业生产用水量大,并且是非重复用水。农业污水包括农作物栽培、牲畜饲养、食品加工等过程排出的污水和液态废物等。

农业废水中含有各种微生物、悬浮物、化肥、农药、不溶解固体和盐分等物质。农业污水是造成水体污染的面源,它面广、分散,难于收集,难于治理。综合起来看,农业污染具有两个显著特点:含有大量的有机质、植物营养素及病原微生物等。如中国农村牛圈所排污水生化需氧量可高达 4 300 mg/L,猪圈所排污水为 1200 mg/L 以上,是生活污水的几十倍;含较多的化肥、农药。施用农药、化肥的 80% ~ 90% 均可进入水体,有机氯农药半衰期约为 15 年,且随水循环形成全球性污染,一般各类水体中均有其存在。

(4)地表径流污染。地表径流污染是降水淋洗和冲刷地表各种污染物而形成的一种面状污染,是地表水体和地下水体的二次污染源,由于污染负荷很高且难控制,它是目前重要的环境污染问题之一。

　　地面径流污染包括城市、工业、农村等自然径流污染的几种类型,当今重点研究城市地面径流水污染的特征及控制,其他几种类型各有特点,均难控制,不可忽视。

　　(5)地下水污染。污染物无孔不入,地下水亦难幸免。城市污水除排入河流外,一部分通过地下管道或渗井直接渗入地下。

　　在世界上大部分重要的农作物生产区域,正频繁发生因过分抽取地下水,以至蓄水层枯竭的事件。除了水源供应枯竭外,开采地下水也可能导致不可挽回的各种各样后果。在沿海地区,过分抽取地下水能引起盐水渗进淡水区,污染供应水。

　　地下水污染已成为全球性污染。在美国,地下水的有毒化学污染问题已被列为 20 世纪 80 年代三种重要的环境污染问题中的一种。

4.2.2.2　水污染主要指标

　　污水和受纳水体的物理、化学、生物等方面的特征,是通过水污染指标来表示的。水污染指标又是控制和掌握污水处理设备的处理效果和运行状态的重要依据。

　　水污染指标的检测方法,国家已有明确的规定。检测时,应按国家规定的方法或公认的通用方法进行。由于水污染指标数目繁多,在水污染控制工程的应用中,应根据具体情况选定。现就一些主要的水污染指标分别简述如下。

　　1.生化需氧量(BOD)

　　生化需氧量(BOD)表示在有氧条件下,好氧微生物氧化分解单位体积水中有机物所消耗的游离氧的数量,常用单位为 mg/L,这是一种间接表示水被有机污染物污染程度的指标。

　　2.化学需氧量(COD)

　　用强氧化剂——重铬酸钾,在酸性条件下能够将有机物氧化为 H_2O 和 CO_2,此时所测出的耗氧量称为化学需氧量(COD)。COD 能够比较精确地表示有机物含量,而且测定需时较短,不受水质限制,因此,多作为工业废水的污染指标,通常记为 COD_{Cr},常用单位也为 mg/L。

　　用另一种氧化剂——高锰酸钾,也能够将有机物加以氧化,测出的耗氧量较 COD 低,称为耗氧量,以 OC 表示,也记为 COD_{Mn},单位为 mg/L,也称为高锰酸钾指数。

　　3.总需氧量(TOD)

　　有机物主要是由碳(C)、氢(H)、氮(N)、硫(S)等元素所组成的。当有机物完全被氧化时,C、H、N、S 分别被氧化为 CO_2、H_2O、NO 和 SO_2,此时的需氧量称为总需氧量(TOD),单位为 mg/L。

　　4.总有机碳(TOC)

　　总有机碳(TOC)表示的是污水中有机污染物的总含碳量。其测定结果以 C 含量表示,单位为 mg/L。总有机碳测定分为湿式氧化法和碳分析仪法。

　　5.悬浮物

　　悬浮物是通过过滤法测定的,滤后滤膜或滤纸上截留下来的物质,即为悬浮固体,它包括部分的胶体物质。在组成上,悬浮物又可分为挥发性和固定性两种,单位为 mg/L。挥发性悬浮物可通过高温灼烧悬浮固体,用重量法来测定,其值为总悬浮物与灼烧残留物之差。

6.有毒物质

有毒物质是指其达到一定浓度后,对人体健康以及水生生物的生长造成危害的物质。有毒物质种类繁多,要检测哪些项目,应视具体情况而定。其中,非重金属的氰化物和砷化物及重金属中的汞、镉、铬、铅等,是国际上公认的 6 大毒物(砷有时与重金属放在一起进行研究)。

7.pH 值

pH 值是反映水的酸碱性强弱的重要指标。

8.大肠菌群数

大肠菌群数是指单位体积水中所含的大肠菌群的数目,单位为个/L,它是常用的细菌学指标。

4.2.2.3 水体中的主要污染物及其危害

1.颗粒状污染物质

砂粒、矿渣等一类的颗粒状无机性污染物质,属于感官性污染指标,一般是和有机性颗粒状污染物质混在一起统称悬浮物或悬浮固体(SS)。它们主要来自由水土流失、水力排灰、农田排水及洗煤、选矿、冶金、化肥、化工、建筑等形成的一些工业废水、农业污水和生活污水,另外,雨水径流,大气降尘也是其重要来源。

悬浮物是水体主要污染物之一,它能造成以下主要危害:①悬浮物是各种污染物的载体,虽然本身无毒,但它能吸附部分水中有毒污染物并随水流动迁移;②大大降低光的穿透能力,减少光合作用并妨碍水体的自净作用;③对鱼类产生危害,可能堵塞鱼鳃,导致鱼的死亡,制浆造纸废水中的纸浆尤为明显;④妨碍水上交通、缩短水库使用年限,增加挖泥费用等。

2.酸、碱及一般无机盐类的污染物质

污染水体中的酸主要来自矿山排水及许多工业废水,雨水淋洗含二氧化硫的空气后,汇入地表水体也能形成酸污染。水体中的碱主要来源于碱法造纸、化学纤维、制碱、制革及炼油等工业废水。而且,酸性废水与碱性废水相互中和并与地表物质相互反应生成的无机盐类的污染也不可忽视。酸碱污染会使水体的 pH 值发生变化,破坏自然缓冲作用,消灭或抑制微生物生长,妨碍水体自净,并能造成土壤酸化,危害渔业生产等后果。此外,酸、碱污染物可增加水中无机盐类的浓度和水的硬度。无机盐能增加水的渗透压,对淡水生物和植物生长不利。水体硬度的增加对地下水的影响显著,可使工业用水的水处理费用提高。国家规定污水排放 pH 值的一般范围为 6~9。

3.氮、磷等植物营养物质

营养物质是指促使水中植物生长,从而加速水体富营养化的各种物质,主要是指氮、磷。如果氮、磷等植物营养物质大量而连续地进入湖泊、水库及海湾等缓流水体,将促进各种水生生物的活性,刺激它们异常繁殖(主要是藻类),这样就带来一系列的严重后果。

硝酸盐对人类健康的危害极大。硝酸盐本身无毒,但现在发现硝酸盐在人胃中可能还原为亚硝酸盐,亚硝酸盐与仲胺作用可生成亚硝胺,而亚硝胺则是致癌、致变异和致畸胎的所谓三致物质。因此,国家规定饮用水中硝酸盐含量不得超过 10 mg/L。

4.重金属毒性物质

重金属毒性污染物主要指铅、铬、镉、汞、铜等。化石燃料的燃烧、采矿和冶炼是向环境释放重金属的最主要污染源。

从毒性和对生物体的危害方面来看,重金属污染的特点有如下几点:①在天然水体中只要有微量浓度即可产生毒性效应,一般重金属产生毒性的浓度范围大致在 1~10 mg/L 之间,毒性较强的重金属如汞、镉等,产生毒性的浓度范围在 0.001~0.01 mg/L 以下;②金属离子在水体中的转移与转化与水体的酸、碱条件有关;③微生物不能降解重金属,相反地某些重金属有可能在微生物作用下转化为金属有机化合物,产生更大的毒性;④地表水中的重金属可以通过生物的食物链富集达到相当高的浓度,这样重金属能够通过多种途径(食物、饮水、呼吸)进入人体;⑤重金属进入人体后能够和生理高分子物质,如蛋白质和酶等,发生强烈的相互作用,使它们失去活性,也可能累积在人体的某些器官中,造成慢性累积性中毒,最终形成危害。

5.非重金属的无机毒性物质

(1)氰化物。水体中氰化物主要来源于电镀废水、焦炉和高炉煤气洗涤冷却水、某些化工厂含氰废水,以及金、银选矿废水等。氰化物本身是剧毒物质,急性中毒抑制细胞呼吸,造成人体组织严重缺氧,人只要口服 0.3~0.5 mg 就会致死。氰对许多生物有害,只要 0.1 mg/L 就能杀死虫类,只要0.3 mg/L就能杀死水体中的微生物。我国饮用水标准规定,氰化物含量不得超过 0.05 mg/L。

(2)砷(As)。砷是常见的污染物之一,对人体毒性作用也比较严重。工业生产排放含砷废水的有:化工、有色冶金、炼焦、火电、造纸、皮革等,其中以冶金、化工排放砷量较高。砷是累积性中毒的毒物,当饮用水中砷含量大于 0.05 mg/L 时,就会导致累积,近年来,发现砷还是致癌元素(主要是皮肤癌)。我国饮用水标准规定,砷含量不应大于 0.05 mg/L。

6.有机无毒物(需氧有机物)

有机无毒物多属于碳水化合物、蛋白质、脂肪等自然生成的有机物,它们易于生物降解,向稳定的无机物转化。在有氧条件下,在好氧微生物作用下进行转化,这一转化进程快,产物一般为 CO_2、H_2O 等稳定物质。在无氧条件下,则在厌氧微生物的作用下进行转化,这一进程较慢,而且分两个阶段进行。首先在产酸菌的作用下,形成脂肪酸、醇等中间产物,继而在甲烷菌的作用下形成 H_2O,CH_4,CO_2 等稳定物质,同时放出硫化氢、硫醇、粪臭素等具有恶臭的气体。

有机污染物对水体污染的危害主要在于对渔业水产资源的破坏。当水体中有机物浓度过高时,微生物消耗大量的氧,往往会使水体中溶解氧浓度急剧下降,甚至耗尽,导致鱼类及其他水生生物死亡。

7.有机有毒物

有机有毒物多属于人工合成的有机物质,如农药、醛、酮、酚,以及聚氯联苯、芳香族氨基化合物、高分子合成聚合物、染料等。这类物质主要是通过石油化学工业的合成生产过程及其产品的使用过程中排放的污水不经处理排入水体而造成污染。

这一类物质的主要污染特征如下:①比较稳定,不易被微生物分解,所以又称难降解有机污染物;②它们都有害于人类健康,只是危害程度和作用方式不同;③这一类物质在某些条件下,好氧微生物也能够对其进行分解,因此,也能够消耗水体中的溶解氧,但速度较慢。

有机有毒物质属于耗氧物质,可以用 BOD 指标来反映,但它们有些又属于难降解物质,使用 BOD 指标有时会产生较大误差,故采用 COD,TOC 和 TOD 等指标为宜。此外,还经常采用各种物质的专用指标,如挥发酚、醛、酮,以及 DDT、有机氯农药等。

8.油类污染

油类污染主要是来自石油化工、冶金、机械加工等工业。水中含油 0.01 ~ 0.1 mL/L 时对鱼类及水生生物就会产生有害影响。油膜使大气与水面隔绝,破坏正常的复氧条件,将减少进入水体的氧的数量,从而降低水体的自净能力。在各类水体中以海洋受到油污染尤为严重,石油进入海洋后不仅影响海洋生物的生长、降低海滨环境的使用价值、破坏海岸设施,还可能影响局部地区的水文气象条件和降低海洋的自净能力。

9.病原微生物污染

病原微生物主要来自城市生活污水、医院污水、垃圾及地面径流等方面。病原微生物的水污染危害历史最久,至今仍是危害人类健康和生命的重要水污染类型。通常规定用细菌总数和大肠杆菌指数为病原微生物污染的间接指标。

10.其他污染

随着新型能源的开发利用和工业的迅猛发展,能源的大量使用,特别是能源使用的浪费,不仅造成"能源危机",而且加重了环境污染。其中,最具代表性的是热污染和放射性污染。

4.2.3 污水处理技术概述

4.2.3.1 污水处理技术分类

污水处理技术,就是为了将污水中所含的污染物质分离出来,或将其转化为无害和稳定的物质,最终使污水得到净化而采取的方法。现代的污水处理技术,按其作用原理可分为物理法、化学法、物理化学法和生物处理法四大类。

4.2.3.2 物理处理法

物理处理法是通过物理作用,以分离、回收污水中不溶解的呈悬浮状的污染物质(包括油膜和油珠),在处理过程中不改变其化学性质。物理法操作简单、经济,常采用的有重力分离法、离心分离法、过滤法及蒸发、结晶法等。

1.重力分离(即沉淀或上浮)法

重力分离是利用污水中呈悬浮状的污染物和水密度不同的原理,借重力沉降(或上浮)作用,使水中悬浮物分离出来。

在污水处理与利用方法中,沉淀与上浮法常常作为其他处理方法前的预处理。沉淀(或上浮)处理设备有沉砂池、沉淀池和隔油池等。

2.离心分离法

物体高速旋转时会产生离心力场,利用离心力分离废水中杂质的处理方法称为离心分离法。废水做高速旋转时,由于悬浮固体和水的质量不同,所受的离心力也不相同,质量大的悬浮固体被抛向外侧,质量小的水被推向内层,这样悬浮固体和水从各自的出口排除,从而使废水得到处理。

常用的离心设备按离心力产生的方式可分为两种:一种是设备固定,具有一定压力的废水沿切线方向进入器械内,由水流本身旋转产生离心力场,称为旋流分离器;另一种是由设备旋转同时也带动液体旋转产生离心力的离心分离机。

3.过滤法

过滤法是针对污染物具有一定的形状及尺寸大小的特性,利用筛网、多孔介质或颗粒床层的机械截留作用来截留污水中的悬浮物的。该方法常用于悬浮物含量较高时污水的预处理,也常应用于污水的深度处理。

4.2.3.3　化学处理法

化学处理法是向污水中投加某种化学物质,利用化学反应分离、回收污水中的某些污染物质,或使其转化为无害的物质。常用的方法有化学沉淀法、中和法、氧化还原(包括电解)法等。

1.化学沉淀法

化学沉淀法是向污水中投加某种化学物质(沉淀剂),使它与污水中的溶解性物质发生互换反应,生成难溶于水的沉淀物,以降低污水中溶解物质的方法。

根据使用的沉淀剂将化学沉淀法分为石灰法、硫化物法、钡盐法等,也可根据互换反应生成的难溶沉淀物分为氢氧化物法、硫化物法等。化学沉淀法常用于含重金属、有毒物(如氰化物)等工业废水的处理。

2.氧化还原法

利用强氧化剂,或利用电解时的阳极反应,将废水中的有害物氧化分解为无害物质;利用还原剂或电解时的阴极反应,将废水中的有害物还原为无害物质,以上方法统称为氧化还原法。

水处理中常用的氧化剂有氧、氯、臭氧、高锰酸钾和二氧化氯等,常用的还原剂有硫酸亚铁、亚硫酸氢钠、二氧化硫等。氧化还原方法在污水处理中的应用实例有:空气氧化法处理含硫污水;碱性氯化法处理含氰污水;臭氧氧化法在进行污水的除臭、脱色、杀菌及除酚、氰、铁、锰,降低污水的 BOD 与 COD 等均有显著效果。还原法目前主要用于含铬污水的处理。

3.电解法

电解质溶液在电流的作用下,发生电化学反应的过程称为电解。废水进行电解反应时,废水中的有毒物质在阳极和阴极分别进行氧化和还原反应,结果产生新物质,这些新物质在电解过程中,或沉积于电极表面,或沉淀下来,或生成气体从水中逸出,从而降低了废水中有毒物质的浓度,像这种利用电解的原理来处理废水中有毒物质的方法称为电解法。国内采用电解法处理电镀废水中的金属离子和氰较为普遍。

4.中和法

用化学法去除废水中的酸或碱,使其 pH 值达到中性左右的过程称为中和。向酸性废水中投加的碱性物质有石灰、氢氧化钠、石灰石等,对碱性废水可吹入含有 CO_2 的烟道气进行中和,也可用其他的酸性物质进行中和。

废水的中和处理常用于废水排入水体和废水排入城市排水管道之前,或者中和法应用在化学处理或生物处理前。

4.2.3.4　物理化学法

利用混凝、吸附、离子交换、膜分离技术、气浮等操作过程,处理或回收利用工业废水的方法可称为物理化学法。工业废水在应用物理化学法进行处理或回收利用之前,一般均需先经过预处理,尽量去除废水中的悬浮物、油类、有害气体等杂质,或调整废水的 pH 值,以便提高回收效率及减少损耗。常采用的物理化学法介绍如下。

1.混凝法

混凝法是向水中投加混凝剂,使得污水中的胶体颗粒或微细颗粒状污染物失去稳定性,凝聚成大颗粒而下沉的方法。该方法主要去除的对象是水中胶体状或微细颗粒状污染物。

该方法既可用于降低污水的浊度和色度,去除多种高分子物质、有机物、某种重金属毒物(汞、铅)和放射性物质等,也可以去除能够导致富营养化的物质,如磷等可溶性无机物,此外,还能够改善污泥的脱水性能。因此,混凝法在污水处理中使用得非常广泛,既可作为独立处理工艺,又可与其他处理法配合使用,作为预处理、中间处理或最终处理。此外,该方法也常常应用于城市污水的三级处理。

2.气浮(浮选)法

将空气通入污水中,并以微小气泡形式从水中析出成为载体,污水中相对密度接近于水的微小颗粒状的污染物质(如乳化油)粘附在气泡上,并随气泡上升至水面,从而使污水中的污染物质得以从污水中分离出来,该方法称为气浮法。

根据气泡产生的方式不同,气浮处理方法有分散空气气浮法、电解气浮法、生化气浮法和溶解空气气浮法等多种,其中溶解空气气浮法应用最广。

3.吸附法

吸附法是利用多孔性的固体物质,使污水中的一种或多种物质被吸附在固体表面而去除。常用的吸附剂有活性炭、磺化煤、焦炭、木炭、泥煤、高龄土、硅藻土、硅胶、炉渣、木屑、金属(铁粉、锌粉、活性铝),以及其他合成吸附剂等。此法可用于吸附污水中的酚、汞、铬、氰等有毒物质,且还有除色、脱臭等作用。吸附法目前多用于污水的深度处理。吸附操作可分为静态和动态两种。静态吸附是在污水不流动的条件下进行的操作。动态吸附则是在污水流动条件下进行的吸附操作。污水处理中多采用动态吸附操作,常用的吸附设备有固定床、移动床和流化床三种方式。

根据吸附剂表面吸附力的不同,吸附可分为物理吸附和化学吸附两种类型。吸附剂与吸附质之间通过分子引力(范德华力)而产生的吸附称为物理吸附;而由原子或分子间的电子转移或共有,即剩余化学键力所引起的吸附称为化学吸附。

吸附和解吸是一个可逆的平衡过程,一方面是吸附质的粒子被吸附剂的表面所吸附,另一方面有一部分被吸附的粒子由于热运动而脱离吸附剂的表面而解吸。当吸附速度和解吸速度相等,即单位时间内吸附的数量等于解吸的数量时,吸附质在吸附剂表面的浓度与其在溶液中的浓度都不再改变,这就达到了吸附平衡。

4.离子交换法

离子交换法是用固体物质去除污水中的某些物质,即利用离子交换剂的离子交换作用来置换污水中的离子化物质。

在污水处理中使用的离子交换剂有无机离子交换剂和有机离子交换剂两大类。采用离子交换法处理污水时必须考虑树脂的选择性。树脂对各种离子的交换能力是不同的。交换能力的大小主要取决于各种离子对该种树脂亲和力(又称选择性)的大小。目前离子交换法广泛用于去除污水中的杂质,例如,去除(回收)污水中的铜、镍、镉、锌、汞、金、银、铂、磷酸、有机物和放射性物质等。

5.膜分离法

所谓膜法是指在一种流体相内或是在两种流体相之间用一层薄层凝聚相物质把流体相分隔为互不相通的两部分,并能使这两部分之间产生传质作用。这个薄层凝聚相为膜。这种膜可以是固体,或是液体,也可以是气体。

各种膜分离技术有许多共同的优点,如,可以在一般温度下进行分离过程,不消耗热能,没有相的变化,设备简单,易于操作,以及适用性广泛等。

4.2.3.5 生物处理法

污水的生物处理法就是利用微生物新陈代谢及吸附功能,使污水中呈溶解和胶体状态的有机污染物被降解并转化为无害的物质,使污水得以净化。属于生物处理法的工艺,又可以根据参与作用的微生物种类和供氧情况分为两大类,即好氧生物处理及厌氧生物处理。

1.好氧生物处理法

好氧生物处理法是在有氧的条件下,借助于好氧微生物(主要是好氧菌)的作用来进行的。依据好氧微生物在处理系统中所呈的状态不同,又可分为活性污泥法和生物膜法两大类。

(1)活性污泥法

活性污泥法是利用人工培养和驯化的微生物群体去分解氧化污水中可生物降解的有机物,通过生物化学反应,改变这些有机物的性质,再把它们从污水中分离出来,从而使污水得到净化的方法。所谓活性污泥,是微生物群体及它们所吸附的有机物质和无机物质的总称。微生物以细菌为主,包括真菌、藻类、原生动物及后生动物等。细菌是净化功能的主体。污水中的溶解性有机物,是透过细胞膜而被细菌吸收的;固体和胶体状态的有机物是先由细菌分泌的酶分解为可溶性物质,再渗入细胞而被细菌利用的。

活性污泥净化功能,是指污水中的有机物质,通过微生物群体的代谢作用,被分解氧化和合成新细胞的过程。该过程是在一组工程构筑物系统中实现的。该系统的主要构筑物是曝气池和二次沉淀池,如图 4.3 所示。

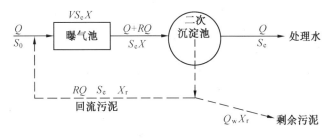

图 4.3 传统活性污泥法系统图

图中,Q 为污水流量,单位为 m^3/d;R 为回流比;RQ 为回流污泥量,单位为 m^3/d;V 为曝气池容积,单位为 m^3;X 为混合液中活性污泥的浓度,单位为 mg/L;X_r 为回流污泥浓度,单位为 mg/L;S_0 为原污水中有机底物的浓度,单位为 mg/L;S_e 为经 t 时反应后混合液中有机底物的浓度,单位为 mg/L。

在曝气池中,首先培养和驯化出具有适当浓度 X 的活性污泥,然后开始引入待处理的污水 Q,与池中活性污泥混合为混合液,同时不断地供给空气,使氧转移到污水中促进好氧细菌的活动,同时污水中的有机物与活性污泥充分接触进行吸附氧化。经氧化分解后,混合液流出进入二次沉淀池,使泥水分离,澄清水排出。沉淀的污泥浓度为 X_r,一部分回流到曝气池前与污水混合,以维持净化污水中的有机物所必需的活性污泥浓度 X,从而实现连续的净化过程;另一部分超过回流需要的污泥则从系统中排出,叫剩余污泥,排除多少,根据回流污泥量而定。

活性污泥法有多种池型及运行方式,常用的有普通活性污泥法、完全混合式活性污泥法、表面曝气法、吸附再生法等。废水在曝气池内停留一般为 4 ~ 6 h,能去除废水中的有机物(BOD_5)90% 左右。

(2)生物膜法

污水的生物膜处理法是与活性污泥法并列的一种污水好氧生物处理技术。这种处理法的实质是使细菌和真菌一类的微生物及原生动物、后生动物一类的微型动物附着在滤料或某些载体上生长繁育,并在其上形成膜状生物污泥——生物膜。污水与生物膜接触,污水中的有机污染物,作为营养物质,为生物膜上的微生物所摄取,污水得到净化,微生物自身也得到繁衍增殖。

图 4.4 所示是生物膜法处理系统的基本流程。废水经初次沉淀池后进入生物膜反应器,废水在生物膜反应器中经需氧生物氧化去除有机物后,再通过二次沉淀池出水。初次沉淀池的作用是防止生物膜反应器受大块物质的堵塞,对孔隙小的填料是必要的,但对孔隙大的填料也可以省略。二次沉淀池的作用是去除从填料上脱落入废水中的生物膜。

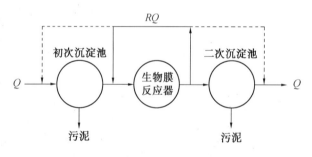

图 4.4　生物膜法工艺流程

生物膜法系统中的回流并不是必不可少的,但回流可稀释进水中有机物的浓度,提高生物膜反应器的水力负荷,从而增大水流对生物膜的冲刷,以便平衡高有机物负荷生物膜反应器中生物膜的累积。从填料上脱落下来的衰老生物膜随处理后的污水流入沉淀池,经沉淀泥水分离,污水得以净化而排放。

生物膜法多采用的处理构筑物有生物滤池、生物转盘、生物接触氧化池及生物流化床等。

2.厌氧生物处理法

厌氧生物处理过程又称厌氧消化,是在厌氧条件下由多种微生物共同作用,使有机物分解并生成 CH_4 和 CO_2 的过程。这种过程广泛地存在于自然界,人类开始利用厌氧消化处理废水的历史,至今已 100 多年。

厌氧生物处理法与好氧生物处理法相比存在着处理时间长、工艺过程复杂、对低浓度有机污水处理效率低、对环境因子(温度、pH 值等)变化敏感等缺点,使其发展缓慢,过去厌氧法常用于处理污泥及高浓度有机废水。近 30 多年来,世界性能源紧张的出现,促使污水处理向节能和实现能源化方向发展,从而促进了厌氧生物处理的发展,一大批高效新型厌氧生物反应器相继出现,包括厌氧生物滤池(AF)、升流式厌氧污泥床(UASB)、厌氧流化床等。它们的共同特点是反应器中生物固体浓度很高,污泥龄很长,因此处理能力大大提高,从而使厌氧生物处理法所具有的能耗小,并可回收能源,剩余污泥量少,生成的污泥稳定、易处理,对高浓度有机污水和难降解污染物处理效率高等优点得到充分地体现。

根据微生物在反应器中的存在方式,也可把厌氧生物处理技术分为活性污泥法和生物膜法。

厌氧活性污泥法是利用悬浮的絮状或颗粒状生物污泥(即活性污泥)与废水接触,降解废水中的有机污染物。代表性的工艺构筑物有厌氧接触池和厌氧污泥床反应器两种。

厌氧生物膜法是在厌氧条件下,利用生物膜处理废水中的有机物,代表性的工艺构筑物有厌氧生物滤池、厌氧流化床及厌氧生物转盘等几种,其中以厌氧生物滤池(AF)应用较多。

除了前述的各种生物处理方法之外,人们还开发出了诸如土地处理系统(污水灌溉)和氧化塘等自然条件下的生物处理技术,皆有可观的发展前景。因篇幅所限,本书对此不再赘述。

4.2.4　城市污水的处理与回用

4.2.4.1　城市污水的特征及处理工艺

1.城市污水的特征

城市污水是指城市生活污水与工业废水的混合物,主要污染因子为悬浮物、有机物、氮、磷等,可能含有致病微生物。当对工业企业所排放的特殊污染物,如重金属、酸、碱、有毒物质、油类等,采取一定的源头控制措施时,一般的城市污水的性质是相近的。

城市污水是城市附近水环境的主要污染源,城市污水形成的水污染,以有机污染为主,表现在水体中的 COD、BOD_5 超标,氮、磷等物质引起的富营养化污染也日益严重,解决该类污染问题业已成为城市污水处理的重要课题。

2.城市污水处理工艺

如前所述,污水处理的基本方法有物理法、化学法、物理化学法和生物处理法,而城市污水中的污染物是多种多样的,往往需要采用几种处理方法的组合工艺,才能去除不同性质的污染物,达到净化的目的与排放标准。

城市污水处理工艺,按城市污水处理程度的不同可归纳为三级处理系统,如图 4.5 所示。

(1)一级处理

主要采用物理法对污水进行处理,以去除其中较大的悬浮物质。基本工艺流程为:格栅——沉砂池——沉淀池。其中,沉淀池截留的污泥进行污泥消化或其他处理,出水进行二级处理或经其他处理后进行农田灌溉。一级处理一般可去除污水中 40% ~ 50% 的 SS 和 20% ~ 30% 的 BOD_5。

(2)二级处理

主要采用生物化学方法去除一级沉淀池出水中的胶体和溶解性有机物。其主要处理工艺为各种活性污泥法:传统活性污泥法、吸附再生活性污泥法(AB 法)、氧化沟法等。主

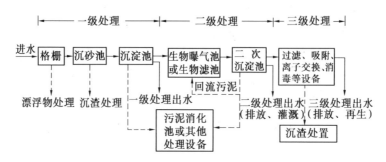

图 4.5　城市污水典型处理工艺系统

要处理构筑物为生物曝气池和二次沉淀池。出水经消毒后排放,剩余污泥经生物稳定(消化)后用作肥料或经化学稳定后进行填埋。二级处理的 BOD_5 去除率可高达 85% ~ 95%,出水 BOD_5 降至 15 ~ 30 mg/L,一般可达到排放标准。

(3)三级处理

主要采用化学及物理化学的方法去除二级处理所未能去除的污染物质,如悬浮物、氮、磷及其他难生物降解物质,以满足水环境标准,防止封闭式水域富营养化,以及达到污水再利用的水质要求。其主要方法有混凝、过滤、吸附、离子交换及膜处理等。三级处理也可作为深度处理(相对于常规处理,即一、二级处理而言)的一种情况。

而近年来,在传统工艺的基础上,人们又开发出了城市污水一级强化处理工艺,即在一级处理后投加化学药剂或生物絮凝剂,该工艺对悬浮固体、磷和重金属有较高的去除率,某些方面甚至优于二级处理,而且一级强化处理在工程投资、运行费用、占地、能耗等方面比二级处理要节省。此外,为防止氮、磷等营养物引起的富营养化问题,城市污水生物处理工艺迅速发展,出现了厌氧 – 好氧法(A/O 法)、序批式活性污泥法(SBR 法)、三沟式氧化沟法、交替式双沟氧化沟法等新型处理工艺,这些工艺可同时达到有机物、氮、磷的高效去除。

4.2.4.2　我国城市污水的再生回用工艺

城市污水是水量稳定、供给可靠的水资源,在传统二级处理的基础上,对污水再进行适当的深度处理,使其水质达到适于回用的要求,这样能够使对污水单纯净化的城市污水处理厂转变为以污水为原料的"再生水制造厂",使城市污水成为名符其实的水资源。特别是对于缺水地区,污水的再生回用具有尤其重要的战略意义。

污水再生回用处理是以污水再生为目的,在一、二级处理后增加的流程。污水再生回用的范围很广,对再生水的水质要求也不尽相同,一般再生处理是指对再生水水质要求较高而采用的处理工艺技术。常用技术为生物除磷脱氮、混凝、沉淀、过滤工艺等来进一步去除 BOD、SS 等污染物。该工艺更注重发展高效絮凝剂、高效自动固液分离技术和膜—生物反应器(MBR)等膜过滤技术。污水再生处理的几种工艺简单示意见图 4.6 ~ 4.9。

(1)沿用给水处理的工艺(图 4.6)

图 4.6　沿用给水处理的工艺

(2)生物与物化处理相结合的工艺(图4.7)

二级处理出水——→ 生物接触氧化 →消毒 →过滤 →回用

图4.7 生物—物化处理工艺

(3)活性炭吸附工艺(图4.8)

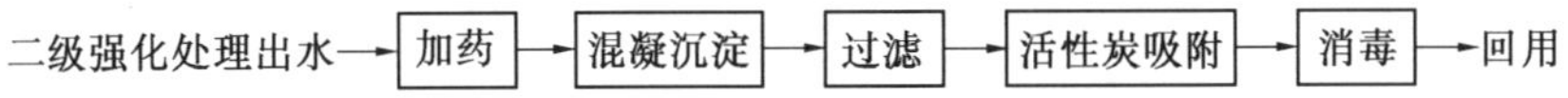

二级强化处理出水——→ 加药 →混凝沉淀 →过滤 →活性炭吸附 →消毒 →回用

图4.8 活性炭吸附工艺

(4)臭氧氧化工艺(图4.9)

二级强化处理出水——→ 过滤 →臭氧氧化 →活性炭吸附 →消毒 →回用

图4.9 臭氧氧化工艺

4.2.4.3 污泥处理、利用与处置

污泥是污水处理的副产品,是在城市污水和工业废水处理过程中,产生的很多沉淀物与漂浮物。有的是从污水中直接分离出来的,如沉砂池中的沉渣,初沉池中沉淀物,隔油池和浮选池中的浮渣等;有的是在处理过程中产生的,如化学沉淀污泥与生物化学法产生的活性污泥或生物膜。

污泥的成分非常复杂,不仅含有很多有毒物质,如病原微生物、寄生虫卵及重金属离子等,也可能含有可利用的物质,如植物营养素、氮、磷、钾、有机物等。这些污泥若不加妥善处理,就会造成二次污染。所以,污泥在排入环境前必须进行处理,使有毒物质得到及时处理,有用物质得到充分利用。一般污泥处理的费用约占全污水处理厂运行费用的20%~50%,所以对污泥的处理必须予以充分的重视。

污泥处置的一般方法与流程如图4.10所示。

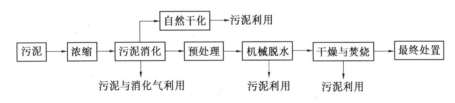

图4.10 污泥处理的一般流程

1.污泥的脱水与干化

从二次沉淀池排出的剩余污泥含水率高达99%~99.5%,污泥体积大,在堆放及输送方面都不方便,所以污泥的脱水、干化是当前污泥处理方法中较为主要的方法。

二次沉淀池排出的剩余污泥一般先在浓缩池中静止沉降,使泥水分离。污泥在浓缩池内静止停留12~24 h,可使含水率从99%降至97%,体积缩小为原污泥体积的1/3。

污泥进行自然干化(或称晒泥)是借助于渗透、蒸发与人工撇除等过程对污泥进行脱水。一般污泥含水率可降至75%左右,使污泥体积缩小许多倍。污泥机械脱水是以过滤介质(一种多孔性物质)两面的压力差作为推动力,使污泥中的水分被强制通过过滤介质(称为滤液),固体颗粒被截留在介质上(称滤饼),从而达到脱水的目的。常采用的脱水机械有真空过滤脱水机(真空转鼓、真空吸滤)、压滤脱水机(板框压滤机、滚压带式过滤机)、离心脱水机等。一般采用机械法脱水,污泥的含水率可降至 70% ~ 80%。

2. 污泥消化

(1)污泥的厌氧消化

将污泥置于密闭的消化池中,利用厌氧微生物的作用,使有机物分解稳定,这种有机物厌氧分解的过程称为发酵。由于发酵的最终产物是沼气,所以,污泥消化池又称沼气池。当沼气池温度为 30 ~ 35 ℃时,正常情况下 1 m^3 污泥可产生沼气 10 ~ 15 m^3,其中甲烷含量大约为 50% 左右。沼气可用作燃料和作为制造 CCl_4 等产品的化工原料。

(2)污泥好氧消化

利用好氧和兼氧菌,在污泥处理系统中通过曝气供氧,微生物分解可降解的有机物(污泥)及细胞原生质,并从中获得能量。

近年来,人们通过实践发现,污泥厌氧消化工艺的运行管理要求高,比较复杂,而且处理构筑物要求密闭,且容积大、数量多而复杂,所以认为污泥厌氧消化法适用于大型污水处理厂污泥量大、回收沼气量多的情况。污泥好氧消化法设备简单、运行管理比较方便,但运行能耗及费用较大些,它适用于小型污水处理厂污泥量不大、回收沼气量少的场合。而且当污泥受到工业废水影响,进行厌氧消化有困难时,也可采用好氧消化法。

3. 污泥的最终处理

对主要含有机物的污泥,经过脱水及消化处理后,可用作农田肥料。脱水后的污泥,如需要进一步降低其含水率时,可进行干燥处理或加以焚烧。经过干燥处理,污泥含水率可降至 20% 左右,便于运输,可作为肥料使用。当污泥中含有有毒物质不宜用作肥料时,应采用焚烧法将污泥烧成灰烬,以作彻底的无害化处理,再用于填地或充作筑路材料使用。

4.3　固体废物的处理和利用

4.3.1　固体废物的污染和综合防治

4.3.1.1　固体废物的定义、来源及分类

1. 固体废物(solid wastes)的定义

固体废物是指人类在生产建设、日常生活和其他活动中产生的,在一定时间和地点无法利用而被丢弃的污染环境的固体、半固体废弃物质。其中包括从废气中分离出来的固体颗粒、垃圾、炉渣、废制品、破损器皿、残次品、动物尸体、变质食品、污泥、人畜粪便等。另外,废酸、废碱、废油、废有机溶剂等液态物质也被很多国家列入固体废物之列。

其实,废与不废也是相对的,它与技术水平和经济条件密切相关,在有些地方或国家被看做废物的东西,在另一个地方可能就是原料或资源。过去认为是废物的东西,由于技术的发展,可能已不再是废物。实际上,在具体的生产和生活环节中,人们对自然资源及其产品的利用,总是仅利用所需要的一部分或仅利用一段时间,这样在生产与生活中产生的废弃物就有充分的机会被人类重新加以利用,从这个意义上讲,它们不是废弃物,而是资源,这就是固体废物的二重性。

2.固体废物的来源

固体废物主要来源于人类的生产和消费活动,人们在开发资源和制造产品的过程中,必然产生废物;任何产品经过使用和消耗后,最终将变成废物。物质和能源消耗量越多,废物产生量就越大。进入经济体系中的物质,仅有 10% ~ 15% 以建筑物、工厂、装置、器具等形式积累起来,其余都变成了废物。所以,废物的重要特点之一是来源极为广泛,种类极为复杂,表 4.1 列出了固体废物的分类、来源和主要组成物。

表 4.1 固体废物的分类、来源和主要组成物

分类	来源	主要组成物
矿业废物	矿山选冶厂等	废石、尾矿、金属、废木、砖瓦、灰石、水泥、沙石等
工业废物	冶金、交通、机械、金属结构等工业	金属、矿渣、砂石、模型、芯、陶瓷边角料,涂料、管道、绝热和绝缘材料、粘接剂、废木、塑料、橡胶、烟尘、各种废旧建筑材料等
	煤炭	矿石、木料、金属、煤矸石等
	食品加工	肉类、谷物、果类、蔬菜、烟草
	橡胶、皮革、塑料等工业	橡胶、皮革、塑料、布、线、纤维、染料、金属等
	造纸、木材、印刷等工业	刨花、锯木、碎木、化学药剂、金属填料、塑料填料、塑料等
	石油化工	化学药剂、金属、塑料、橡胶、陶瓷、沥青、油毡、石棉、涂料等
	电器、仪器仪表等工业	金属、玻璃、木材、橡胶、塑料、化学药剂、研磨料、陶瓷、绝缘材料
	纺织服装业	布头、纤维、橡胶、塑料、金属等
	建筑材料	金属、水泥、粘土、陶瓷、石膏、石棉、砂石、纸、纤维等
	电力工业	炉渣、粉煤灰、烟灰
城市垃圾	居民生活	食物垃圾、纸屑、布料、庭院植物修剪物、金属、玻璃、塑料、陶瓷、燃料、灰渣、碎砖瓦、废器具、粪便、杂品等
	商业、机关	管道、碎砌体、沥青及其他建筑材料、废汽车、废电器、废器具,含有易爆、易燃、腐蚀性、放射性的废物,以及类似居民生活栏内的各种废物
	市政维护、管理部门	碎砖瓦、树叶、死禽畜、金属锅炉灰渣、污泥、脏土等
农业废物	农林	稻草、秸秆、蔬菜、水果、果树枝条、糠秕、落叶、废塑料、人畜粪便、禽粪、农药
	水产	腥臭死禽畜、腐烂鱼、虾、贝壳、水产加工污水、污泥等
有害废物	核工业、核电站、放射性医疗单位、科研单位	金属、含放射性废渣、粉尘、污泥、器具、劳保用品、建筑材料
	其他有关单位	含有易燃、易爆和有毒性、腐蚀性、反应性、传染性的固体废物

3.固体废物的分类

固体废物分类方法很多,按组成可分为有机废物和无机废物;按其危害状况可分为有害废物(指腐蚀、腐败、剧毒、传染、自燃、爆炸、放射性等废物)和一般废物;按其形状可分为固体废物(粉状、粒状、块状)和泥状废物(污泥);通常按其来源分为工业固体废物、矿业固体废物、农业固体废物、有害固体废物和城市垃圾五类,如表4.1所示。

4.3.1.2　固体废物的污染与控制

1.固体废物的污染途径

固体废物的污染不同于水、大气污染可以直接污染环境,危害人体健康。而固体废物往往不是环境介质,它的污染成分多是通过水、大气、土壤等途径进入环境,给人类造成危害。对于露天存放或置于处置场的固体废物,其中的化学有害成分可直接进入环境,如通过蒸发进入大气,而更多的则是非直接的,如接触浸入、食用或咽入受沾染的饮用水或食物等进入人类体内。各种途径的重要程度不仅取决于不同固体废物本身的物理、化学和生物特性,而且与固体废物所在场地的地质水文条件有关。

与废水、废气相比,固体废物具有几个显著的特点。首先,固体废物是各种污染物的终态,特别是从污染控制设施排出的固体废物,浓集了许多污染物成分,人们却往往对这类污染物产生一种稳定、污染慢的错觉;第二,在自然条件影响下,固体废物中的一些有害成分会转入大气、水体和土壤,参与生态系统的物质循环,具有潜在的、长期的危害性。因此,在固体废物,特别是有害固体废物处理处置不当时,能通过各种途径危害人体健康。

2.固体废物的污染危害

(1)固体废物污染的特点

①固体废物的产生量大、种类繁多、性质复杂、产生来源分布广泛。据统计,全国累积堆存的固体废物量已达60亿t,占地5.4亿m^2,其中占用农田3 700万m^2。工业发达国家城市垃圾产生量大致以每年2%~4%的速度增长。从各国情况看,增长速度明显高于人口的增长速度。我国垃圾增长率为每年9%以上,全国城市垃圾年产量已达1.42×10^8 t。

从固体废物的来源与分类中,我们可以了解固体废物组成的复杂状态。我国垃圾组成的基本特点是:经济价值较低,无机成分多于有机成分,不可燃成分高于可燃成分,所以热值低。又因我国城市垃圾是混合收集,故成分复杂,处理起来有其特殊性和更大的难度。与废水和废气相比,消除固体废物的污染与威胁需要更加复杂的技术和更多的资金。

②固体废物是其他形式废物的处理后产物,因而,需要进行最终处置。在水处理工艺中,无论是絮凝沉淀,还是膜分离过程或蒸发过程,在对水进行净化的同时,总是将废水中的污染物质以固相的形态分离出来,因而产生大量的污泥或残渣。大气或废气的治理过程,也就是将存在于气相中的粉尘或可溶性气体转化为固体物质并进行一定程度稳定化的过程。固体废物本身无论用何种方法进行处理,最后也将面临着残渣的最终处置问题。

③固体废物的危害具有潜在性、持久性及不可稀释性。固体废物的污染与危害往往有一个潜伏期。以固相形式存在的有害物质向环境中的扩散速率相对比较缓慢。例如,渗滤液中的有机物和重金属在黏土层中的迁移速率,大约是每年几厘米左右,其对地下水的危害需经过数十年以后才能发现。但同时,固态有害物质的影响也具有持久性和不可稀释性。一旦发生了固体废物所导致的环境污染,不仅依靠自然过程无法缓解,而且在许多情况下是根本无法治理的。

(2)固体废物对人类环境的危害

①侵占土地。固体废物产生以后,需占地堆放,堆积量越大,占地越多。据估算,每堆积 $1×10^4$ t 渣,约需占地 667 m^2。我国许多城市利用市郊堆存城市垃圾,也侵占了大量农田,垃圾占地的矛盾日益尖锐。

②污染土壤。固体废物在堆放时,其淋洗液和渗滤液中所含的有害物质会改变土壤的性质和土壤结构,并将对土壤中微生物的活动产生影响。这些有害成分的存在,不仅有碍植物根系的生长和发育,而且还会在植物有机体内积蓄,通过食物链危及人体健康。

在固体废物污染的危害中,最为严重的是危险废物的污染。危险废物的易燃易爆和腐蚀性等都是极需防范的,其中的剧毒性废物最易引起即时性的严重破坏,并会造成土壤的持续性危害影响。

20 世纪 70 年代,美国在密苏里州,为了控制道路粉尘,曾把混有四氯二苯 – 对二噁英(2,3,7,8 – TCDD)的淤泥废渣当作沥青铺洒路面,造成多处污染。土壤中 TCDD 浓度高达 0.3 mg/L,污染深度达 60 cm,致使牲畜大批死亡,人们备受多种疾病折磨。在居民的强烈要求下,美国环保局同意全市居民搬迁,并花 3 300 万美元买下该城镇的全部地产,还赔偿了市民的一切损失。

③污染水体。固体废物一般通过以下几个途径进入水体中使水体污染:废物随天然降水径流流入江、河、湖、海,污染地表水;废物中的有害物质随渗滤液浸出渗入土壤,使地下水污染;较小颗粒随风飘迁,落入地面水,使其污染;固体废物直接进入江、河、湖、海,使之造成更大的污染。即使是无害的固体废物排入河流、湖泊,也会造成河床淤塞,水面减小,甚至会导致一些水利工程设施效益降低或废弃。

美国的 Love Canal 事件("爱河"事件)是典型的固体废物污染地下水事件。1930～1953 年,美国胡克化学工业公司在纽约州尼亚加拉瀑布附近的 Love Canal 废河谷填埋了 2 800多 t 桶装有害废物,1978 年,大雨和融化的雪水造成有害废物外溢,致使井水变臭,婴儿畸形,居民身患怪异疾病。大气中有害物质浓度超标 500 多倍,测出有毒物质 82 种,致癌物质 11 种,其中包括剧毒的二噁英。同年,美国总统颁布法令,封闭了住宅、学校,710 多户居民迁出避难,并拨出 2 700 万美元进行补救治理。

④污染大气。一些有机固体废物在适宜的温度和湿度下被微生物分解,能释放出有害气体;以细粒状存在的废渣和垃圾,在大风吹动下会随风飘逸,扩散到远处;固体废物在运输和处理过程中,也能产生有害气体和粉尘。

⑤影响环境卫生。我国工业固体废物的综合利用率很低。很大部分工业废渣、垃圾堆放在城市的一些死角,严重影响城市容貌和环境卫生,对人的健康构成潜在威胁。

3.固体废物污染的控制

固体废物往往是许多污染成分的终极状态,而其中的有害成分,在长期的自然因素作用下又会转入大气、水体和土壤,成为环境污染的源头,可见,控制源头、处理好终态物是固体废物污染控制的关键。固体废物污染控制需从两方面着手,一是防治固体废物污染,二是综合利用废物资源。主要控制措施如下。

(1)改革生产工艺。

①采用清洁生产工艺。生产工艺落后是产生固体废物的主要原因。首先,应当结合技术改造,从改革工艺入手,采用无废或少废的清洁生产技术,从发生源减少污染物的产

生。

②采用精料。原材料中有用物质含量低、质量差,也是造成固体废物大量产生的主要原因。如,一些选矿技术落后,缺乏烧结能力的中小型炼铁厂,渣铁比相当高。如果在选矿过程中,提高矿石品质,便可少加造渣溶剂和焦炭,并大大降低高炉渣的产生量。一些工业先进国家采用精料炼铁,高炉渣产生量可减少一半以上。因此,应当稳定矿源,进行原料精选,以减少固体废物的产生量。

③提高产品质量和使用寿命,以使不会过快地变成废物。

(2)发展物质循环利用工艺。发展物质循环利用工艺,使第一种产品的废物成为第二种产品的原料,使第二种产品的废物又成为第三种产品的原料等等,最后只剩下少量废物进入环境,以取得经济的、环境的、社会的综合效益。

(3)进行综合利用。有些固体废物含有很大的一部分未起变化的原料或副产物,可以回收利用。如,高炉渣中含有 CaO、MgO、SiO_2、Al_2O_3 等成分可以用来制砖、水泥、混凝土。再如,硫铁矿烧渣、废胶片、废催化剂中含有 Au、Ag、Pt 等贵重金属,只要采取适当的物理、化学熔炼等加工方法,就可以将其中有价值的物质回收利用。

(4)进行无害化处理与处置。有害固体废物,用焚烧、热解等方式,改变废物中有害物质的性质,可使之转化为无害物质,或使有害物质含量达到国家规定的排放标准。

4.3.1.3　固体废物的管理

固体废物的管理是包括产生、收集、运输、贮存、处理和最终处置全过程的管理。

我国固体废物管理工作是从 1982 年制定的第一个专门性固体废物管理标准《农用污泥中污染物控制标准》开始算起的,至今已有 20 多年的时间。1995 年 10 月 30 日我国正式颁布了《固体废物污染环境防治法》(简称《固体废物法》),2004 年修订通过,对固体废物管理进行了规范,但其落实和实施还存在很大困难,各项行之有效的配套措施尚待完善。各工矿企业部门对固体废物处理尚需一个适应过程,特别是有害固体废物仍在任意丢弃,缺少专门堆场和严格的防渗措施,尤其缺少符合标准的有害废物填埋场。根据我国多年来的管理实践,并借鉴国外的经验,应从以下几个方面来作好我国的固体废物管理工作。

1.划分有害废物与非有害废物的种类和范围

目前,应对固体废物实施分类管理,并且都把有害废物作为重点,依据专门制定的法律和标准实施严格管理。通常采用以下两种方法。

(1)名录法。名录法是根据经验与实验,将有害废物的品名列成一览表,将非有害废物列成排除表,用以表明某种废物属于有害废物或非有害废物,再由国家管理部门以立法形式予以公布。此法使人一目了然,方便使用。

(2)鉴别法。鉴别法是在专门的立法中根据有害废物的特性,用鉴别分析法为"标准",测定废物的特性,如易燃性、腐蚀性、反应性、放射性、浸出毒性,以及其他毒性等,进而判定其属于有害废物或非有害废物。

2.建立、健全固体废物管理制度及相应的法规、标准体系,并加大执法力度

建立固体废物管理法规是废物管理的主要方法,这是世界上许多国家的经验所证实了的。美国的《资源保护和回收法》(RCR—A)(1984)和《全面环境责任承担赔偿和义务法》(CERCLA)(1986),是迄今在世界上比较全面的关于固体废物管理的法规。

　　我国近20年来,根据国民经济发展计划和《环境保护法》中关于我国环境保护的目标和要求,陆续制定了一部分固体废物应用方面应予以控制的污染含量标准;对于固体废物的基础研究,如本底调查等,也颇有成效,取得了许多宝贵的基础数据。在此基础上,我国制定颁布了《固体废物法》。我国各地区经济、人口发展很不平衡,自然条件千差万别,又面临着较为严峻的资源形势和固体废物污染形势,因此,当务之急就是加大执法力度,认真贯彻落实《固体废物法》,运用法律手段加强固体废物的管理。

　　3.固体废物管理应遵循的基本原则

　　固体废物的污染控制与其他环境问题一样,经历了从简单处理到全面管理的发展过程。在开始阶段,世界各国都把注意力放在末端治理上。经过了一段时间的单纯治理以后总结出了若干固体废物管理的基本原则。

　　(1)三化原则。所谓"三化"即减量化、资源化和无害化。

　　减量化,是要求采取措施减少废物的产生量和排放量。减量化不只要求减少固体废物的数量和体积,而且还应尽可能地减少废物的种类,降低危险废物中关键有害物质的浓度,减轻或消除其危险性,是一种全面性的管制。应采取的措施包括合理选择和利用原材料、能源和其他资源,采用先进的生产工艺和设备。减量化是防治固体废物污染的首端措施。

　　资源化,即通称的废物综合利用,是指对已经产生的固体废物进行回收、加工、循环利用或其他再利用。资源化的目的是使废物直接变为产品或转化为可再利用的二次原材料,作为资源化的引申,生产企业还应该采用易回收、易处置、易降解的包装物或原材料。

　　无害化,是指对已经产生但无法或暂时尚不能进行综合利用的固体废物,进行消除和降低环境危害的安全处理、处置,以减轻这些固体废物的污染影响。

　　"三化"原则集中体现了固体废物既有对于环境的危害性又有可回用性的特点,显然优于单纯治理的策略。

　　我国固体废物污染控制工作开始于20世纪80年代初期,起步较晚,"资源化"、"无害化"、"减量化"正是我国在80年代中期提出的控制固体废物污染的技术政策。我国固体废物处理利用发展趋势必然是从"无害化"走向"资源化","资源化"是以"无害化"为前提的,"无害化"和"减量化"则应以"资源化"为条件。

　　(2)全过程管理原则。《固体废物法》确立了对固体废物进行全过程管理的原则。所谓全过程管理是指对固体废物的产生、收集、运输、利用、贮存、处理和处置的全过程及各个环节都实行控制、管理和开展污染防治。如对危险废物,包括对其鉴别、分析、监测、实验等环节;对固体废物的处理、处置,包括废物的接收、验查、残渣监督、操作和设施的关闭等各环节的管理。由于这一原则包括了从固体废物的产生到最终处置的全过程,故亦称为"从摇篮到坟墓"(Cradle – to – Grave)的管理原则。对于固体废物污染从产生到处置的全过程控制可以分为五个连续或不连续的环节:提高清洁生产工艺,控制废物的产生(用无毒原材料代替有毒原材料,杜绝危险物质的产生。改进生产工艺与设备,减少废物的产生量);系统内部的回收利用;系统外的综合利用与区域集中管理;无害化、稳定化处理;最终处置与监控。实施这一原则,是基于固体废物从其产生到最终处置的全过程中的各个环节都有产生污染危害的可能性,如,固体废物焚烧过程中产生的空气污染,固体废物土地填埋过程中产生的渗滤液对地下水体的污染,因而,有必要对整个过程及其每一个环节都实施控制和监督。

（3）加强对危险废物的管理与污染控制原则。对于危险废物而言,由于其种类繁多、性质复杂,危害特性和方式各有不同,所以应根据不同的危险特性与危害程度,采取区别对待、分类管理的原则,即对具有特别严重危害性质的危险废物,要实行严格控制和重点管理。因此,《固体废物法》中提出了危险废物的重点控制原则,并提出较一般废物更严格的标准和更高的技术要求。

根据以上这些原则,确立了我国固体废物管理体系的基本框架。我国固体废物管理体系是以环境保护主管部门为主,结合有关的工业主管部门,以及城市建设主管部门,共同对固体废物实行全过程管理。根据我国国情并借鉴国外的经验和教训,《固体废物法》制定了一些行之有效的管理制度,如分类管理制度、排污收费制度、限期治理制度、进口废物审批制度等。《固体废物法》实施后,根据所载明的要求,国家在对旧有标准进行整理、修订的基础上,还陆续组织编写、制定了有关固体废物的分类、监测、污染控制、综合利用等各类标准。目前,这些标准有些已经颁布实施,有些正在紧张制定、报批当中。随着这些标准的制定、颁布和实施,我国将基本形成自己的法定的固体废物标准体系。

4.3.2　固体废物的处理工程

固体废物的处理是指运用物理、化学和生物等手段,使固体废物转化成便于运输、贮存、资源化利用,以及最终处置的一种过程。固体废物处理工程可概括为物理处理、化学处理、生物处理、热处理、固化处理等。

（1）物理处理。物理处理是通过浓缩或相变化改变固体废物的结构,使之成为便于运输、贮存、利用或处置的形态。物理处理方法包括压实、破碎、分选、增稠、萃取、吸附等,是回收固体废物中有价值物质的重要手段。

（2）化学处理。化学处理是采用化学方法破坏固体废物中的有害成分,从而使其达到无害化或将其转变成为适于进一步处理、处置的形态。其方法包括氧化、还原、中和、化学沉淀和化学溶出等。有些有害固体废物,经过化学处理还可能产生富含毒性成分的残渣,还需对残渣进行解毒处理或安全处置。

（3）生物处理。生物处理是利用微生物分解固体废物中可降解的有机物,从而达到无害化或综合利用。固体废物经过生物处理,在容积、形态、组成等方面,均发生重大变化,因而便于运输、贮存、利用和处置。生物处理方法包括好氧处理、厌氧处理和兼性厌氧处理。

（4）热处理。热处理是通过高温破坏和改变固体废物的组成和结构,同时达到减容、无害化或综合利用的目的。热处理方法包括焚烧、热解,以及焙烧、烧结等。

（5）固化处理。固化处理是采用固化基材将固体废物固定或包覆起来以降低其对环境的危害。从而能较安全地运输和处置。其主要处理对象是危险固体废物。

4.3.2.1　固体废物的产生量及成分

1.固体废物的产生量计算

固体废物的产生量获得,是生产管理的重要环节,对于整个国家来说,它是一个对环境保护水平和效果评价的重要指标,也是对能源和物质资源利用效率的衡量。对于一个城市或某个地区,则是保证收集、运输、处理、处置,以及综合利用等后续管理能够得以正常实施和运行的依据。对于不同范围及不同调查目的,所要求的统计方法及数据的精度是不同的。

固体废物产生量通常采用如下公式计算

$$G_T = G_R \cdot M \tag{4.1}$$

式中　　G_T—— 固体废物的产生量(t 或万 t);

　　　　G_R—— 固体废物的产率(t/ 万元 t 或 t/ 万);

　　　　M—— 产品产值或产量(万元 t 或万)。

固体废物的产率与产生量计算方法主要有三种,即实测法、物料衡算法和经验公式法。

(1) 实测法。实测法是指通过实际测量测得某生产周期产生的固体废物量 G_{Ti},以及相应周期的产品产量或产品产值 M_i,二者相除即得该生产周期的固体废物产率,即 $G_{Ri} = G_{Ti}/M_i$。为使数据接近实际,应在正常运行时多测几次,取平均值为该生产工艺的固体废物产率。

(2) 物料衡算法。物料衡算法是根据质量守恒的原理对生产过程中所使用的物料情况进行定量分析的一种方法。此法是根据质量守恒定律,认为在生产过程中,投入某系统的物料质量必须等于该系统的产出质量,即等于所得产品的产量与物料流失量之和。物料衡算示意图为

$$\sum{}_G \text{投入} \longrightarrow \boxed{\text{生产系统}} \longrightarrow \sum G_{\text{产出}} \begin{cases} \sum G_{\text{产品}} \\ \sum G_{\text{流失}} \end{cases}$$

可得物料衡算通式为

$$\sum G_{\text{投入}} = \sum G_{\text{产品}} + \sum G_{\text{流失}} \tag{4.2}$$

式中　　$\sum G_{\text{投入}}$—— 投入系统的物料总量;

　　　　$\sum G_{\text{产品}}$—— 系统的产品总量;

　　　　$\sum G_{\text{流失}}$—— 系统产生的废物及副产品总量。

式(4.2)既适用于生产系统整个生产过程的总物料衡算,也适用于生产过程中的任何一个步骤或某一生产设备的局部衡算。不论进入系统的物料是否发生化学反应或化学反应是否完全,该式总是成立的。应用物料衡算法计算固体废物产率与产生量时,不能把流失量同废物混为一体。流失量一般包括废物(废气、废水和固体废物)和副产品。因此,固体废物只是流失量的一部分。

(3) 经验计算法。经验计算法是根据经验计算公式或生产过程中得出的经验产率计算固体废物产率或产生量的一种方法。应用经验公式要搞清物料的来源、数量、组成。同一生产工艺,物料组成不同,经验公式也不同。应用经验产率计算的关键在于要取得不同的生产工艺、不同生产规模下的准确的单位产品产率。应用经验产率可以使固体废物的产生量计算工作大大简化。采用经验产率计算法时,要结合实际情况,选择适当的数值,以保证计算结果尽量符合实际情况。

2.城市固体废物的成分

城市固体废物的组成很复杂,其组成(主要指物理成分)受到多种因素的影响。如,自

然环境、气候条件、城市发展规模、居民生活习惯(食品结构)、家用燃料(能源结构),以及经济发展水平等都将对其有不同程度的影响。故各国、各城市甚至各地区产生的城市垃圾的组成都有所不同。一般来说,工业发达国家垃圾成分是有机物多,无机物少,不发达国家无机物多,有机物少;我国南方城市较北方城市有机物多,无机物少。表 4.2 列出了不同国家、城市和地区较典型的垃圾组成成分。若要合理适宜地对城市固体废物进行处理和处置,必须了解废物的组成成分,只有这样,才能根据不同的情况,因地制宜地采用最有效的方法。

表 4.2　国内外垃圾成分对比表

类别 地区	有机类/%					无机类/%				
	厨房垃圾	纸张	塑料橡胶	破布	合计	煤渣土砂等	玻璃陶瓷	金属	其他	合计
美　国	22	47	4.5		73.5	5	9	8	4	26
日　本	18.6	46	18.3		82.9	6.1			10.7	16.8
荷　兰	50	22	6.2	2.2	80	4.3	11.9	3.2		19.4
英　国	28.00	33.00	1.5	3.55	66.05	19.00	5.00	10.00		34.00
新加坡	38.00	31.00	18.00	1.00	88.00		3.00	4.00	2.00	9.00
香　港	28.00	20.00	17.00	6.00	71.00	18.00	4.00	4.00	3.00	29.00
上　海	42.7	1.63	0.40	0.47	45.2	53.79	0.43	0.53		54.75
北　京	50.29	4.17	0.61	1.16	56.23	42.27	0.92	0.80		43.9
广　州	48.76	3.11	3.35	2.11	57.33	37.7	2.16	0.70	2.10	42.66
哈尔滨	16.62	3.60	1.46	0.50	22.08	74.71	2.22	0.88		77.81

4.3.2.2　固体废物的收集、运输

固体废物的收集与运输是连接废物发生源和处理处置系统的重要环节,在固体废物管理体系中占有很重要的地位。在固体废物的处理处置总费用中,收集、运输约占 70% ~ 80%,因此,如何提高固体废物的收集、运输效率对于降低固体废物处理处置成本、提高综合利用效率、减少需要处理处置的废物量具有重要意义。

固体废物由于本身的固有特性,其收集和运输要比废水和废气复杂和困难得多。工业废物处理的原则是"谁污染,谁治理",所以,在固体废物的主要产生企业都设立了自己的堆放场甚至处置场,收集与运输工作也都由废物产生单位自行负责。城市垃圾包括生活垃圾、商业垃圾、建筑垃圾、粪便及污水处理厂的污泥等。商业垃圾、建筑垃圾及污水处理厂的污泥原则上由单位自行清除。粪便的收集分两种情况,具有卫生设施的住宅,居民粪便大部分直接排入化粪池;没有卫生设施的使用公厕或倒粪站进行收集,并由环卫专业队伍用真空吸粪车清除运输。而生活垃圾的产生地点分散在城市中的每条街道、每个住户,以及风景游览区与公共场所等带有偶发性质的移动源,收集工作十分困难,对于世界上任何一个国家的大城市,都是一个不可忽视的问题。这里主要介绍城市生活垃圾的收集、运输方面的情况。与收集、运输有关的因素有很多,如收集容器、收集方式、运输车辆、转运站的设置、运输路线、交通情况等,这些因素都对生活垃圾的收运产生较大的影响。

1. 收集方式

生活垃圾的收集按收集内容分有两种方式,即混合收集和分类收集。根据收集的时间,又可以分为定期收集和随时收集。目前,在我国分类收集还不很普遍,而混合收集是传统的收集方式,具体分为定点收集和定时收集等。混合收集是指统一收集未经任何处

理的原生废物的方式,其主要优点是收集费用低、简便易行,缺点是各种废物相互混杂,降低了废物中有用物质的纯度和再生利用的价值,同时增加了各类废物的处理难度,造成处理费用的增大,从当前的趋势来看,该种方式正在逐渐被淘汰。

分类收集指根据废物的种类和组成分别进行收集的方式,是城市垃圾收集的必然发展方向,其优点在于:是实现垃圾减量化、无害化、资源化的必由之路;便于垃圾的进一步处理和处置;减轻对收运系统所增加的压力;有助于提高公民的环境意识等。分类收集的原则是:工业废物与城市垃圾分开;危险废物与一般废物分开;可回收利用物质与不可回收利用物质分开;可燃性物质与不可燃性物质分开。分类收集的具体做法是,先根据本地区的垃圾组成情况,将垃圾分成几个分类组,一般以可回收废品、大型垃圾、易腐性有机物和一般无机物为主要分类组,其中,可回收废品组尚可根据需要分成玻璃、磁性或非磁性金属、塑料等成分以提高资源利用价值。使用的工具为特制塑料垃圾袋,居民在排放垃圾时,分类将其放入有明显标志的不同垃圾袋内,然后再送到收集点放入不同的容器中,而收运人员也将其分类运输,最后按不同性质回收和处理,完成垃圾清运过程。我国没有强制性地采取分类收集方法,但在大城市,如北京等正在实行。

定期收集是指按固定的时间周期收集特定固体废物的方式,主要是收集体积较大的废物及危险废物等。其优点主要为:可以将暂存废物的危险性减小到最低程度;可以有计划地使用运输车辆(往往需特殊车辆);有利于处理处置规划的制定。

2.收集容器及收集设施

国内目前各城市使用的垃圾收集容器规格不一、种类繁多。家庭中除少数城市(如深圳、珠海等)规定使用一次性塑料袋外,通常使用旧桶、箩筐、簸箕等随意性容器,现在各城市中用塑料袋收集垃圾的也很普遍。公共收集容器常见的有固定式砖砌垃圾箱、活动式带车轮的垃圾桶、铁制活底卫生箱、车箱式集装箱等。在街道上还有大量供行人丢弃废纸、果壳、烟蒂等物的各种类型的废物箱。收集容器除大小适当外,必须满足各种卫生要求,并要求使用操作方便,美观耐用,造价适宜,便于机械化装车。

3.收集站

生活垃圾收集站的作用是将从居民、单位、商业和公共场所等垃圾收集点清除的垃圾运送到这里集中,并装入专门的容器内,由运载车辆送到大型垃圾转运站或垃圾处理场。

(1)密闭式垃圾收集站。密闭式垃圾收集站以它采用的先进技术及在运输过程中垃圾不暴露,工人作业条件好,环境卫生好等特点,在全国各城市获得了迅速发展,也有的城市称之为垃圾中转站。根据是否配置压缩机构,可将之分为普通式密闭垃圾收集站(图4.11)和压缩式密闭垃圾收集站两种。

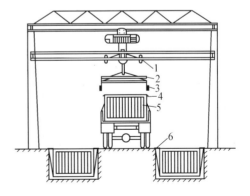

图 4.11　普通式密闭垃圾收集站设施的基本结构
1—导向总成;2—吊装架;3—吊环;
4—吊耳;5—集装箱;6—地坑挡板

(2)地面压缩式生活垃圾收集站。地面压缩式生活垃圾收集站是由放置地面的移动式压缩机配以若干专用垃圾集装箱组成的(另一种系统是压缩机固定,集装箱移位)。

4.收集系统

常用的收集系统主要有拖拽容器系统和固定容器系统,其运转方式如图 4.12 所示。

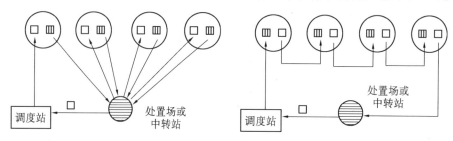

图 4.12　两种收集系统运行过程的示意

拖拽容器系统为比较原始的方式,是用牵引车自收集点将已经被垃圾充满的容器拖拽到转运站倒空后将空容器送回原来收集点。每个收集点重复这一操作。改进后如图 4.12 左图所示,牵引车在每个收集点都用空桶交换满桶,与前面的方式相比,消除了牵引车在两个收集点之间的空载运行,缩短了牵引车的行程。

固定容器系统,由图 4.12 右图可见,这种方式是用大容积的运输车到各个收集点收集垃圾,最后一次卸到中转站。由于运输车在各站间只需要单程行车,所以与拖拽系统相比,收集效率更高。但该法对于设备的要求较高,如,为防装卸垃圾起尘,要求操作的机械结构密闭性较好;为尽量一次能多收集几个垃圾点,垃圾车的容积要很大,并应有压缩垃圾体积的装置。

5.收集运输车辆

固体废物的收集运输方式主要有车辆、船舶、管道等。一般根据整个收集区内不同建筑密度、交通便利程度和经济实力选择最佳车辆规格。还要充分考虑车辆与收集容器的匹配、装卸机械化、车身密封、对废物的压缩方式、中转站类型、收集运输路线,以及道路交通情况等具体问题。垃圾装卸车按装车型式大致可分为前装式、侧装式、后装式、顶装式、集装箱直接上车等形式。车身大小按载重量分,额定量约 10～30 t,装载垃圾有效容积为 6～25 m³(有效载重量约 4～15 t)。

国内常用的垃圾收集车有简易自卸式收集车、活动斗式收集车、侧装式密封收集车、后装压缩式收集车(图 4.13)等。

6.转运站的设置

垃圾转运是指利用大型运输工具将垃圾从转运站向处理场转运。转运过程为:将清运车在各收集点收集的垃圾,运至垃圾转运站,在转运站将垃圾转载到大载重量的运输工具上运往远处的处理场。

是否设立垃圾转运站,主要视运输距离而定,垃圾运输距离超过

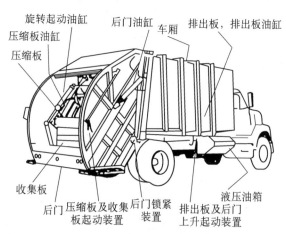

图 4.13　后装压缩式垃圾车结构图

20 km时,应设置大、中型转运站。一般来说,运输距离越长,设立转运站越经济。因为,大吨位的长距离运输比小吨位运输成本低,有助于垃圾运输总费用的降低。同时,还可以在转运站中对各种废物进行适当的预处理,如分选、破碎、压缩等,还可回收有用物质,如金属、塑料、玻璃等,运回有关厂家进行再利用,甚至还可对垃圾进行解毒、中和、脱水等处理工作,以减少在后续运输和处理处置过程中的危险性。

转运站选址要注意:尽可能位于垃圾收集中心或垃圾产量多的地方;靠近公路干线及交通方便的地方;居民和环境危害最少的地方;进行建设和作业最经济的地方。此外,还应考虑废物回收利用及能源生产的可能性。

转运站使用广泛,型式多样,可按不同方式进行分类。按转运能力可分为:小型转运站,日转运量150 t以下;中型转运站,日转运量150～450 t;大型转运站,日转运量450 t以上。按大型运输工具的不同分类可分为:公路运输转运站;铁路运输转运站;水路运输转运站等。按结构形式可分为:集中贮运站;预处理转运站。集中贮运站是一种设施比较简单的收集站,固体废物在此不经过任何处理就迅速地转运出去,这种转运站投资少,转运速度快,作为小规模的废物转运应用较多。

预处理转运站通常配备有解毒、中和、脱水、破碎、压缩、分选等装置,可以对各种废物进行分类和相应的预处理。

转运站的主要建筑物应采用密闭式结构,四周应设置防护带,以防止飘尘污染周围大气环境,转运站内还应安装除尘、消音和消防设备,经常对站内各种设备和设施进行消毒。

4.3.2.3　固体废物的预处理

1.固体废物的压实工程

压实又称压缩,它的原理是利用机械的方法减少垃圾的空隙率,将空气挤压出来,增加固体废物的聚集程度。通过压实,既可以增大垃圾的密度和减小体积,便于装卸和运输,确保运输安全与卫生,降低运输成本,又可制取高密度惰性块料,便于贮存、填埋或作建筑材料。

固体废物经过压实处理后,体积减少的程度叫压实比,废物的压实比取决于废物的种类和施加的压力。一般生活垃圾压实后,体积可减少60%～70%。目前,压实已成为许多国家处理城市固体废物的一种现代化方法。

固体废物中适于压实处理的主要是压缩性能大而复原性小的物质,如金属加工业排出的金属细丝、金属碎片,以及冰箱、洗衣机、纸箱、纸袋、纸纤维等。对于一些足以使压实设备损毁的废物,如大块木材、金属、玻璃及塑料等,则不宜进行压实处理;某些可能引起操作问题的废物,如焦油、污泥等,也不宜采用压实处理。压实后的垃圾或装袋,或者打捆。除了便于运输之外,固体废物压缩处理具有减轻环境污染、快速安全造地、节省填埋或贮存场地等优点。

根据操作情况分,用于固体废物的压实设备可分为固定式和移动式两大类。凡用人工或机械方法(液压方式为主)把废物送到压实机械里进行压实的设备称为固定式压实设备。而移动式压实设备是指在填埋现场使用的轮胎或履带式压土机、钢轮式布料压实机,以及其他专门设计的压实机具。这两类压实器的工作原理大体相同,主要由容器单元和压实单元两部分组成。容器单元负责接受废物原料;压实单元具有液压或气压操作的压头,利用高压使废物致密化。压实设备有水平式压实器、三向垂直式压实器、回转式压实器、装式压实器、高层住宅滑道下的压实器等。

2.固体废物的破碎

固体废物的破碎是指利用外力克服固体废物质点间的内聚力而使大块固体废物分裂成小块的过程。固体废物破碎的目的有以下几个方面。

(1)使固体废物尺寸减小,粒度均匀,有利于下一步进行焚烧、堆肥和资源化处理。

(2)增加固体废物的比表面积,提高焚烧、热分解、熔融等作业的稳定性和热效率。

(3)固体废物粉碎后体积减小,便于运输、压缩、贮存和高密度填埋,加速土地还原利用。

(4)固体废物粉碎后,原来联生在一起的矿物或联接在一起的异种材料等会出现单位分离,便于回收利用。

(5)防止粗大、锋利的固体废物损坏分选、焚烧和热解等设备或炉膛等。

根据固体废物破碎所用的外力,可分为机械破碎和非机械破碎两种方法。机械破碎是利用破碎工具(如破碎机的齿板、锤子等)对固体废物施力而将其破碎,如挤压破碎、剪切破碎、冲击破碎、摩擦破碎等(图4.14)。非机械破碎是利用电能、热能等对固体废物进行破碎的方法,如低温破碎、热力破碎、减压破碎及超声波破碎等。

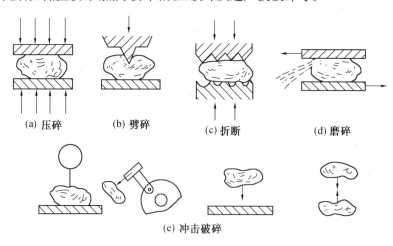

(a) 压碎　　(b) 劈碎　　(c) 折断　　(d) 磨碎

(e) 冲击破碎

图 4.14　破碎方法

选择破碎方法,需视固体废物的机械强度特别是硬度而定。对于脆硬性废物,如各种废石和废渣等,多采用挤压、劈裂、弯曲、冲击和磨剥破碎;对于柔硬性废物,如废钢铁、废汽车、废器材和废塑料等,多采用冲击和剪切破碎。对于含有大量废纸的城市垃圾,近几年,有些国家已经采用半湿式和湿式破碎。对于一般粗大固体废物,往往不是直接将它们送入破碎机,而是先剪切,压缩成形状,再送入破碎机。低温冷冻破碎已用于废塑料及其制品、废橡胶及其制品、废电线(塑料橡胶被覆)等的破碎。

根据固体废物的性质、粒度的大小、要求的破碎比和破碎机的类型,每段破碎流程可以有不同的组合方式,其基本的工艺流程如图4.15所示。

固体废物破碎机的种类很多,破碎机的选用主要依据待处理废物的类型和希望得到的终端产品,类型不同的破碎机依靠不同的破碎作用来减少废物尺寸。颚式破碎机主要利用冲击和挤压作用,辊式破碎机靠冲击剪切和挤压作用,锤式破碎机利用冲击、摩擦和

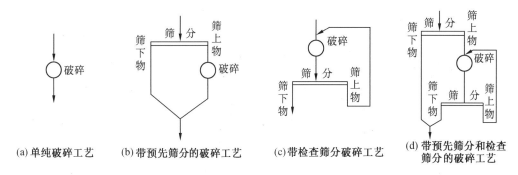

(a) 单纯破碎工艺　　(b) 带预先筛分的破碎工艺　　(c) 带检查筛分破碎工艺　　(d) 带预先筛分和检查筛分的破碎工艺

图 4.15　破碎的基本工艺流程

剪切作用。可见,一般破碎机都是由两种或两种以上的破碎方法联合作用对固体废物进行破碎的。常用的固体废物破碎机还有冲击式破碎机、剪切式破碎机、球磨机等。

低温破碎技术是利用常温下难以破碎的固体废物低温变脆的性能而有效地破碎的,亦可利用不同的物质脆化温度的差异进行选择性破碎。低温破碎通常采用液氮作致冷剂,使用高速冲击破碎机使易脆物质脱落粉碎,流程见图 4.16 所示。

湿式破碎技术是以回收城市垃圾中的大量纸类为目的发展起来的,主要使用湿式破碎机完成。而半湿式选择性破碎分选技术是利用城市垃圾中各种不同物质的强度和脆性的差异,在一定温度下破碎成不同粒度的碎块,然后通过不同筛孔加以分离的过程,是一种破碎和分选同时进行的分选技术,其完成装置是半湿式选择性破碎分选机,见图 4.17 所示。

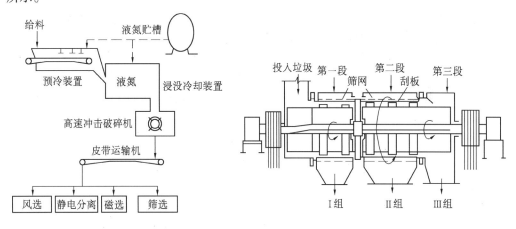

图 4.16　低温冷冻破碎工艺流程图　　　　图 4.17　半湿式选择破碎分选机

3. 固体废物的分选

固体废物分选,就是把固体废物中可回收利用的或不利于后续处理、处置工艺要求的成分分离出来的过程。依据废物的物理和物理化学性质的不同而有不同的分选方法,其中包括物质的粒度、密度、磁性、电性、光电性、摩擦性、弹性和表面湿润性等。各国采用最早的是手工捡选,特别是对危险性、有毒有害的固体废物,必须通过手工捡选。根据前述的各种特性,固体废物的分选还可采用筛选(筛分)、重力分选、磁力分选、电力分选、光电分选、摩擦及弹性分选,以及浮选等技术方法。

(1)筛分。筛分是根据固体废物尺寸大小进行分选的一种方法。该分离过程可看作是物料分层(分离的条件)和细粒透筛(分离的目的)两个阶段组成的。

影响筛分质量的因素很多,通常用筛分效率来描述筛分过程的优劣。筛分效率是指筛分时得到的筛下产物的质量与原料中所含粒度小于筛孔尺寸的物料的质量比,即

$$筛分效率\ E = \frac{Q}{Q_0\alpha} \times 100\%$$

式中　　Q——筛下物重量;

　　　　Q_0——入筛原料重量;

　　　　α——原料中小于筛孔尺寸的颗粒重量的百分含量。

筛分效率的影响因素主要有:入筛物料的性质;筛分设备运动特征;筛面结构;筛分设备防堵挂、缠绕及使物料沿筛面均匀分布的性能;筛分的操作条件等。

最常用的固体废物筛分设备主要有固定筛、滚筒筛、惯性振动筛、共振筛等几种类型。

(2)重力分选。重力分选是在活动的或流动的介质中按颗粒的密度或粒度进行颗粒混合物分选的过程。介质有空气、水、重液(密度大于水的液体)、重悬浮液等。其分选方法很多,按作用原理可分为重介质分选、风力分选(气流分选)、惯性分选、摇床分选和跳汰分选等。

(3)磁力分选。简称磁选,是基于固体废物各组分的磁性差异,利用磁选设备进行分离的一种方法。磁选方法应用较普遍,如从城市垃圾中回收钢铁;从钢铁工业废渣、尘泥中回收炼铁原料;稀有金属精矿中的硫化铁,可用磁化焙烧法使其转变成磁性氧化铁,再用磁选法将其选出作为炼铁原料等。用于固体废物分选的磁选机械有多种,但就供料方式来说,基本上有磁带式分选机和磁鼓式分选机两种。

(4)电力分选。简称电选,是利用固体废物中各种组分在高压电场中电性的差异而实现分选的一种方法。静电分选机利用各种物质的导电率、热电效应及带电作用的差异进行物料分选,可用于各种塑料、橡胶和纤维纸、合成皮革、胶卷、玻璃与金属的分离。

(5)浮选。浮选是根据固体废物颗粒在水中不同的物理化学性质,加入适当的浮选剂,通入空气形成气泡,使有些废物颗粒容易附着于气泡,上浮到液面上形成泡沫层,另一些则留于水中,从而达到分离目的。

加入浮选剂是为了扩大浮选物料可浮性的差异,使有价值的颗粒附着于气泡,在液面形成稳定的富化气泡沫。药剂根据在浮选过程中的作用不同,可分为捕收剂、起泡剂和调整剂三种。浮选设备类型很多,我国使用最多的是机械搅拌式浮选机。浮选的工艺流程为

浮选前料浆的调制(主要是废物的破碎、磨碎等)——→加药调整——→充气浮选

固体废物中含有两种或两种以上的有用物质,其浮选方法有以下两种。

①优先浮选。将固体废物中有用物质依次一种一种地选出,成为单一物质产品。

②混合浮选。将固体废物中有用物质共同选出为混合物,然后再把混合物中有用物质一种一种地分离。

浮选法是固体废物资源化的一种重要技术,我国已应用于从粉煤灰中回收炭,从煤矸石中回收硫铁矿,从焚烧炉灰渣中回收金属等。

(6)其他分选方法。其他分选方法包括:摩擦与弹跳分选、光电分选、涡电流分离技术分选等方法,具体如下。

①摩擦与弹跳分选。摩擦与弹跳分选是根据固体废物中各组分摩擦系数和碰撞系数的差异,利用其在斜面上运动或与斜面碰撞弹跳时产生的不同的运动速度和弹跳轨迹,而实现彼此分离的一种处理方法。分选设备有带式筛、斜板运转分选机及反弹滚筒分选机等。

②光电分选。光电分选是一种利用物质表面光反射特性的不同而分离物料的方法,这种方法现已用于按颜色分选玻璃的工艺中。

③涡电流分离技术分选。当含有非磁导体金属(如铅、铜、锌等物质)的垃圾流以一定的速度通过一个交变磁场时,这些非磁导体金属中会产生感应涡流。由于垃圾流与磁场有一个相对运动的速度,从而对产生涡流的金属片块有一个推力。利用此原理可使一些有色金属从混合垃圾流中分离出来。这是一种在固体废物回收有色金属的有效方法。

(7)分选回收工艺系统。为了经济有效地回收城市垃圾和工业固体废物中的有用物质,根据废物的性质和要求,将两种或两种以上的分选单元操作组合成一个有机的分选回收工艺系统(工艺流程)。

图 4.18 是综合各国垃圾分选回收系统优点的工艺系统图。

4.3.3 城市垃圾的处理工程

4.3.3.1 堆肥处理工程

堆肥处理法是一种古老而又现代的有机固体废物的生物处理技术,可将固体废物中的有机可腐物转化为土壤可接受且迫切需要的有机营养土或腐殖质,既可解决城市垃圾的环境污染问题,又可为农业生产提供适用的腐殖土,从而维持自然界的良性物质循环。堆肥处理的主要对象是城市生活垃圾、污水厂污泥、人畜粪便、农业废弃物、食品加工业废弃物等。

1.堆肥化的概念和分类

堆肥化(composting)是指在一定的控制条件下,通过生物化学作用使来源于生物的有机固体废物分解成比较稳定的腐殖质的过程。废物经过堆制,体积一般只有原体积的 $50\% \sim 70\%$。废物经过堆肥处理制得的成品叫做堆肥(compost)。

堆肥化系统有很多种类。现代化堆肥工艺,特别是城市垃圾堆肥工艺,大都是好氧堆肥,其系统温度一般为 $50 \sim 65℃$,最高可达 $80 \sim 90℃$,堆肥周期短,故也称为高温快速堆肥。在厌氧法堆肥系统中,空气与发酵原料隔绝,堆肥温度低,工艺比较简单,成品堆肥中氮素保留比较多,但堆制周期过长,需 $3 \sim 12$ 个月,异味浓烈,分解不够充分。

2.好氧堆肥技术

(1)好氧堆肥原理。好氧堆肥是以好氧菌对废物进行吸收、氧化、分解。微生物通过自身的生命活动,把一部分被吸收的有机物氧化成简单的无机物,并释放出生物生长活动所需的能量,把另一部分有机物转化成为新的细胞物质,使微生物生长繁殖,产生更多的生物体。图 4.19 为好氧堆肥分解过程示意。

根据堆肥的升温过程,可将其分为三个阶段,即起始阶段(温度由环境温度到 $40 \sim 50℃$,高温阶段(温度在 $50 \sim 70℃$)、熟化阶段(或冷却阶段)。在第一阶段,嗜温细菌、放线菌、酵母菌和真菌分解有机物中易降解的葡萄糖、脂肪和碳水化合物,产生热量使堆肥物料温度上升。温度升至 $40 \sim 50$ ℃时,进入第二阶段,此时,起始阶段的微生物就会死亡,

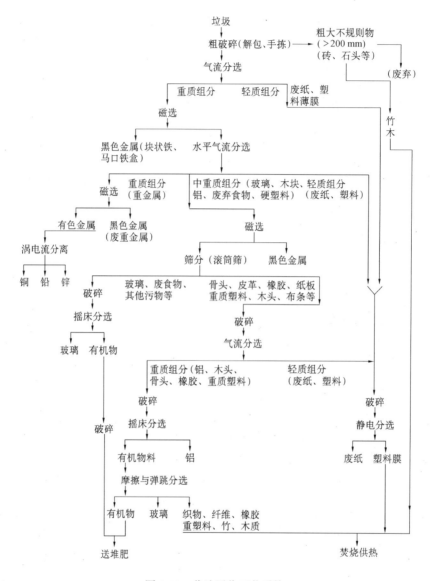

图 4.18　分选回收工艺系统

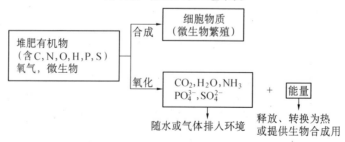

图 4.19　有机物的好氧堆肥分解

取而代之的一系列嗜热菌生长所产生的热量又进一步使温度升至 70 ℃,除一些孢子外,所有的病原微生物都会在几小时内死亡。当有机物基本降解完时,嗜热菌因缺养料停止生长,产热随之停止,堆肥温度因散热而下降,进入第三阶段。冷却后,一系列新的微生物,主要是真菌和放线菌,将借助残余有机物(包括死掉的细菌残体)而生长,最终完成堆肥过程。

(2)堆肥过程参数。堆肥过程的关键是要较好地满足微生物生长和繁殖所必需的参数,主要有以下几个。

供氧量,在实际堆肥过程中取决于物料的尺寸、结构强度及含水量。

含水量,最大值取决于物料的空隙容积,最低值取决于微生物活性,正常下限为40%~50%。

碳氮化(C/N),城市垃圾堆肥的最佳 C/N 值应为 20~35。

碳磷比(C/P),堆肥原料适宜的 C/P 为 75~150。

pH 值,堆肥初期会降到 5.5~6.0,结束时可升至 8.5~9.0,当有机污泥作原料时,需作调整。

腐熟度,大致标准是不再进行激烈的分解,成品温度低,呈茶褐色或黑色,不产生恶臭。其评定方法主要有:直观经验法、淀粉测试法、耗氧速率法。

原料有机物含量,适宜含量为 20%~80%。

(3)好氧堆肥程序。堆肥的程序包括原料的预处理、发酵、后处理、贮存四个环节。

原料预处理,包括分选、破碎及含水率和碳氮比(C/N)调整。首先去除废物中的金属、玻璃、塑料和木材等杂质,并破碎到 40 mm 左右的粒度,然后选择堆肥原料进行配料,以便调整配料的水分和碳氮比。

原料发酵。堆肥中大多采用一次发酵(主发酵)方式,指好氧堆肥从发酵开始,经中温、高温两个阶段的微生物代谢到达温度开始下降的整个过程。目前,实验推广二次发酵(后发酵)方式,指物料经过一次发酵后,还有一部分易分解和大量难分解的有机物存在,需将其送到后发酵室,堆成 1~2 m 高的堆垛进行二次发酵,使之腐熟。

后处理,是对发酵熟化的堆肥进行处理,进一步去除堆肥中前处理过程中没有去除的杂质和进行必要的破碎处理。经处理后得到的精制堆肥含水 30% 左右,C/N 比为 15~20。

贮存,是指堆肥处理前必须加以堆存管理。一般可直接存放,也可装袋存放。但贮存时要注意保持干燥通风,防止闭气受潮。

(4)堆肥方法与发酵装置。堆肥技术已形成很多工艺类型,方法分类亦多种多样,按堆肥物料运动形式可分为静态堆肥和动态堆肥;按堆肥堆制方式可分为间歇堆积法和连续堆制法。

间歇堆积法又叫露天堆积法,是将原料一批一批地发酵,一批原料堆积之后不再添加新料,待完成发酵成为腐殖土运出。图 4.20 是国内日处理生活垃圾 100 t 的实验厂工艺流程图。

第一次发酵采用机械强制通风,10 d 堆料达到无害化,再通过机械分选,送二次发酵仓进行二次发酵,10 d 左右腐熟。间歇式发酵装置有长方形池式发酵仓,倾斜床式发酵仓、立式圆筒形发酵仓等,并各配设通风管,有的还配设搅拌装置。

连续堆制法。连续发酵工艺采取连续进料和连续出料方式发酵,原料在一个专设的发酵装置内完成中温和高温发酵过程。该系统发酵时间短,能杀灭病原微生物,还能防止异味,成品质量比较高。连续发酵装置有多种类型,主要类型有立式堆肥发酵塔(通常包

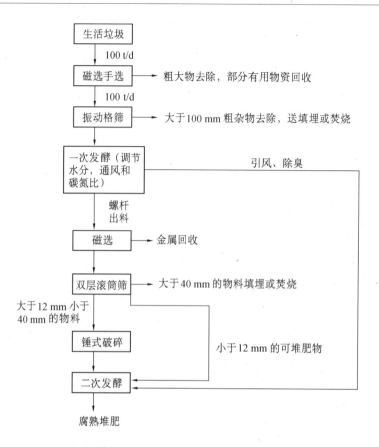

图 4.20　垃圾处理实验厂工艺流程图

括立式多层圆筒式、立式多层板闭合门式、立式多层桨叶刮板式、立式多层移动床式等)、卧式堆肥发酵滚筒(又称丹诺 Dano 发酵器)、筒仓式堆肥发酵仓(分动态和静态两种)等。各发酵装置简图见图 4.21。

3.厌氧发酵技术

(1)厌氧法堆肥原理。厌氧法堆肥是将废物堆积与空气隔绝,在厌氧条件下使有机物分解并达到稳定化。有机物的厌氧分解可分为产酸与产气两个阶段。产酸阶段,在产酸菌和其他细菌的作用下,使原料中的有机物水解为甲酸、乙酸等有机酸,此外还有醇、氨、氢、二氧化碳等,同时释放出能量。产气阶段,主要是甲烷细菌在厌氧条件下分解有机酸、醇,产生甲烷、二氧化碳等气体。厌氧堆肥有机物分解比较缓慢,我国农村传统的堆肥就是采用这一原理。原理图见图 4.22。

(2)影响厌氧发酵的因素。原料配比,厌氧发酸的碳氮比以(20~30):1 为宜,C/N 为 35:1 时产气量明显下降。

温度,温度越高,产气量越高,因为温度高时原料中细菌活跃,分解速度快,使得产气量增加。

pH 值和酸碱度,最佳 pH 值范围是 6.8~7.5。

搅拌,使池内各处温度均匀,进入的原料与池内熟料完全混合,底质与微生物密切接触,防止底部物料出现酸积累,并且使反应物(H_2S, NH_3, CH_4 等)迅速排除。

(3)厌氧发酵工艺。厌氧发酵工艺类型较多,可按发酵温度、发酵方式、发酵级差的不

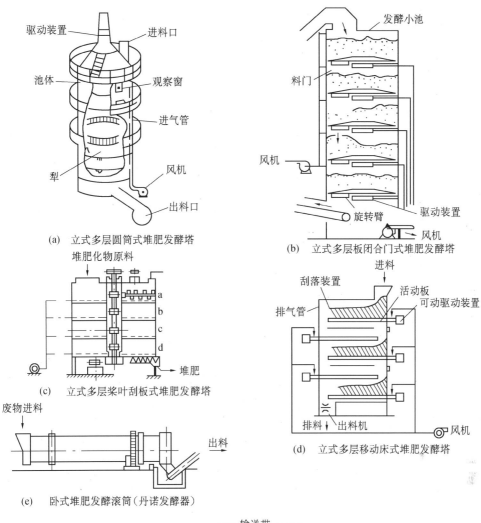

(a) 立式多层圆筒式堆肥发酵塔

(b) 立式多层板闭合门式堆肥发酵塔

(c) 立式多层桨叶刮板式堆肥发酵塔

(d) 立式多层移动床式堆肥发酵塔

(e) 卧式堆肥发酵滚筒（丹诺发酵器）

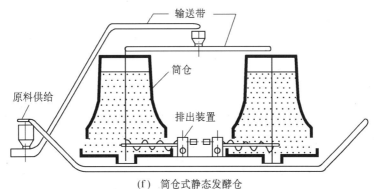

(f) 筒仓式静态发酵仓

图 4.21　发酵装置图

同划分成几种类型。使用较多的是按发酵温度划分。

高温厌氧发酵工艺。最佳温度范围是 47~55 ℃,有机物分解旺盛,发酵快,物料在厌氧池内停留时间短,非常适于城市垃圾、粪便和有机污泥的处理,其程序为:高温发酵菌的培养、高温的维持、原料投入与排出、发酵物料的搅拌。

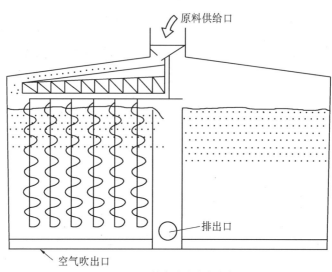

(g)　筒仓式动态发酵仓

图 4.21(续)　发酵装置图

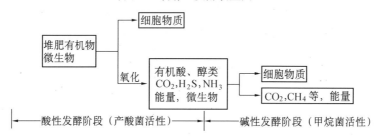

图 4.22　有机物的厌氧堆肥分解

　　自然温度厌氧发酵工艺。指在自然界温度影响下发酵温度发生变化的厌氧发酵,这种工艺的发酵池结构简单,成本低廉,施工容易,便于推广。

　　(4)厌氧发酵装置。厌氧发酵池亦称厌氧消化器,种类很多,按发酵间的结构形式,有圆形池、长方形池;按贮气方式,有气袋式、水压式和浮罩式。其中,水压式沼气池为我国农村主要推广类型,又称"中国式沼气池",见图 4.23。

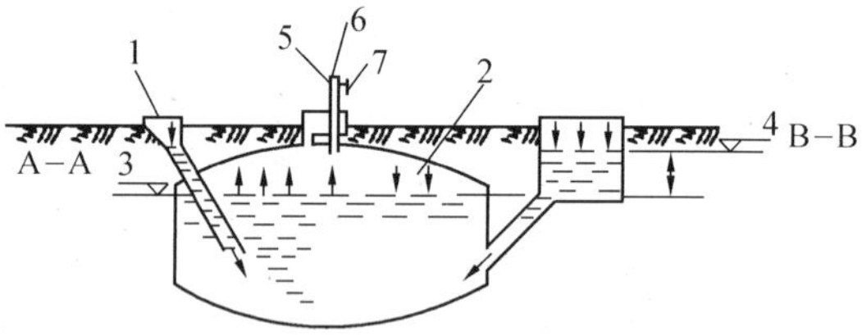

4.3.3.2　热解处理工程

　　热解是一种古老的工业化生产技术,最早应用于煤的干馏,所得到的焦炭产品主要作为冶炼钢铁的燃料,后被用于重油和煤炭的气化,20 世纪 70 年代,热解技术开始用于固体废物的资源化处理。与焚烧相比,热解有以下优点:①可以将固体废物中的有机物转化为以燃料气、燃料油和炭黑为主的贮存性能源;②由于是缺氧分解,排气量小,有利于减轻对大气环境的二次污染;③废物中的硫、重金属等有害成分大部分被固定在炭黑中;④由于保持还原条件,Gr^{3+} 不会转化为 Gr^{6+};⑤NO_x 的产生量少。

图 4.23　水压式沼气池工作原理示意图

1—加料管;2—发酵间(贮气部分);3—池内料液液面 A – A;
4—出料间液面 B – B;5—导气管;6—沼气输气管;7—控制阀

1. 热解的概念及原理

热解(Pyrolysis)在工业上也称为干馏。它是将有机物在无氧或缺氧状态下加热,使之分解为:① 以氢气、一氧化碳、甲烷等低分子碳氢化合物为主的可燃性气体;② 在常温下为液态的包括乙酸、丙酮、甲醇等化合物在内的燃料油;③ 纯碳与玻璃、金属、土砂等混合形成的炭黑的化学分解过程。城市固体废物、污泥、工业废物,如塑料、树脂、橡胶及农业废料、人畜粪便等各种固体废物都可以采用热解方法,从中回收燃料。但并非所有有机废物都适于热解,如表 4.3 所示,选择热解技术时,必须充分研究废物的性质、组成和数量,充分考虑其经济性。与焚烧相比,热分解温度、废物供给量及操作条件等要严格得多。

表 4.3　适于热解或焚烧的废物

适于热分解的废物	适于焚烧的废物
废塑料(含氯的除外)、废橡胶、废轮胎、废油及油泥(渣)、废有机污泥	纸、木材、纤维素、动物性残渣、无机污泥、有机粉尘、含氯有机废物、其他各种混合废物

热解是一个复杂、连续的化学反应过程,包括有机物断键和异构化等化学反应,其中间产物一方面是大分子裂解成小分子,另一方面,又有小分子聚合成较大的分子。热解过程的总反应方程式可表示为

$$有机固体废物\xrightarrow{加热}高、中分子有机液体(焦油和芳香烃) + 低分子有机液体 + 多种有机酸和芳香烃 + 炭渣 + CH_4 + H_2 + H_2O + CO + CO_2 + NH_3 + H_2S + HCN$$

不同的废物类型,不同的热解反应条件,热解的产物都有差异。热解过程产生可燃气量大,除少部分供给热解过程所需的自持热量外,大部分气体成为有价值的可燃气产品。固体废物热解后,减容量大,残余炭渣较少;这些炭渣化学性质稳定,含 C 量高,有一定热值,一般可用作燃料添加剂或道路路基材料、混凝土骨料、制砖材料。纤维类废物(木屑、纸)热解后的渣,还可经简单活化制成中低级活化炭,用于污水处理等。

2. 热解方式及主要影响因素

热分解过程由于供热方式、产品状态、热解炉结构等方面的不同,热解方式各异。按供热方式可分为内部加热和外部加热;按热分解与燃烧反应是否在同一设备中进行,可分为单塔式和双塔式;按热解过程是否生成炉渣可分成造渣型和非造渣型;按热解产物的状态可分成气化方式、液化方式和碳化方式;按热解炉的结构可分成固定层式、移动层式或回转式。

热解过程的几个关键影响参数是温度、加热速度、保温时间,每个参数都直接影响产物的混合和产量。另外,废物的成分、反应器的类型及作为氧化剂的空气供氧程度等,都对热解反应过程产生影响。

热解温度是影响因素中的最重要参数,高压低温下热解可提高燃料油的转化率,但设备和技术要求都比较复杂。随着温度升高,气体产量成正比增长,而各种酸、焦油、炭渣相对减少。目前,热解主要还是在高温常压下进行。

3. 热解工艺及设备

在实际生产中,热解工艺有两种分类方法是最常用的。按照生产燃料的目的,可分为热解造油和热解造气;按热解过程控制条件可分为高温分解和气化。一个完整的热解工艺包括进料系统、反应器、回收净化系统、控制系统几个部分。其中反应器部分是整个工

艺的核心,热解过程就在反应器中发生。不同的反应器类型往往决定了整个热解反应的方式及热解产物的成分。

反应器有很多种,主要根据燃烧床条件及内部物流方向进行分类。燃烧床有固定床、流化床、旋转炉、分段炉等;物料方向指反应器内物料与气体相向流向,有同向流、逆向流、交叉流。常见的反应器有:固定燃烧床反应器(固定床反应器)、流态化燃烧床反应器(流化床反应器)、旋转窑、双塔循环式热解反应器(包括固体废物热分解塔和固形炭燃烧塔,如图 4.24 所示)。

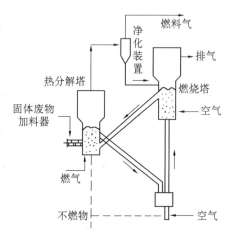

图 4.24　双塔流化床热解炉

4.3.3.3　焚烧处理工程

焚烧是一种热化学处理方法,是高温分解和深度氧化的综合过程。许多固体废物含有潜在的能量,可通过焚烧法回收利用。固体废物经过焚烧,体积可减少 80% ~ 95%,一些危险固体废物通过焚烧,可以破坏其组成结构或杀灭原病菌,达到解毒、除害的目的。所以,固体废物的焚烧处理,能同时实现减量化、无害化和资源化,是一条重要的处理、处置途径。利用该技术可处理城市垃圾、工业生产排出的有机固体废物、城市污水处理厂排出的污泥等。固体废物能否采用焚烧法处理,主要取决于其可燃性及热值。所谓热值是指单位质量的固体废物燃烧释放出来的热量,以 kJ/kg 表示。要维持物质燃烧,就要求其燃烧释放出来的热量足以提供加热废物到达燃烧温度所需的热量和发生燃烧反应所必须的活化能,否则,便要添加辅助燃料才能维持燃烧。

垃圾焚烧热的利用包括供热和发电。实践表明,由热能转变为机械功再转变为电能的过程,能量损失很大。因此,垃圾焚烧的热能往往用于热交换器及废热锅炉产生热水或蒸汽。

1.固体废物的焚烧

(1)燃烧过程。可燃性固体物质的燃烧过程很复杂,通常由传热、传质、热分解、熔融、蒸发、气相化学反应和多相化学反应等全部或其中部分过程组成。

在固体废物处理中,焚烧是将需焚烧的废物从送入焚烧炉起,到形成烟气和固态残渣的整个过程,可总称为焚烧过程。它包括了三个阶段:①干燥加热阶段,从废物送入焚烧炉起到物料水分基本析出,温度上升,着火这一阶段。②焚烧阶段,真正的燃烧阶段,包括三个同时发生的化学反应模式:强氧化反应(燃烧包括了产热和发光二者的快速氧化过程)、热解(在无氧或近乎无氧条件下,利用热能破坏含碳高分子化合物元素间的化学键,使含碳化合物破坏或者进行化学重组)、原子基团碰撞(高温下富有含原子基团的气流的电子能量跃迁,以及分子的旋转和振动产生量子辐射形成火焰)。③燃尽阶段,可燃物浓度减少,惰性物增加、氧化剂量相对较大,反应区温度降低。

整个焚烧过程所包括的内容和进行方式如图 4.25 所示。

(2)影响燃烧过程的因素。①废物在焚烧炉内的停留时间,停留时间受废物的粒径和

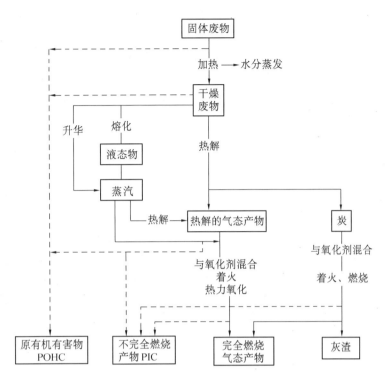

图 4.25 固体废物焚烧过程示意图

废物与空气混合程度的制约。粒径越小,废物与空气混合越充分,停留时间越短。②废物和空气的混合量比例,当燃烧室处于少量过剩空气条件下,燃烧效率最高。③进行反应时的温度,焚烧过程应控制适宜的温度。较高的温度可以减少停留时间,但在通风量一定时,焚烧的有效热却随温度的升高而降低,且炉体和耐火材料也限制过高温度。

(3)焚烧的产物。在焚烧过程中的固体废物元素与空气中的氧起反应,生成各种氧化物或部分元素的氢化物:有机碳的焚烧产物是 CO_2 和 CO 气体;有机物中氢的焚烧产物是水,若有氟或氯存在,也可能有它们的氢化物生成;有机硫、磷,可生成 SO_2、SO_3 及 P_2O_5;有机氮化物主要生成气态的氮,也有少量氮氧化物;有机氟化物产物是氟化氢;有机氯化物产物为氯化氢;有机溴化物和碘化物生成溴化氢及少量溴气及元素碘;根据元素的种类和焚烧温度,金属可生成卤化物、硫酸盐、磷酸盐、碳酸盐、氢氧化物和氧化物等。

2.焚烧系统与焚烧设备

(1)焚烧系统。固体废物的焚烧过程与普通燃料的燃烧过程有很大差别。一个典型的固体废物的焚烧系统,通常包括前处理系统、进料系统、焚烧系统、排气系统和排渣系统,另外,还可能有焚烧炉的控制与测试系统和废热回收系统等。

前处理系统包括废物的贮存、固体废物的分选、破碎、干燥等。焚烧炉的进料系统分为间歇式和连续式两种,进料设备的作用不光是把固体废物送到炉内,同时,它可以使原料充满料斗,起到密封作用,防止炉膛内的火焰窜出。焚烧室是固体废物焚烧系统的核心,由炉膛、炉篦与空气供给系统组成。炉膛结构由耐火材料砌筑,有单室方形、多室型、旋转窑等多种构型。焚烧系统的另一重要组成部分是保证固体废物在燃烧室内有效燃烧所需空气量的助燃空气供给系统。排气系统通常包括烟气通道、废气净化设施、烟囱等。

排渣系统由移动炉箅、通道及与履带相连的水槽组成。作为辅助系统,主要是一整套的测试和控制系统。控制系统包括送风控制、炉温控制、炉压控制、冷却控制等。测试系统包括压力、温度、流量的指示,烟气浓度监测和报警系统等。

(2)焚烧设备。固体废物焚烧设备主要有坑式焚烧炉(敞开式焚烧炉)、多膛焚烧炉、流化床焚烧炉、回转窑焚烧炉等。最常用于焚烧城市垃圾的典型垃圾焚烧炉的构造如图4.26所示,其特点是对大块的垃圾团块不用预处理即可焚烧。城市垃圾焚烧厂处理工艺流程图见图4.27所示。

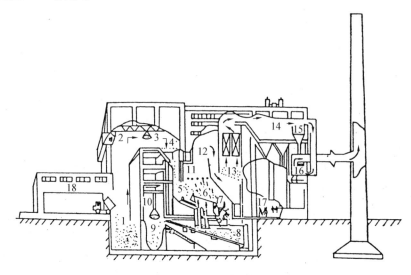

图4.26　典型垃圾焚烧炉

1—垃圾坑;2—起重机运转室;3—抓斗;4—加料斗;5—干燥炉栅;6—燃烧炉栅;7—后燃炉栅;8—残渣冷却水槽;9—残渣坑;10—残渣抓斗;11—二次空气供给喷嘴;12—燃烧室;13—气体冷却锅炉;14—电气集尘器;15—多级旋风分离器;16—排风机;17—中央控制室;18—管理所

3. 焚烧过程污染物的产生与防治

焚烧过程会产生大量的烟气和残渣排放,为防止二次污染,必须对其进行适当处理。

(1)烟气净化。烟气中包括了固态、液态和气态污染物,主要成分 CO_2,H_2O,O_2,N_2 等,占容积的99%,无害。有害成分有 CO,NO_x,SO_x,H_2S,HCl 及具有特殊气味的饱和烃和不饱和烃、烃类氧化物、卤代烃类、芳香族类物质等有害气体,也包括多氯二苯二噁英($PCDD_s$)。还有碳黑、一些金属和盐类经蒸发凝聚而成的固体颗粒(气溶胶)等污染物。烟气净化内容主要为除臭、除酸和除尘。

①除臭。焚烧产生的特殊气体,是垃圾的厌氧发酵和有机物不完全燃烧产生的。解决或减轻气味最有效的方法是改进燃烧工艺,调整燃烧参数(如送风比例、方式、炉温高低等)。为减少臭气的排出还可用吸收法、吸附法和稀释法。

②除尘。除尘是烟气净化的一项重要内容,利用除尘设备不仅能除掉固态颗粒物,同时,也可综合去除和减轻臭气和酸性气体。常用设备有重力和惯性除尘设备(沉降室、挡板、旋风分离装置)、湿式洗涤设备(液体喷雾塔、文丘里涤气器)、过滤除尘设备(袋式除尘器)、静电除尘设备(干式、湿式、板式、管式除电器)等。

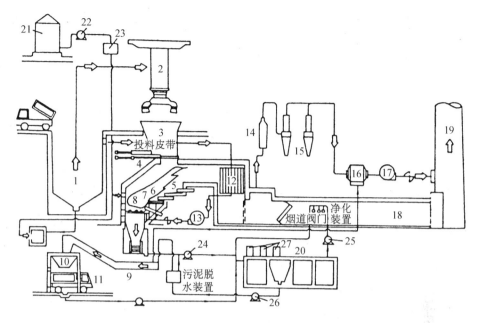

图 4.27　垃圾焚烧工艺流程图

1—垃圾坑；2—抓斗；3—加料斗；4—加料推杆；5—干燥炉栅；6—水平炉栅；7—圆型炉栅；8—摇动炉栅；9—出灰输送机；10—灰斗；11—运灰车；12—空气预热器；13—鼓风机；14—冷却塔；15—除尘器；16—除尘器；17—排风机；18—烟道；19—烟囱；20—污水处理槽；21—重油贮槽；22—油泵；23—重油辅助槽；24—污水泵；25—循环泵；26—污泥泵；27—药品槽

③除酸。烟气中含有 HCl、SO_x 等酸性气体，国外主要用洗涤法去除。也可在除尘时溶于水除去，无需单独处理。国内垃圾焚烧时可能出现大量的 NH_3，使排烟常呈碱性，对酸性气体有中和作用。

(2)残渣的利用。焚烧过程产生的残渣(炉渣)一般为无机物，主要包括金属的氧化物、氢氧化物和碳酸盐、硫酸盐、磷酸盐及硅酸盐等。许多国家进行填埋或固化填埋处理，也可作为资源开发利用，从中回收有用物质。残渣的性质因焚烧温度不同而有差异，利用方式也不同。

①焚烧残渣的利用。1 000 ℃以下焚烧炉或热分解炉产生的残渣是我们通常说的焚烧残渣，可以利用回转筛、磁选机等从中回收铁、非铁金属和玻璃；还可用感应射频共振法分离回收导电性的黑色和有色金属；用光度分选法得到玻璃和陶瓷；还可向其中添加水溶性高分子添加剂，在压缩机中压缩、成型、制成砌块；用焚烧法回收有价金属。

②烧结残渣的利用。1 500 ℃高温焚烧炉排出的熔融状态的残渣叫烧结残渣。烧结残渣中重金属溶出量少，可作混凝土的粗骨料及筑路材料用。残渣掺在粘土中可制红砖，与砂和水泥按适当比例混合，可制成混凝土砌块和混凝土板，经加压成型、蒸汽养护得到成品。

4.3.4　固体废物最终处置工程

4.3.4.1　固体废物处置的定义与基本方法

在生产生活过程中无论采用多么先进的技术控制固体废物的产生量，无论以何种方式实现固体废物的综合利用和资源回收,总是不可避免地会有大量无法利用的固体废物要返回自然环境中。这些废物均以终态排放于环境中,为了防止对环境造成污染,必须进行最终处置,现在所说的处置是指安全处置。

《中华人民共和国固体废物污染环境防治法》赋于处置的含义是:处置是指将固体废物焚烧和用其他改变固体废物的物理、化学、生物特性的方法,达到减少已产生的固体废物数量,缩小固体废物体积,减少或者消除其危险成分的活动,或者将固体废物最终置于符合环境保护规定要求的场所或者设施内,并不再回取的活动。实际上,固体废物的处置,是一个既包括处理又包括处置的综合过程。

处置固体废物要满足以下几个基本要求。

①处置场所安全可靠,对人民生产生活无直接影响,对附近生态环境无危害。

②处置场所要设有必须的环境保护监测设备,要便于管理和维护。

③有害组分含量尽可能少,废物体积尽量小,以便安全处理,并减少处置成本。

④处置方法尽量简便、经济,既符合现有经济水准和环境要求,又要考虑长远环境效益。

固体废物的处置方法可按隔离屏障和处置场所两种方法进行分类。

按照隔离屏障的不同,固体废物的处置方法可分为天然屏障隔离处置和人工屏障隔离处置两类。天然屏障指的是处置场所所处的地质构造和周围的地质环境及沿着从处置场所经过地质环境到达生物圈的各种可能途径,对于有害物质的阻滞作用。人工屏障指隔离界面由人为设置,如,使固体废物转化为具有低浸出性和适当机械强度的、稳定的物理化学型态;废物容器;处置场所内各种辅助性工程屏障等。

按照处置固体废物场所的不同,处置方法可以分为陆地处置和海洋处置两大类。陆地处置的场所在陆地某处,又可分为土地耕作处置、土地填埋处置、深井灌注等方法,具有方法简单、操作方便、投入成本低等优点,但也存在影响人类活动及生物圈循环、可能产生二次污染等危险。海洋处置又可分为海洋倾倒和远洋焚烧等处置方法,它们都是以海洋作为处置场所。海洋处置具有远离人群、环境容量大等优点,是工业发达国家早期采用的途径,特别是对有害废物,至今仍有一些国家采用。但由于海洋保护法的制定,以及在国际上对海洋处置有很大争议,其使用范围已逐步缩小。

固体废物的处置过程,也许会用到一种或多种处理方法和处置方法,本节主要讨论固体废物终态的处置。

4.3.4.2 固体废物土地填埋处置工程

填埋处置就是在陆地上选择合适的天然场所或人工改造出合适的场所,把固体废物用土层覆盖起来的技术,在大多数国家已成为固体废物最终处置的一种主要方法。它是从传统的堆放和填地处置发展起来的一种最终处置技术。土地填埋的优点在于工艺简单、成本低,能处置多种类型的固体废物,可以有效隔离污染,保护环境,并能对填埋后的固体废物进行有效管理。但土地填埋有场地处理和防渗施工比较难于达到要求等弱点。目前,国内外习惯采用的填埋方法主要有:卫生土地填埋、安全土地填埋及浅地层埋藏处置。

1.卫生土地填埋

(1)卫生土地填埋的类型。卫生土地填埋,是指把被处置的固体废物,如城市生活垃圾、建筑垃圾、炉渣等进行土地填埋,这样对公众健康和环境的安全不会产生明显的危害。卫生土地填埋分为厌氧、好氧和准好氧三种类型。好氧填埋类似于高温堆肥,其主要优点是能够减少填埋过程中由于垃圾降解所产生的水分,进而可以减少由于浸出液积聚过多所造成的地下水污染;其次是好氧分解的速度快,并且能够产生高温,利于消灭大肠杆菌等致病微生物。好氧填埋在减少污染、提高场地使用寿命方面优于厌氧填埋,但由于结构复杂,而且配备了供氧设备,增加了施工难度,造价相应提高,因此不便推广使用。准好氧填埋在优缺点方面与好氧填埋类似,单就填埋成本而言它低于好氧填埋,高于厌氧填埋。目前,世界上已经建成或正在建成的大型卫生填埋场,广泛应用的是厌氧填埋,它的优点是结构简单、操作方便,施工费用低,同时还可回收甲烷气体。

(2)场址的选择。场址的选择一般要遵循两条基本原则:既要能满足环境保护的要求,又要经济可行。场址的选择要十分谨慎,反复论证,通常要经过预选、初选和定点三个步骤来完成。选址时应全面考虑的几个因素如下。

①场地的面积和容量。所选择的填埋场要有足够的面积和容量以满足需填埋废物量的要求。填埋场地的面积和容量与城市人口数量、垃圾等废物的产率、填埋场的高度(或深度)、废物与覆盖土的体积比(一般为3∶1~4∶1),以及填埋后的压实密度(一般为500~700 kg/m³)、运营年限(5~20年)等有关。在填埋场设计时,应根据上述参数进行计算,每年填埋的废物体积可按式(4.3)计算

$$V = 365 \times \frac{W \cdot P}{D} + C \tag{4.3}$$

式中
  V——一年填埋垃圾的体积(m^3);
  W——垃圾产率[kg/(d·人)];
  P——城市人口数(人);
  D——填埋后废物压实密度(kg/m³);
  C——覆盖土体积(m^3)。

计算出每年填埋废物体积,再根据填埋场的深度及场地运营年限就可计算出填埋场的面积和容量。

②土壤、地形和地质水文条件。填埋场的底层土壤要求有较好的抗渗能力,防止渗出液污染地下水。固体废物填埋完毕后,要及时用粘土覆盖,最好利用填埋区的土壤作覆土材料,以减少从外地运土的费用,同时增加填埋场的容量。覆土材料要易于压实,防渗能力要强。填埋场的地形直接影响到今后实施填埋作业的形态、所需设施的种类及管理和操作要求。填埋场要有较强的泄水能力,施工要便于操作,天然泄水漏斗及溶沟、溶槽等洼地不宜选作填埋场。填埋场址选择的地质条件是透水性差的粘土或岩层。水文条件是地下水位越低越好,地下水位距最下层填埋的废物应至少1.5 m。

③气象条件。为防止尘土、气味等对居民区环境的影响,填埋场应选在居民区的下风向。因高寒地区冬季土壤封冻影响采土,填埋场应避开高寒地区。此外,地区的其他气象条件,如降雨量、风力和风向等,也都是影响填埋场场址选择的因素。

④运输距离和交通。到填埋场的运输距离要适宜,既不能太远又不能影响居民区的环境,同时交通要方便。

⑤环境条件。填埋场操作过程中会产生噪声、臭味及飞扬物,这些都会对环境造成一

定的污染。因此,填埋场要尽量避开居民区,要适当远离城市,并尽量选择在城市的下风向。

　　⑥填埋场封场后的开发。填埋场封场后就可对其开发利用。在填埋场设计前必须先决定场地最终开发利用的途径,以此决定填埋的设计与操作。

　　(3)卫生填埋场的结构形式和填埋方法。通常,填埋场的结构形式基本一致,如图4.28所示。

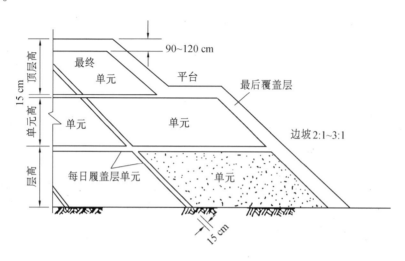

图 4.28　卫生土地填埋场结构示意图

　　被填埋的废物运到填埋场后,在规定的范围内铺成 40~75 cm 厚的薄层,经压实后再铺第二层、第三层等并在每天操作完成之后用土壤覆盖(土层厚度 15~30 cm),压实。边坡为 2:1~3:1,使其形成一个规整的棱形填筑单元。具有相同高度的填筑单元构成一个升层。封场的填埋场是由一个或多个升层构成。当填埋场全部完成,其外表面再覆盖一层 90~120 cm 厚的土壤,压实后填埋场的任务就完成了。

　　卫生土地填埋的方法主要有平面法、沟壑法、斜坡法三种类型。

　　(4)填埋场的气体控制和地下水保护系统。固体废物填埋后,初始短时间处于好氧分解阶段,耗尽空气后将长时间处于厌氧分解状态。其中可生物降解的有机物最终将转化为挥发性有机酸和 CH_4、CO_2、CO、NH_3、H_2S 和 N_2 等,主要是 CH_4 和 CO_2。气体产生率通常在封场后两年内达到峰值,以后逐渐减慢,大约可持续 10~15 年。CH_4 密度小易向大气扩散;CO_2 密度大易向下部土壤扩散,溶于地下水,使其 pH 值下降,硬度和矿化度升高。同时,H_2S 等使产生的气体具有臭味,所以,必须对填埋场气体加以控制,工程上常用的方法为透气通道控制法和阻挡层排气控制法。

　　透气通道控制法是利用透气性比周围土壤好的砾石等在填埋场不同部位设排气通道,其结构有三种形式:填筑单元型、栅栏型和井式结构。排出的气体可在井口燃烧,若回收利用,可用抽气加压机通过管道把收集的气体送入净化装置,净化后的气体可作发电燃料。

　　阻挡层排气控制法是用不透性材料(压实粘土、聚氯乙烯薄膜、沥青混凝土等)在填埋场四周铺衬防渗层,安设排气管,伸出地面,下端与设置在浅层的排气通道或设置在废物顶部的多孔集气支管相连,以达到排气的目的。该气体也可回收利用。

　　填埋场内会产生大量的渗出液,主要来自于固体废物携带的水分、雨水和地表径流,其成分非常复杂,有些污染成分浓度高。为防止地下水污染,目前卫生土地填埋已从过去的依靠土壤过滤自净的扩散结构发展为密封结构,即在填埋场底部设置人工合成衬里(材料为高强度聚乙烯膜、橡胶、沥青及粘土等),使环境完全屏蔽隔离,防止渗出液渗漏,保护地下水。在填埋场外地面还可设置导流渠或导流坝,以减少地表径流进入场地。封顶后的顶部覆盖土应由中心向四周坡降,以减少雨水渗入。为了抽出防渗层上的浸出液,可在防渗层上设置收集管道系统,由泵将浸出液抽到处理系统进行处理。

　　2.安全土地填埋

　　安全土地填埋场在结构与安全措施上比卫生填埋场更为严格,所以它实际上是一种改进了的卫生填埋场(图4.29)。

　　安全土地填埋场必须设有人造或天然的防渗层,土壤与防渗层结合处渗透率应小于10^{-6} m/s;填埋场最底层应高于最高地下水位;要配置严格的渗出液收集与监测系统;设置气体排放与监测系统;如果需要时,还要采用覆盖材料或衬里以防止气体逸出;严格记录固体废物的来源、性质及数量。典型的安全土地填埋场结构示意图如图4.29所示。

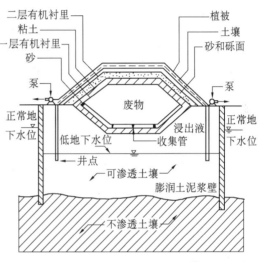

图 4.29　安全土地填埋场结构

　　3.浅地层埋藏处置

　　浅地层埋藏处置,是指在浅地表或地下具有防护覆盖层的、有工程屏障或没有工程屏障的浅埋处置,埋深在地面以下50 m范围内。此处置方法主要适用于容器盛装的中低放射性固体废物。浅地层处置场由壕沟之类的处置单元及周围缓冲区构成。通常将废物容器置于处置单元之中,容器间的空隙用砂子或其他适宜的土壤回填,压实后再覆盖多层土壤,形成完整的填埋结构。这种处置方法借助上部土壤覆盖层,既可屏蔽来自填埋废物的射线,又可防止天然降水渗入,如果有放射性核素泄漏释放,可通过缓冲区的土壤吸收加以截留。

　　对欲浅地层埋藏处置的放射性固体废物一般还应进行去污、切割、包装、压缩、焚烧、固化等预处理。对包装体要求有足够的机械强度,密封性能好,以能满足运输和处置操作的要求。

4.3.4.3　土地耕作处置

　　土地耕作是利用表层土壤处置工业固体废物的一种简单方法。该法是利用土壤具有离子交换、吸附、微生物降解、渗滤水浸取、降解产物的挥发等性能,将固体废物中的大部分有机物分解,分解的气体产物将挥发到大气中去,其余部分则与土壤结合,改善土壤结构,增加土壤肥力。固体废物中未被分解的成分(主要是无机物),则永远留在土壤之中。适于土地耕作处置的固体废物需含有较丰富易于生物降解的有机物质,含盐量低,不含有重金属等有毒害的物质。该法可用于经过加工处理后的城市垃圾、城市污水处理厂的污泥、石化工业产生的某些固体废物和粉煤灰等。

土地耕作处置场地的选择原则是安全、经济合理。安全,就是要求选作耕作处置的土地不会受到污染,农作物、地下水、空气等都不会受污染,对人类只有益而无害;经济合理则要求运输距离近,倒撒废物方便,并将对土壤应当具有提高肥效、改良结构的作用。

土地耕作处置应选择适宜的土地进行,如,土地应地面平整,坡度小于5%,以防止表土过量流失;土壤中要维持适当的空气量,以保证处置在好氧条件下进行所需的氧量,本法适于旱田操作;土壤中要有适宜的含水率,以免影响处置中废物的降解率;pH值以中性偏碱为宜。耕作场地应远离居民区,场地四周应设屏障(如篱笆),场地距饮用水水源至少150 m,距地下水位至少1.5 m。

固体废物的铺撒方法与一般施肥、耕作一样,要使废物分布均匀。耕作深度应限制在上层土壤,因这层土壤含微生物数量最多,通常耕作深度为15～20 m。为保证生物降解效果,提高降解速度,该法处置应根据季节进行操作,温度低于零度时不易进行。当土壤中不含有足够的磷和氮时,为维持微生物的营养条件,在耕作时要另施加一定量的磷、氮肥料。

对耕作处置后的土地要加强管理。首先对固体废物的成分进行严格分析;并应定期监测耕作区土壤和下层土壤的成分。此外,为了促进生物降解作用,还要定期对土地耕作处置区翻耕,翻耕的次数要根据固体废物的成分和土壤的性质来定。

4.3.4.4　深井灌注处置

深井灌注处置是将液状废物注入与地下饮用水层隔绝的有渗透性的岩层中。该法可处置任何相态的废物,但对气态或固态废物要和液体混合,形成真溶液、乳浊液或液固混合体后才能采用该法处置。

深井处置系统要求适宜的地层条件,并要求废物跟建筑材料、岩层间的液体,以及岩层本身具有相容性。对于在石灰岩或白云岩层处置容纳废物的主要机理是基于空穴型孔隙,加上断裂层和裂缝。对于在砂石岩层处置,废物的容纳主要依靠存在于穿过密实砂床,内部相连的间隙,如图4.30所示。

深井灌注处置场的选择实际上是选择适于处置废物的地层,适合的地层应满足下述条件:①处置区必须位于饮用水源之下;②有不透水的岩层把注入废物的地层隔开,使废物不至流入到有用的地下水源和矿藏中去;③有足够的容量,面积较大、厚度适宜、空隙率高、饱和度适宜;④有足够的渗透性,压力低,能以理想的速率和压力接受废物;⑤地层的结构使其原来所含有的流体与注入的废物相容,或者可把废物处理,使其相容。

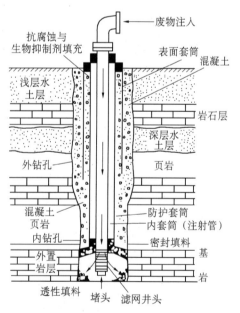

图4.30　废物灌注井剖面

深井灌注处置井的建造与石油、天然气井相似,但在结构上要更复杂,井内凡是与废物接触的器材都要根据废物的性质来选择,灌注管道和保护套管之间的环形空间需填充缓蚀剂和生物抑制剂。处置操作分预处理和地下灌注。预处理是为了防止灌注后岩层孔隙堵塞,一般方法是采用固液分离法,将易产生堵塞的固体分出。灌注操作是在控制的压力下恒速进行的,流量一般为 $0.3 \sim 0.4 \ m^3/min$。

4.3.4.5　固体废物的海洋处置

海洋处置就是利用海洋巨大的环境容量和自净能力,将固体废物消散在汪洋大海之中。海洋处置废物的允许准则是:生物试剂、放射性试剂、强放射性废物、可能冲蚀海岸的永久性惰性漂浮物禁止海洋处置;汞、镉等有毒金属、有机卤素及漂浮油脂类物质禁止大量向海洋倾倒;有机硅化合物、无机工艺废料、有机工艺废物及某些重金属元素或化合物也要严格控制采用海洋处置。固体废物海洋处置包括海洋倾倒和远洋焚烧两类方法。

1.海洋倾倒

海洋倾倒是直接把固体废物投入海洋的一种处置方法。被处置的固体废物一般要进行预处理,包装或用容器盛装,也可以用混凝土块固化。倾倒所用的容器,均需要有明显的标志。

海洋倾倒的地理位置选择很重要。一般根据距离陆地的远近、海水的深度、洋流的流向,以及对鱼场的影响等因素来确定,场址要符合有关的海洋法规,不影响海洋性质标准,不破坏海洋生态平衡。选择出适宜的处置区域,海洋倾倒处置应再结合该区域海洋特性,海洋保护水质标准,固体废物的种类和倾倒方式,进行可行性分析,最后作出倾倒的设计方案,按此进行投弃。先用驳船将装有固体废物的专用处置船拖到选定的海洋处置区内。散装的废物通常在驳船行进中投弃;容器装的废物通常在加了重物之后使之沉入海底;液体废物通过船尾装有的软管以 $4 \sim 70 \ t/min$ 的速度,排放到距洋面 $1.8 \sim 4.5 \ m$ 处以下。

2.远洋焚烧

远洋焚烧是近些年发展起来的一种海洋处置方法。它是利用焚烧船将固体废物运到远洋处置区进行船上焚烧作业。这种技术适于处理易燃性固体废物,如含氯有机废物等。待焚烧的废物一般存放在船舱中,船舱采用双层结构,以防因碰撞泄漏造成海洋污染。因处理固体废物的种类不同,远洋焚烧的焚烧器结构各异,有的焚烧器对固、液体废物都能焚烧,有的则属于专用,多数采用由同心管供给空气和液体的雾化焚烧器。焚烧后产生的气体经净化和冷凝后排入大气,冷凝液和焚烧残渣直接排入海中。远洋焚烧操作的基本要求为:① 应控制焚烧系统的温度不低于 1 250℃;② 焚烧效率至少为(99.95 ± 0.05)%;③ 炉台上不应有黑烟或火焰延露;④ 焚烧过程随时对无线电呼叫作出反应。

远洋焚烧的特点是:焚烧温度高,对有害废物破坏效果较好;燃烧气体的净化工艺较陆地焚烧简单,所以,处理费用较之便宜;但与海洋倾倒处理费用比,远洋焚烧的处理费用还较昂贵。

对于海洋倾倒和远洋焚烧,存在生态及多方面的争议,目前许多国家还持否定和谨慎态度。

4.3.5　固体废物的资源化和综合利用

4.3.5.1　固体废物的资源化和综合利用的必要性

千百年来,人类的生产和生活活动都是通过消耗天然矿物资源来获取能量和物质的,近30年来,世界资源正以惊人的速度被开发和消耗,有些资源已经濒于枯竭。据推算,世界石油资源只需50~60年,将耗去全部储量的80%;到公元2350年,世界煤炭资源也将耗去储量的80%左右。而据有关资料报道,在国民经济周转中,社会需要的最终产品仅占原材料的20%~30%,即70%~80%变成了废物。这种粗放式地经营资源利用率很低,浪费严重,很大一部分资源没有发挥效益,形成了废物。

如何使有限的天然资源能够长期维持人类的生产和生活,以及如何使之得到有效的利用和再生,已经成为摆在人类面前的一个重要课题。许多固体废物仍有利用价值,含有大量的可再生资源和能量,尤其是不少工业固体废物可以作为再生资源加以利用。这种再生资源与自然资源相比有三大优点:生产效率高、能耗低和环境效益高。因而,在使固体废物得到无害化处理的同时,实现其资源的再生利用,已经成为当今世界各国废物处理的新潮流。目前,世界各国都广泛开展了固体废物的综合利用。

4.3.5.2　固体废物资源化技术发展现状及趋势

欧美国家把固体废物综合利用作为解决其污染和能源紧张的方式之一,将其列入国民经济政策的一部分,投入巨资进行开发。我国固体废物综合利用率较低,1991年工业固体废物利用率仅为18.6%,还不到国际先进水平的一半。但近年来,由于加强了资源综合利用的管理,固体废物综合利用率有了显著提高。目前,城市固体废物处理及资源化技术如图4.31所示。

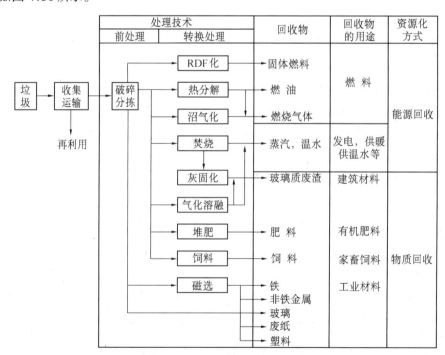

图4.31　城市固体废物处理及资源化技术

综合利用是实现固体废物资源化、减量化的最重要手段之一,因此,在固体废物处理处置技术体系建立过程中,综合利用技术应置于首要位置。我国固体废物综合利用技术的发展趋势可以概括如下:① 开发大量消化固体废物的实用技术,粉煤灰、污泥等生产建材;煤矸石发电;城市垃圾、有机污泥堆肥等;② 开发多品种、深加工产品的生产技术,如,废塑料的再生成型;废塑料、废橡胶、有机污泥热解生产燃料油;城市垃圾生产固体燃料;电镀污泥回收重金属等;③ 分散回收、集中处理,如,回收分散的电镀、显影废液、废催化剂等,提取铂、银、镍、铜、铬等金属;回收分散的废油,集中再生处理等;④ 制定鼓励综合利用产品进入市场的法规和经济政策,如,减免综合利用产品的税收,为综合利用产品的开发提供优惠贷款等;⑤ 在全国范围内广泛建立区域性废物交换系统。

4.3.5.3　固体废物综合利用的途径

为了促进固体废物的综合利用和扩大综合利用产品的市场,加强对固体废物的管理,工业发达国家相继制定了一系列由法律、经济、管理相结合的三位一体的综合利用政策。包括鼓励、支持综合利用资源,对固体废物实行充分回收利用的"强制性"法律政策;刺激固体废物综合利用的"刺激性"经济政策;利用废物情报信息交流及设立废物交易市场实现废物交换的"交换式"管理政策。由于废物交换制的优点是可在废物的产生地或邻近地区就地或就近处理,可降低固体废物的运输费用,可充分利用固体废物,使固体废物最大限度减量化,因此,废物交换制已成为各国固体废物综合利用的最简便的有效途径。

具体来讲,固体废物综合利用的途径很多,主要有以下五个方面:生产建筑材料;提取有用金属和制备化学品;代替某些工业原料;制备农用肥料;利用固体废物作为能源。选择途径的原则是:综合利用的技术可行;综合利用的经济效益较大;尽可能在固体废物的产生地或就近进行利用;综合利用的产品应具有较强的竞争能力。

4.3.5.4　固体废物综合利用的技术方法

1.城市垃圾资源化技术

(1)城市固体废物资源回收系统。城市固体废物资源化是一个涉及收集、运输、破碎、分选、转换和最终处置的系统工程,分为两个过程:不改变物质的化学性质,直接利用和回收资源;通过化学的、生物的、生物化学的方法回收物质和能量。

要实现垃圾资源化,应该从加强管理、推行垃圾分类收集开始,以降低垃圾中废品回收成本,提高废品回收率和回收废品质量,促进资源化,也便于有害废物单独处置。在加强、改革、整顿国有回收公司的同时应建立义务和强制回收制度,并对个体回收商贩加强管理,促进废品的回收利用,减少进入垃圾中的废品量。与此同时,应对所收集的垃圾进行必要的机械和人工分选,以利于垃圾的资源化和无害化处理。堆肥是实现城市垃圾资源化、减量化的一条重要途径。我国垃圾中可堆腐有机物含量较高,比较适合堆肥处理,从而实现固体废物在农业上的利用。焚烧能将废物变为能源,但是只有在大型垃圾焚烧厂,至少单炉处理垃圾量在150 t/d以上,利用焚烧产生热量发电才有较好的规模经济效益。

在垃圾直接填埋中,会产生大量沼气(主要是甲烷),这种填埋气热值约为 18.81 ~ 22.99 MJ/Nm^3,是一种利用价值较高的清洁燃料,应作为一种能源回收利用。主要的利用途径包括:直接燃烧产生蒸汽,用于生活或工业供热;通过内燃机发电;作为运输工具的动力燃料;经脱水净化处理后用作管道煤气;用于 CO_2 制造工业;用于制造甲醇的原料。

我国还开发出了其他一些城市垃圾资源化技术,如,垃圾烧结制砖,用废塑料裂解生产汽油和柴油,以及用废弃纸塑、纸铝塑包装物生产彩乐板等。

(2)废金属材料的回收利用。用磁选法分离出黑色金属进行综合利用。从固体废物中分离铝的基本方法是利用废物的重力分离,以静电装置或铝磁铁进行的电分离或磁分离,以及化学分离或热分离。包有塑料、橡胶或纤维质等绝缘材料的铜,可以采取机械方法或高温方法进行分离;非电线形式的铜,如与其他材料的焊接头,常常通过切、锯和熔化来分离。铅回收工业中的铅的主要来源是汽车蓄电池中的锑–铅板,铅的熔点较低,高温回收是最好的方法,但它会引起严重的空气污染问题。

(3)废塑料的再生利用。废塑料处理的第一步是分类收集,然后进行破碎和分选,第三步是资源化再生利用。技术方法主要有:混合废塑料的直接再生利用;加工成塑料原料;加工成塑料制品;热电利用;燃料化;热分解制成油;生产建材产品(如塑料油膏、改性耐低温油毡、防水涂料、防腐涂料、胶粘剂、生产软质拼装型地板、生产地板块、木质塑料板材、人造板材、混塑包装板材、生产色漆、用废塑料改善石膏制品的质量、塑料砖等);废塑料裂解和制造汽油技术等。

(4)废电池的回收与综合利用。废电池中含有大量的重金属、废酸、废碱等,为避免其对于环境的污染和危害及资源的浪费,首先应考虑采取综合利用的方法回收利用其有价元素,对不能利用的物质进行环境无害化的处置。另外,由于电池中含有汞和镉,焚烧时会产生有害气体,因此应避免其与其他废物混合焚烧处理。废电池回收的目的是为了提取其中的有用物质,如锌、锰、银、镉、汞、镍和铁等金属物质,以及塑料等。综合利用技术普遍采用的有单类别废电池的综合利用技术(如干电池的湿法、火法冶金处理方法等)和混合废电池处理利用技术两大类。

(5)废橡胶的回收和利用。用废橡胶制造再生胶是我国废橡胶利用的主要方式。再生胶是将胶粉"脱硫"后的产品,我国目前大多数采用传统的油法和水油法工艺。国外已用高温高压法(如旋转搅拌脱硫)、微波脱硫法等先进工艺取代。还可用废橡胶制造胶粉,将废橡胶在常温或低温下粉碎成不同粒度的胶粉具有广泛的用途。废橡胶还能用作再生能源,如旧轮胎可在水泥厂用作燃料。造纸厂、金属冶炼厂可用高温分解焚烧旧轮胎的方法获得炭黑(经活化后能用作活性炭黑)。用高温热解法处理旧轮胎可以得到炭黑、燃料油及气体(主要是甲烷)。

2.矿山废物的回收和利用

(1)煤矸石的综合利用。目前技术成熟、利用量比较大的煤矸石资源化途径是生产建筑材料。如,用煤矸石生产烧结砖和作烧砖内燃料;用成球法和非成球法烧制轻骨料;生产空心砌块;用煤矸石作原料生产水泥;煤矸石经自燃或人工煅烧后掺入水泥中作活性混合材料;煤矸石作筑路和充填材料等。

(2)冶金矿山固体废物的综合利用。冶金矿山固体废物包括在开采过程中产生的剥离物和废石,以及在选矿过程中所排弃的尾矿。矿山废石料可充分利用于各种矿山工程中,如铺路、筑尾矿坝、填露天采场、筑挡墙等。综合利用尾矿首先要考虑的是回收其中的伴生元素:从锡尾矿中回收锡和铜及一些其他伴生元素;从铅锌尾矿中回收铅、锌、钨、银等元素;从铜尾矿中回收萤石精矿、硫铁精矿;从其他一些尾矿中回收锂云母和金等。用尾矿做建筑材料,如蒸压硅酸盐矿砖,玻璃、碳化硅、水泥等的主要原料,耐火材料等,还可利用尾砂作建筑材料和井下胶结充填料。

3.能源工业废物的回收和利用

(1)粉煤灰的综合利用。粉煤灰的主要来源是以煤粉为燃料的火电厂和城市集中供热锅炉。目前,我国粉煤灰的大宗利用途径是生产建筑材料、筑路和回填,综合利用技术主要有:生产粉煤灰烧结砖,生产粉煤灰蒸养砖,生产粉煤灰硅酸盐砌块,生产加气混凝土,生产粉煤灰陶粒,代替粘土做生产水泥的原料,做生产水泥的混合材料,在砂浆中可以代替部分水泥、石灰或砂,制作路面基层材料用于筑路及回填使用等。

(2)锅炉渣的综合利用。炉渣是以煤为燃料的锅炉燃烧过程中产生的块状废渣,其产量仅少于尾矿和煤矸石而居第三位。炉渣可用作制砖内燃料,做硅酸盐制品的骨架,用于筑路或做屋面保温材料等。

沸腾炉渣是沸腾锅炉燃烧时产生的废渣,有一定活性,可作为水泥的活性混合材,也可配制砌筑水泥及无熟料水泥,还可用于生产蒸养粉煤灰砖和加气混凝土,其用法和粉煤灰在这些产品中的应用相似。

4.4　环境物理性污染控制

在人类生存的环境中,各种物质都在不停地运动着,如机械运动、分子热运动、电磁运动等。物质的运动是以物质能量的交换和转化来表现的,并构成了相对于以人类为主体和中心事物的物理环境,它是自然环境的一部分。人类生活在它适应的物理环境中,声、光、热、电磁场等在环境中是永远存在的,是人类生存所必需的,只是在它们的量过高或过低时,才造成污染,干扰人们的生活或生产活动甚至危害人体健康。

环境物理学是研究物理环境和人类之间的相互作用的学科。根据研究对象的不同,可分为环境声学、环境光学、环境热学、环境电磁学、环境辐射学和环境空气动力学等分支学科。其中,环境声学有较长的研究历史和较多的研究成果。但总的说来,环境物理学是正在形成中的学科,它将在对物理环境和物理性污染研究的基础上,发展自身的理论和技术,形成一个完整的学科体系。

4.4.1　城市环境噪声概述

4.4.1.1　噪声控制的基本内容和意义

1.噪声、噪声污染及其特点

从物理学观点来说,振幅和频率杂乱、断续或统计上无规则的声振动称为噪声。从环境保护的角度来说,判断一个声音是否为噪声,要根据时间、地点、环境,以及人们的心理和生理等因素确定。所以,噪声不能完全根据声音的物理特性来定义。我们认为,凡是干扰人们休息、学习和工作的声音,即不需要的声音统称为噪声。当噪声超过人们的生活和生产活动所能容许的程度,就形成噪声污染。

噪声污染的特点是局限性和没有后效性。噪声污染是物理污染,它在环境中只是造成空气物理性质的暂时变化,噪声源停止发声后,污染立刻消失,不留任何残余污染物质。而水和大气污染是化学性污染,当污染源排放后污染物质会随时间增长而积累,即使污染源停止排放,污染物仍然存在,并且会从一个地方污染另一个地方。

2.环境噪声源

噪声按其产生的机理可分为气体动力噪声、机械噪声、电磁噪声三种。环境中出现的噪声,按声强随时间是否有变化可分为稳定噪声、非稳定噪声两种。按城市环境噪声可分为交通噪声、工厂噪声、施工噪声、社会噪声。

3.我国城市环境噪声污染现状

我国城市噪声问题十分突出,已越来越被人们所重视。

(1)城市区域环境噪声。我国重点城市区域环境噪声总体水平在 56 ~ 58 dB(A),超过国家《城市区域环境噪声标准》一类区标准 55 dB(A),处于中等污染水平,其中,区域环境噪声平均值超过 60 dB(A)的城市占 10%。全国有 70%城市环境噪声平均值达 65 dB(A),处于中等污染水平;20%的城市处于轻度污染水平。环境噪声监测情况表明,我国约有 2/3 的城市人口生活在高噪声的环境中。

(2)城市道路交通噪声。我国重点城市道路交通噪声总体水平近十年来居高不下,已有 3/4 以上的城市交通干线噪声平均值超过 70 dB(A),低于 70 dB(A)的城市比例不到 20%。

(3)环境噪声污染投诉。据统计,全国噪声污染的投诉占环境污染投诉的比例逐年增加,而且一直高居各类环境污染投诉的首位。

(4)功能区噪声。据近几年环境噪声监测结果,我国各类功能区噪声超标比较普遍,在统计的城市中,超标城市的百分率分别为 0 类区域 81.8%,Ⅰ 类区域 63%,Ⅱ 类区域 60.5%,Ⅲ 类区域 30.4%,Ⅳ 类区域 82.2%。除Ⅳ类区域因处于交通干线两侧,声源强度大而超标率较高,其他区域呈现出越是需要安静的区域越是超标的普遍现象。

4.环境噪声污染原因分析

(1)长期以来,城市建设欠账太多,机动车辆大幅度增加,而道路建设跟不上,导致车流量不断增加,噪声级也相应提高。

(2)噪声污染问题未能真正提到各级政府议事日程,尤其是在城市建设和发展交通方面,缺乏考虑噪声对人们的影响,在设计施工中缺乏考虑噪声污染的防治。

(3)对落后的生产工艺与高噪声产品的生产和销售缺乏制约机制,对低噪声产品的推广使用没有相应的优惠政策。

(4)噪声污染防治管理队伍不能满足工作的需要,人员素质有待提高。

(5)交通噪声和社会生活噪声管理难度大、困难多,是噪声污染防治工作中的薄弱环节。《中华人民共和国环境噪声污染防治条例》中虽有明确的职责分工和具体规定,但贯彻不够得力,存在严重的"有法不依,执法不严"的现象。

(6)城市规划不当,或未严格执行合理的规划布局,导致新污染的增加。

(7)对污染源治理新技术的研究,在经费上太少,特别是治理难度大和污染面广的噪声源缺乏相应的对策。

5.我国噪声控制工作进展

在 20 世纪 50 年代,随着现代工业和科学技术的进展,一门新兴的科学技术领域——噪声控制学应运而生。但当时,只是少数研究人员做了一些工作。

在 20 世纪 60 年代以来,社会对噪声控制的需要日益增加,噪声控制的研究工作得到较大的进展。到了 70 年代,这个发展进入昌盛时期,此时,已出现了一批噪声研究机构。在气流噪声与消声、隔声、吸声、机械噪声与减振,以及个人防护等各方面,分别做出了创造性的贡献和取得可喜的成绩;对我国城市环境噪声和工业企业噪声进行了大规模的调查研究,取得了可靠的科学数据;在噪声对人体生理、心理影响方面进行了大量深入细致的研究工作,拟制了一系列噪声标准规范;建立了噪声控制设备的制造工作,使我国的噪声控制产品向系列化、标准化、商品化发展。

在 20 世纪 70 年代末至 80 年代初期,噪声研究的学术气氛异常活跃,广泛开展了有关噪声、噪声控制、噪声对人体生理的研究。80 年代末,我国噪声控制的研究,从普查为主转入治理为主;从少数声学单位的科学研究为主,转入到各部门广泛应用于工程实践为主;从单机、单项治理为主,转入区域性的环境综合治理和工业企业的综合治理为主,这标志着我国噪声控制工作进入一个新阶段。

进入 20 世纪 90 年代以后,加强了道路交通噪声控制和城市环境噪声综合整治,环境噪声污染防治工作取得了较大的进展,主要表现在以下两方面:

①把环境噪声污染防治纳入法制轨道,国家先后颁布了多项有关环境噪声的质量标准,排放标准。全国大多数省市相继颁布了环境噪声污染防治的地方性法规。

②环境噪声监测网络基本形成,有 500 多个城市开展了区域环境噪声普查和道路交通噪声监测工作,每年获得噪声监测数据达 200 多万个,为环境噪声防治和预测及时提供了可靠数据。

6.噪声控制的一般原则和方法

噪声控制一般需从噪声声源的控制、传播途径的控制和接受者的保护三个方面考虑。

4.4.1.2　噪声的危害

1.听力损伤

噪声对人体的危害最直接的是听力损害。对听觉的影响,是以人耳暴露在噪声环境前后的听觉灵敏度来衡量的,这种变化称为听力损失,即指人耳在各频率的听阈升高,简称阈移,以声压级分贝为单位——有暂时听阈偏移(亦称听觉疲劳)和永久性听阈偏移(噪声性耳聋两类)。

噪声性耳聋有两个特点,一是除了高强噪声外,一般噪声性耳聋都需要一个持续的累积过程,发病率与持续作业时间有关,这也是人们对噪声污染忽视的原因之一;二是噪声性耳聋是不能治愈的,因此,有人把噪声污染比喻成慢性毒药。

2.噪声对睡眠的干扰

睡眠是人们生存所必不可少的。噪声会影响人的睡眠质量,强烈的噪声甚至使人无法入睡,心烦意乱。一般研究结果表明,噪声促使人们由熟睡向瞌睡阶段转化,缩短睡眠时间;有时刚要进入熟睡便被噪声惊醒,使人不能进入熟睡阶段,从而造成人们多梦,睡眠质量不好,不能很好地休息。

3.噪声对交谈、通讯、思考的干扰

在噪声环境下,妨碍人们之间的交谈、通讯是常见的。因为,人们思考也是语言思维活动,其受噪声干扰的影响与交谈是一致的。

4.噪声对人体的生理影响

许多证据表明,大量心脏病的发展和恶化与噪声有着密切的联系,噪声能引起消化系统方面的疾病,在神经系统方面,神经衰弱症是最明显的症状,噪声能引起失眠、疲劳、头晕、头痛、记忆力减退等症状。

5. 噪声对心理的影响

噪声引起的心理影响主要是烦恼,使人激动、易怒,甚至失去理智。因噪声干扰发生的民间纠纷事件是常见的。

噪声也容易使人疲劳,因此,往往会影响精力集中和工作效率,尤其是对一些做非重复性动作的劳动者,影响更为明显。

6. 噪声对儿童和胎儿的影响

噪声会影响少年儿童的智力发展,在噪声环境下,老师讲课听不清,使儿童对讲授的内容不理解,长期下去,影响到长知识,显得智力发展缓慢。此外,噪声对胎儿也会造成有害影响。

7. 噪声对动物的影响

噪声对自然界的生物也是有影响的,如强噪声会使鸟类羽毛脱落,不产卵,甚至会使其内出血或死亡。

8. 噪声对物质结构的影响

140 dB 以上的噪声,可使墙震裂,瓦震落,门窗破坏,甚至使烟囱及古老的建筑物发生倒塌,钢产生"声疲劳"而损坏。强烈的噪声使自动化程度高、精度高的仪表失灵,当火箭发生的低频率的噪声引起空气振动时,会使导弹和飞船产生大幅度的偏离,导致发射失败。

4.4.2 噪声的量度

4.4.2.1 声功率、声强、声压

1. 声功率

单位时间内声源辐射出来的总声能,称为声功率,用 W 表示,单位为 W(J/s)。声功率是表示声源特性的物理量。声源的声功率与设备实际消耗功率是两个不同的概念。

2. 声强

声强是在某一点上,一个与指定方向垂直的单位面积上在单位时间内通过的平均声能,通常用 I 表示,单位是 W/m^2 或 J/(s·m^2)。声强是衡量声音强弱的物理量之一,它的大小与离开声源的距离有关。

在声波无反射地自由传播的自由声场中,声源向四周均匀辐射声音的点声源,声波做球面辐射,在距声源为 r 处的声强为

$$I_{球} = \frac{W}{4\pi r^2} \tag{4.4}$$

式中　　　r——距离,m;

　　　　　$I_{球}$——按球面平均的声强,W/m^2;

　　　　　W——声功率,W 或 J/s。

由上式可知,由于声功率是一个恒量,所以,声强的大小在空间中是随距离变化的,它与声源距离 r 的平方成反比。

3.声压

当声波通过时,可用媒质中的压力超过静压力的值 $P' = P - P_0$ 来描述声波状态,P' 即为声压。声压的单位是 Pa,$1\ Pa = 1\ N/m^2$。

声压实际上是随时间迅速变化的,某瞬时媒质中压强相对无声波时内部压强的改变量,称为瞬时声压。但是,由于每秒内声压变化很快,人耳实际上是辩别不出声压的起伏变化的,仿佛声压是一个稳定的值,实际效果只与迅速变化的声压某种时间平均结果有关,这叫做有效声压。有效声压是瞬时声压的均方根值。

对于正常人耳刚能听到的声音的声压称为闻阈声压,对于频率为 1 000 Hz 的声音,闻阈声压为 2×10^{-5} Pa;使正常人耳引起疼痛感觉声音的声压称为痛阈声压,痛阈声压为 20 Pa。

声压和声强一样,都是度量声音大小、强弱的物理量。一般来说,声强越大表示单位时间内耳朵接收到的声能越多,声压越大,表示耳朵中鼓膜受到的压力越大。前者是以能量的关系说明声音的强弱;后者用力的关系来说明声音的强弱。事实上声强与声压是有着内在联系的。当声波在自由场中传播时,在传播方向上,声强 I 与声压 P 有如下关系,即

$$I = \frac{P^2}{\rho C} \tag{4.5}$$

式中　　I——声强,W/m^2;

　　　　P——有效声压,Pa;

　　　　ρ——介质密度,kg/m^3;

　　　　C——声音速度,m/s;

　　　　ρC——介质特性阻抗,$kg/(s \cdot m^2)$。

4.4.2.2 声强级、声压级、声功率级

从闻阈声压 2×10^{-5}Pa 到痛阈声压 20 Pa,声压的绝对值数量级相差 100 万倍,因此,用声压的绝对值表示声音的强弱是很不方便的,再者人对声音响度的感觉是与对数成比例的,所以,人们采用了声压或能量的对数表示声音的大小,用"级"来衡量声压、声强和声功率,称为声强级、声压级和声功率级。

1.声强级(L_I)

声波以平面或球面传播时,相当于声强 I 的声强级 L_I 定义为

$$L_I = 10\ \lg \frac{I}{I_0} \tag{4.6}$$

式中　　L_I——声强级,dB;

　　　　I——声强,W/m^2;

　　　　I_0——1 000 Hz 的基准声强值,$10^{-12}W/m^2$。

(2)声压级(L_P)

$$L_P = 10\ \lg \frac{P^2}{P_0^2} = 20\ \lg \frac{P}{P_0} \tag{4.7}$$

L_P 为声压级,单位为分贝(dB)

(3)声功率级(L_W)

与声强级相似,声功率也可用声功率级表示

$$L_W = 10 \lg \frac{W}{W_0} \tag{4.8}$$

式中　　L_W——声功率级,dB;

W_0——基准声功率,10^{-12}W。

4.4.2.3　声压级计算原理和方法

前述的声压级、声强级、声功率级都是通过对数运算得来的。在实际工程中,常遇到某些场所有几个噪声源同时存在,那么,当噪声源同时向外辐射噪声,它们总的声压级是多少呢?

1.声压级分贝相加

(1)声强级与声功率级的合成。两个或两个以上相互独立的声源同时发出的声功率与声强,由于它们都是能量的单位,所以,它们可以代数相加,设 $W_1, W_2, W_3, \cdots, W_n$ 和 $I_1, I_2, I_3, \cdots, I_n$ 分别为声源 $1, 2, 3, \cdots, n$ 的声功率和声强,它们合成的总声功率 W 和合成声强 I 为

$$W = W_1 + W_2 + W_3 + \cdots + W_n \tag{4.9}$$

$$I = I_1 + I_2 + I_3 + \cdots + I_n \tag{4.10}$$

由此得总声功率级为

$$L_W = 10 \lg \frac{W}{W_0} = 10 \lg \left(\frac{W_1 + W_2 + W_3 + \cdots + W_n}{W_0} \right) \tag{4.11}$$

合成声强级为

$$L_I = 10 \lg \frac{I}{I_0} = 10 \lg \left(\frac{I_1 + I_2 + I_3 + \cdots + I_n}{I_0} \right) \tag{4.12}$$

(2)声压级的合成。下面以两个声源的声压级相加为例说明其合成原理,两个声源的声压级分别为 P_1、P_2,这两个声源合成声压为 $P_总$,合成声源声压级为 $L_{P总}$。

$$L_{P总} = 10 \lg \frac{P_总^2}{P_0^2} = 10 \lg(10^{L_{P1}/10} + 10^{L_{P2}/10}) \tag{4.13}$$

若声源为 n 个,L_i 为其中一个声源的声压级,则合成声源的合成声压级为

$$L_{P总} = 10 \lg \left(\sum_{i=1}^{n} 10^{L_i/10} \right) \tag{4.14}$$

若每个声源的声压级都相等,其值为 L_i,则

$$L_总 = 10 \lg(n 10^{L_i/10}) = L_i + 10 \lg n \tag{4.15}$$

2.声压级分贝相减

用仪器测出的声源声压级实际上是声源本身的声压级与背景噪声的声压级之和。

设 L_C 是机器本身噪声和本底噪声的合成声压级,L_A 是机器本身的声压级,L_B 是本底噪声的声压级,则

$$L_C - 10 \lg \left(1 + \frac{1}{10^{(L_C - L_B)/10} - 1} \right) \tag{4.16}$$

4.4.2.4　频谱与频谱分析

1.倍频程与 1/3 倍频程

在噪声控制中,我们研究的噪声主要是可听声,而可听声的频率是从 20～20 000 Hz,其变化范围达 1 000 倍,如果将机器所发出的噪声的每一个频率及其对应的声压(或声压级等)都一一分析出来,虽然技术上还可办得到,但不方便也不实用。为此,通常是把可听声的频率变化范围分成若干较小的段落,称为频程或频带。目前采用十段方法,每一段高端频率比低端频率高一倍,所以叫倍频程。可听声频率范围用 10 段倍频程表示,如表 4.4 所示。每段则以中心频率来命名,例如,对于 45～90 Hz 这一段的中心频率为 63 Hz,频段中频率最高的频率称为上限频率($f_{上}$)如 90 Hz,最低的频率如 45 Hz 称为下限频率($f_{下}$),上下限频率之差称为频带宽度简称为带宽。

表 4.4　倍频程的中心频率与频率范围

中心频率/Hz	31.5	63	125	250	500	1 000	2 000	4 000	8 000	10 000
频率范围/Hz	22.4~45	45~90	90~180	180~355	355~710	710~1 400	1 400~2 800	2 800~5 600	5 600~11 200	11 200~22 400

在噪声测量中,常用的倍频程是 $n=1$ 的 1 倍频程简称倍频程,在 1 倍频程中,频程间的中心频率之比却是 2:1,其中心频率是上下限频率的几何平均值即

$$f_{中} = \sqrt{f_{上} \cdot f_{下}} \tag{4.17}$$

式中　　$f_{中}$——中心频率,Hz;

　　　　$f_{上}$——上限频率,Hz;

　　　　$f_{下}$——下限频率,Hz。

$$f_{上} = 2^{\frac{n}{2}} f_{中} \tag{4.18}$$

$$f_{下} = 2^{-\frac{n}{2}} f_{中} \tag{4.19}$$

频带宽度

$$\Delta f = f_{上} - f_{下} = (2^{\frac{n}{2}} - 2^{-\frac{n}{2}}) f_{中} \tag{4.20}$$

对 1 倍频程($n=1$)代入上式得

$$\frac{\Delta f}{f_{中}} = 0.707$$

这说明 1 倍频程的频带相对宽度是一个常数,即频程的绝对频带宽度随中心频率的增加而按一定比例增加。

此外为了使频程分得更细,可将倍频程数 n 取小一些,如 $n=1/3$ 时,称为 1/3 倍频程。表 4.5 为 1/3 倍频程的频率范围。这种倍频程是在两个相距为 1 倍频程的频率之间插入两个频率,使 4 个频率依次都是相距 1/3 倍频程,如在 14.1～28.2 Hz 这个 1 倍频程中,加入 17.8 Hz、522.4 Hz 这两个频率,此时,这四个频率之比值为 1:1.26:1.587:2。

在 1/3 倍频程中 $n=1/3$,代入式(4.20)得

$$\frac{\Delta f}{f_{中}} = 0.231$$

表 4.5　1/3 倍频程的中心频率与频率范围　　　　　　Hz

中心频率	频率范围	中心频率	频率范围
31.5	28.2 ~ 35.5	800	708 ~ 891
40	35.5 ~ 44.7	1 000	891 ~ 1 120
50	44.7 ~ 56.2	1 250	1 120 ~ 1 410
63	56.2 ~ 70.8	1 600	1 410 ~ 1 780
80	70.8 ~ 89.1	2 000	1 780 ~ 2 240
100	89.1 ~ 112	2 500	2 240 ~ 2 820
125	112 ~ 141	3 150	2 820 ~ 3 550
160	141 ~ 178	4 000	3 550 ~ 4 470
200	178 ~ 224	5 000	4 470 ~ 5 620
250	224 ~ 282	6 300	5 620 ~ 7 080
315	282 ~ 355	8 000	7 080 ~ 8 910
400	355 ~ 447	10 000	8 910 ~ 11 200
500	447 ~ 562	12 500	11 200 ~ 14 100
630	562 ~ 708	16 000	14 100 ~ 17 800

4.4.2.5　频谱分析

声音的频谱成分是很复杂的,为了较详细地了解声音成分分布范围和性质,通常对一个噪声源发出的声音,将它的声压级、声强级或者声功率级,按频率顺序展开,使噪声的强度成为频率的函数,并考查其频谱形状,这就是频谱分析,也称频率分析。通常以频率(Hz)为横坐标,声压级(声强级、声功率级)(dB)为纵坐标,来描述频率与噪声强度的关系图,这种图称为频谱图。

声音的频谱有多种形状,一般可分为线谱、连续谱、混合谱。

4.4.3　噪声的评价和标准

4.4.3.1　噪声的评价

在噪声的物理量度中,声压和声压级是评价噪声的常用量,但人耳对噪声的感觉,不仅与噪声的声压级有关,而且还与噪声的频率、持续时间等因素有关。人耳对高频率噪声较敏感,对低频率噪声较迟钝。声压级相同而频率不同的声音,听起来不一样响。如大型离心压缩机的噪声和活塞压缩机的噪声,声压级均为 90 dB,可是前者是高频,后者是低频,听起来,前者比后者响得多。

为了反映噪声的这些复杂因素对人的主观影响程度,需要有一个对噪声的评价指标。现就常用的评价指标简略介绍如下。

1.响度级和等响曲线

前面已经提到,人耳对于不同频率声音的主观感觉是不一样的,显然人耳对于声音的响应已不纯粹是一个物理问题了。

对于不同频率的声音,即使其声强级相同,即声能量相同,人耳听起来却不一样响。为了使人耳对频率的响应与客观量声压级联系起来,采用响度级来定量地描述这种关系,它是以 1 000 Hz 的纯音的声压级为其响度级,也就是说。对于 1 000 Hz 的纯音,它的响度级就是这个声音的声压级,对频率不是 1 000 Hz 的纯音,则用 1 000 Hz 纯音与这一待定的纯音进行试听比较,调节 1 000 Hz 纯音的声压级,使它和待定的纯音听起来一样响,这时 1 000 Hz 纯音的声压级就被定义为这一纯音的响度级。响度级记为 L_N,单位是方(phon)。例如,60 dB 1 000 Hz 纯音的响度级是 60 phon,而 100 Hz 的纯音要达 67 dB 才是 60 phon,两者听起来一样响。对各个频率的声音都作这样的试听比较,把听起来同样响的各相应声压级连成一条条曲线,这些曲线便称为等响曲线,如图 4.32 所示。在同一条曲线上的每个频率的声音在感觉上都一样响,它们的响度级都是这条曲线上 1 000 Hz 处的声压级值。

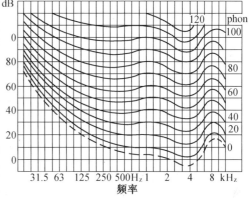

图 4.32　等响曲线

上述的响度级是相对量,它只表示出待研究的对象声与什么样的声音(已知的)响度相当,而并没有解决一个声音比另一个声音响多少或弱多少的问题。为了便于比较,有时需要用绝对量来表示声音响与不响,这就引出了响度的概念。

响度是与人的主观感觉成正比的量,其单位是"宋"(sone),记为 N。规定响度级为 40 phon 时响度为 1 sone,任何一个声学信号听起来比 1 sone 响几倍,其响度即为几 sone。经实验得出,响度级增加 10 phon,响度增加 1 倍。响度级 L_N 与响度 N 的关系为

$$N/\text{sone} = 2^{0.1(L_N - 40)} \text{ 或 } L_N/\text{phon} = 40 + 10 \log_2 N \qquad (4.21)$$

用响度表示噪声的大小,就可以直接算出声响增加或降低多少了。

2.A 计权声级

通过频率计权的网络读出的声级,称为计权声级。计权网络有 A、B、C、D 四种计权网络,最常用的是 A 计权网络和 C 计权网络。

A 计权网络是模拟响度级为 40 phon 的等响曲线的倒置曲线,它对低频声(500 Hz 以下)有较大的衰减。B 计权网络是模拟人耳对 70 phon 纯音的响应,它近似于响度级为 70 phon 的等响曲线的倒置曲线,它对低频段的声音有一定的衰减。C 计权网络是模拟人耳对响度级为 100 phon 的等响曲线的倒置曲线,它对可听声所有频率基本不衰减。D 计权网络是对高频声音做了补偿,它主要用于航空噪声的评价。上述经各种计权网络测得的声压级,即为相应的声级。如经 A 计权网络测得的声压级为 A 计权声级,简称 A 声级,单位是 dB(A)。

A 声级的测量结果与人耳对噪声的主观感觉近似一致,即高频敏感,低频不敏感。A 声级越高,人越觉得吵闹,A 声级同人耳的损伤程度也对应得较合理,即 A 声级越高,损伤越严重。因此,A 声级是目前评价噪声的主要指标,已被广泛采用。当然,A 声级不能代替倍频程声压级,因为 A 声级不能全面反映噪声源的频谱特性。具有相同的 A 声级,其频谱也可能有较大差异。

3.等效声级 L_{eq}（等效连续 A 声级）

为了评价起伏不连续的噪声，人们提出将一定时间内不连续噪声的能量，用总工作时间进行平均的方法来评价噪声对人的影响。用这种方法计算出来的声级叫等效声级或等效连续 A 声级，用 L_{eq} 表示，单位为 dB(A)。等效声级实际上是反映按能量平均的 A 声级。它能反映在 A 声级不稳定的情况下，人们实际所接受噪声的能量大小。

等效声级的缺点是略去了噪声的变动特性，因而有时会低估了噪声的效应。特别是包含有脉冲成分与纯音成分的噪声，仅用等效声级来衡量是不够充分的。

等效声级对衡量工人噪声暴露量是一个重要的参数，许多噪声的生理效应均可以用等效声级为指标。因此，绝大多数国家听力保护标准和我国颁布的"工业噪声标准"均以等效声级作为指标。

4.统计声级和日夜等效声级

交通噪声是一种无规噪声，声级随车辆的种类、速度、时间等变化起伏，不可能像工厂噪声那样简单地用 A 声级评价。一般都用统计方法，以声级出现的概率和累积概率来表示，通常多用累积概率的方法，以统计声级（又称累积分布声级）L_N 表示。L_N 是表示在测量时间内有百分之几超过该值的噪声级。例如，$L_{10} = 80$ dB，是表示在测量期间有 10% 的时间超过 80 dB，其他 90% 的时间噪声级都低于 80 dB。L_{10}，L_{90}，L_{50} 分别相当于交通噪声的峰值、本底值和平均值，是交通噪声中最常用的三个统计声级。

目前城市环境噪声测量还使用日夜等效声级 L_{dn}，这是等效声级在环境噪声评价上的发展。它考虑了夜间噪声对人的影响特别严重的因素，对夜间噪声做增加 10 dB 的加权处理，其计算式为

$$L_{dn} = 10 \lg \frac{1}{24}(15 \times 10^{0.1L_d} + 9 \times 10^{0.1(L_n + 10)}) \qquad (4.22)$$

式中　　　L_{dn}——日夜等效声级，dB；

　　　　　L_d——白天(6:00 ~ 22:00)等效声级，dB；

　　　　　L_n——夜间(22:00 ~ 6:00)等效声级，dB。

5.噪声评价数 NR 及曲线

对于评价办公室、建筑室内及其他稳态噪声的场所，国际标准化组织(ISO)推荐使用一簇噪声评价曲线，即 NR 曲线，亦称噪声评价数 NR。曲线 NR 数为噪声评价曲线的函数，它等于中心频率为 1 000 Hz 的倍频程声压级的分贝数。它的噪声级范围为 0 ~ 130 dB，适用中心频率从 31.5 到 8 kHz 的 9 个倍频程。

如果需求其噪声的噪声评价数，可将测得倍频程声级绘成频谱图与 NR 曲线簇放在一起，噪声各频带声压级的频谱折线最高点接触到一条 NR 曲线，则这条 NR 曲线即是该噪声的评价数。

4.4.3.2　噪声控制标准

噪声的标准一般分为三类：对于工厂和闹市，首先要求噪声不致于引起耳聋和其他疾病，于是就要求制定听力保护标准；为了保护正常的睡眠、休息和安静的工作环境，使人们不受噪声干扰，还需要制定不同环境的噪声标准。另外，还有机电设备及其他产品的噪声控制标准。

1.我国《工业企业噪声卫生标准》

1979 年 8 月 31 日卫生部和国家劳动总局颁发了我国《工业企业噪声卫生标准(试行草案)》,并从 1980 年 1 月 1 日起实施。本标准规定:对于新建、扩建、改建的工业企业的生产车间和作业场所的工作地点,其噪声标准为 85 dB;对于一些现有老企业经过努力,暂时达不到标准的,其噪声容许值可取 90 dB。对于每天接触噪声不到 8 h 的工种,根据企业种类和条件,噪声标准可按表 4.6 和 4.7 相应放宽。

表 4.6 新建、扩建、改建企业噪声标准

每个工作日接触噪声的时间/h	8	4	2	1	最高限
容许噪声值/dB	85	88	91	94	115

表 4.7 现有企业暂时达不到标准的参考值

每个工作日接触噪声的时间/h	8	4	2	1	最高限
容许噪声值/dB	90	93	96	99	115

由上述两表可以看出,暴露时间减半,允许噪声可相应提高 3 dB,此标准也是按"等能量"原理制定的。

执行这个标准,一般可以保护 95% 以上的工人长期工作不致耳聋,绝大多数工人不会因噪声而引起血管和神经系统等方面的疾病。因此可见,我国的噪声卫生标准不仅考虑了人的听力,还考虑了人们在健康方面的保护。

2.我国《城市区域环境噪声标准》

1993 年发布的 GB 3096—93《城市区域环境噪声标准》其主要内容如下。

(1)适用范围:本标准适用于城市区域,乡村生活区域可参照本标准执行。

(2)标准值。本标准规定了城市五类区域的环境噪声最高限值。城市五类环境噪声标准值列于表 4.8。

表 4.8 城市五类环境噪声标准值等效声级 L_{eq} dB

类别	零	一	二	三	四
昼间	50	55	60	65	70
夜间	40	45	50	55	55

(3)各类标准的适用区域。

零类标准适用于疗养区、高级别墅区、高级宾馆区等特别需要安静的区域。位于城郊和乡村的这一类区域按严于零类 5 dB 执行。一类标准适用于以居住、文教、机关为主的区域。乡村居住环境可参照执行该类标准。二类标准适用于居住、商业、工业混杂区。三类标准适用于工业区。四类标准适用于城市中的道路交通干线道路两侧区域,穿越城区的内河航道两侧区域。穿越城区的铁路主、次干线两侧区域的背景噪声(指不通过列车时的噪声水平)限值也执行该类标准。

(4)夜间突发噪声。夜间突发的噪声,其最大值不超过标准值 15 dB。

(5)监测。参见 GB/T 14623 城市区域环境噪声测量方法。

3.其他噪声标准

噪声控制标准除上述标准外,还有如对于产品质量和环境保护的需要,需制定各种产品的噪声指标和出厂标准,在测量噪声时还要制定噪声测量标准等一系列标准。

4.4.4 噪声控制技术

4.4.4.1 吸声

利用吸声材料吸收声能降低室内噪声是噪声控制工程中常用的措施之一。

人们在室内所接收到的噪声包括声源直接通过空气传来的直达声以及室内各壁面反射回来的混响声。许多工程实践证明,如吸声材料布置合理,可降低混响声级 5~10 dB,甚至更大些。采取这项措施不仅不影响原有的生产习惯,而且还能美化环境。

1.吸声系数

声波遇到某平面障碍物时,一部分声能被反射,一部分声能被吸收,其余一部分声能透过此障碍物。被吸收的声能(E),对入射声能(E_0)之比称为吸声系数(α),即

$$\alpha = \frac{吸收声能}{入射声能} = \frac{E}{E_0} \tag{4.23}$$

吸声系数与材料的物理性质,声波频率及声波射线的入射角有关。任何材料都能吸收声音,但吸收程度各不相同。一般而言,密度小和孔隙多的材料(如玻璃棉、矿渣棉、泡沫塑料、木丝板、微孔砖等)吸声性能好。而坚硬、光滑、结构紧密和重的材料(如水磨石、大理石、混凝土、水泥粉刷墙面)吸声能力差,反射性能强。

吸声材料对于不同的频率,具有不同的吸声系数。在工程上,一般采用 125 Hz、250 Hz、500 Hz、1 000 Hz、2 000 Hz、4 000 Hz 六个频率的吸声系数之算术平均值,来表示某种吸声材料的吸声频率特性。对于吸声系数大于 0.2 的材料,称为吸声材料。

2.吸声材料和吸声结构

(1)多孔吸声材料。当声波入射到多孔吸声材料表面,并顺着材料孔隙进入内部时,会引起孔隙中的空气和材料细小纤维的振动,因摩擦和粘滞阻力作用,使相当一部分声能转化为热能而被消耗掉,此即多孔材料吸声机理。

多孔吸声材料主要有无机纤维吸声材料、泡沫塑料、有机纤维材料和建筑吸声材料及其制品。

在选择吸声材料时,为保证良好的吸声性能,一是多孔,二是孔与孔之间要互相贯通,三是这些贯通孔要与外界连通。

(2)吸声结构。在实际使用中,用透气的玻璃布、纤维布、塑料薄膜等,把吸声材料(如玻璃棉泡沫塑料)放进木制的或金属的框架内,然后再加一层护面穿孔板。护面穿孔板可使用胶合板、纤维板、塑料板、也可使用石棉水泥板、铝板、钢板、镀锌铁丝网等。由多孔吸声材料与穿孔板组成的板状吸声结构称为吸声板结构。

近年来还发展了定型规格化生产的穿孔石膏板,穿孔石棉水泥板、穿孔硅酸盐板以及穿孔硬质护面吸声板。在室内使用的有各种颜色图案,且外形美观的吸声板,不仅能起到吸声作用,而且起装饰美化作用。

空间吸声体以及其他吸声结构。吸声体是由框架、吸声材料和护面结构制成的。由于它可以悬吊在声场的空间,故被称为空间吸声体。吸声体的形状可设制成多种式样,通常有平板形、圆柱形、球形、圆锥形等,其中以平板矩形最为常用。

吸声体最突出的特点是具有较高的吸声效率,此外,这类空间吸声体还可以预制,现

场制作方便,合理的形状和色彩还可起到装饰作用。

薄板共振吸声结构板材为胶合板或硬质纤维板,周边固定在木质框架,板后留有一定厚度的空气层,就构成了薄板共振吸声结构。当入射声波碰到薄板时,就激励板面振动,从而引起薄板和空气层这一系列振动,将一部分振动能转变为热能耗散掉。当入射声波的频率与结构的固有频率一致时,就产生了共振,此时,所消耗的声能最大。由于多数薄板共振结构的固有频率都在低频范围之间,所以,它能有效地吸收低频声。

穿孔板共振吸声结构是把钢板、铝板或胶合板、塑料板、草纸板等,以一定的孔径和穿孔率打上孔,并在板后设置空气层而构成。由于穿孔板上每个孔后都有对应空腔,即为许多并联的"亥姆霍兹"共振器,当入射声波的频率和系统的共振频率一致时,就激起共振,穿孔板孔颈处空气柱往复振动,速度、幅值达到最大值,摩擦与阻尼也最大,此时,使声能转变为热能最多,即消耗声能最多。

在吸声处理上还有一些其他的吸声结构如帘幕吸声结构、吸声尖劈等。

4.4.4.2　隔声

隔声就是把发声的物体,或把需要安静的场所封闭在一个小的空间(如隔声罩及隔声间)中,使其与周围环境隔绝起来。隔声是一般工厂控制噪声的最有效措施之一。

隔声原理:声音在传播过程中,当遇到墙、板等障碍物时,声能 E_0 的一部分 E_1 被反射回去,一部分 E 被吸收,还有一部分 E_2 则透过障碍物(墙或板),传到另外的空间。

此时透声系数 τ 按下式计算

$$\tau = E_2/E_0 \tag{4.24}$$

在实际工程中,常用 τ 的倒数取对数来表示隔声构件的隔声性能,以隔声量 R(又称传声损失或透射损失 TL)表示,单位为 dB,其数学表达式为

$$R = 10 \lg \frac{1}{\tau} \tag{4.25}$$

由上式可以看出,τ 值越小,则 R 值越大,隔声性能就越好。

同一隔声墙,对于不同频率的声音,其隔声性能有很大差异。所以,工程中以 125,250,500,1 000,2 000,4 000 六个倍频程的 R 值表示隔声构件的隔声性能。有时为了简便起见,也用这六个倍频程隔声量平均值来表示构件的隔声性能,叫平均隔声量 $\overline{R}$。

隔声构件有隔声屏、隔声罩和隔声间三种形式。

4.4.4.3　消声器

消声器是一种允许气流通过而使声能衰减的装置,安装在空气动力设备的气流通道上,可以降低该设备的噪声。

消声器的种类很多,主要的有三类:阻性消声器、抗性消声器、阻抗复合消声器。近年来我国又研制成功多种新型消声器。

好的消声器应在足够宽的频率范围内有足够大的消声量;必须具有良好的空气动力特性(阻力损失低或功率损耗小);具有足够的强度、刚度和较长的使用寿命;结构简单,便于加工安装。

1.阻性消声器

(1)消声原理。阻性消声器是利用吸声材料消声的。把吸声材料固定在气体流动的管道内壁,或按一定的方式在管道中排列起来,就构成了阻性消声器。声波进入消声器后,引起吸声材料的细孔或间隙内空气分子的振动,使一部分声能由于小孔的摩擦和粘滞

而转化为热能,使声波衰减。

(2)结构型式。阻性消声器的结构型式很多,按通道几何形状分为直管式、片式、蜂窝式、板式及迷宫式等。

(3)阻性消声器的特点。阻性消声器的特点是结构简单、加工容易,对高、中频噪声有较好的消声效果。其缺点是在高温、水蒸气以及对吸声材料有侵蚀作用的气体中,使用寿命较短;另外,它对低频噪声消声效果较差。

(4)消声效果估算。直管式阻性消声器的消声量 ΔL 按下式估算

$$\Delta L / \mathrm{dB} = \varphi(\alpha) \frac{P}{S} L \tag{4.26}$$

式中　　$\varphi(\alpha)$——消声系数;

　　　　P——通道横截面周长,m;

　　　　L——通道饰面部分长度,m;

　　　　S——气流通道截面面积,m^2。

2.抗性消声器

抗性消声器借助管道截面的突变或旁接共振腔,利用声波的反射或干涉来达到消声目的。

抗性消声器种类很多,常见的有扩张室式和共振腔式两种。

(1)单节扩张室式消声器。扩张室式消声器也称膨胀室式消声器。最简单的形式是由一个扩张室和连接管组成,如图4.33所示。

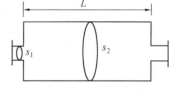

图4.33　单节扩张室式消声器

其消声量 ΔL 由下式求出

$$\Delta L = 10 \lg \left[1 + \frac{1}{4} \left(m - \frac{1}{m} \right)^2 \sin KL \right] \tag{4.27}$$

式中　　ΔL——消声量,dB;

　　　　m——扩张比,$m = s_2/s_1$(分别为管和室的截面积);

　　　　K——波数,$K = 2\pi/\lambda$;

　　　　L——扩张室的长度,m。

一定的 K 值相当于一定的频率,由此可计算出各频率下噪声的降低值。

多节扩张室式消声器的总消声量,理论计算极为繁琐,故一般仍按各级单独使用时的消声量以算术相加的方法作粗略的估算。

(2)共振消声器。图4.34为共振消声器示意图。这种消声器是利用共振吸收原理进行消声的。当声波传至颈口时,颈中的空气柱在声压作用下产生了振动。为了克

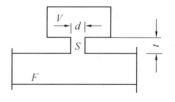

图4.34　共振消声器示意图

服气体的惯性,需要消耗一部分能量,其大小与颈中空气柱的振动速度有关。振动的速度越大,消耗的能量越多。当外来声波的频率与消声器的共振频率相同时,就产生共振。在共振频率及其附近,空气振动速度达到最大值。因此,消耗的声能最多,消声量也最大。

抗性消声器具有良好的消除低频噪声的性能,而且能在高温、高速、脉动气流下工作。缺点是消声频带窄,对高频效果较差。

3. 阻抗复合式消声器

阻抗复合消声器是由阻性消声器与抗性消声器复合而成,是工程实践中经常应用的消声器。其特点是消声量大,消声频带宽。

由于阻抗复合消声器中使用了吸声材料,因此在高温(特别是有火时)、蒸汽浸蚀和高速气流冲击下使用寿命较短。

4. 微穿孔板消声器

微穿孔板消声器具有阻性和共振消声器的特点,由金属薄板制成,重量轻、消声频带宽、耐高温、耐蒸汽,且因穿孔率低,孔细而密,气流在通道中摩擦系数小,阻损小,故近些年来,在很多方面,如空调系统获得广泛应用。

4.4.5　其他物理性污染及其防治

4.4.5.1　放射性污染防治

1. 环境放射性来源

放射也称为辐射。放射性是一种不稳定的原子核(放射性物质)自发地发生衰变的现象,放射过程中同时放出带电粒子(α 射线或 β 射线)和电磁波(γ 射线)。

辐射是能量传递的一种方式,辐射依能量的强弱分为三种。

电离辐射:能量最强,可破坏生物细胞分子,如 α,β,γ 射线。

有热效应非电离辐射:能量弱,不会破坏生物细胞分子,但会产生温度,如微波、光。

无热效应非电离辐射:能量最弱,不破坏生物细胞分子,也不会产生温度,如无线电波、电力电磁场。

(1)天然辐射源。从地球形成时起就存在着天然辐射源。它可分为来自地球以外的宇宙射线和来自地球本身地表辐射。人们通常称天然辐射水平为自然本底。由于地质构成和海拔高度等因素的影响,不同地区的天然本底也有所差异。

(2)人工放射性污染的来源。引起环境污染的人工放射性源主要是生产和使用放射性物质的单位排出的放射性废物,以及核武器爆炸和核事故等释放的放射性物质。

2. 常用的放射性单位

(1) 放射性活度单位。在 1975 年的国际计量大会上规定用 Bq(贝可)作为放射性活度单位。1 Bq 等于任何放射性物质每秒发生 1 次衰变。

(2)核辐射剂量单位——辐照量。粒子(包括带电粒子和不带电粒子)经过质量为 $\mathrm{d}m$ 的空气产生电离后形成的总电荷数的量称为辐照量,通常用符号 X 表示,即

$$X = \mathrm{d}Q/\mathrm{d}m \tag{4.28}$$

式中　　　$\mathrm{d}m$——质量,kg;

　　　　　$\mathrm{d}Q$——总电荷数,C;

　　　　　X——辐照量,C/kg。

吸收剂量。质量为 $\mathrm{d}m$ 的任何物质吸收能量为 $\mathrm{d}\varepsilon$ 的电离辐射的量称为吸收剂量,通常用符号 D 表示即

$$D = \mathrm{d}\varepsilon/\mathrm{d}m \tag{4.29}$$

式中　　　$\mathrm{d}\varepsilon$——物质的能量,J;

　　　　　D——吸收剂量,Gy(1 kg 任何物质吸收 1 J(焦耳)辐射能量定义为 1 Gy)。

剂量当量。从辐射防护的角度来看,人们关心的是人体受辐照后产生的生物效应,而相同的吸收剂量却未必会产生相同的生物效应。这是因为生物效应还要受到辐射类型和辐照条件等影响。因此,人们把在生物组织中某一点的吸收剂量 D,品质因数 Q 和其他修正因子 N 的乘积定义为剂量当量,通常用符号 H 表示,即

$$H = DQN \tag{4.30}$$

式中　　　Q——品质因数;

　　　　　N——修正因子;

　　　　　H——剂量当量,Sv。

3.电离辐射对人体的损伤作用

电离辐射作用于人体,可能造成器官或组织的损伤,从而表现出各种生物效应。这些生物效应的总称就是辐射损伤。辐射损伤的细胞如果是体细胞,损伤出现在受照者本人身上,称躯体效应。辐射损伤的细胞如果是生殖细胞,损伤出现在受照者后代身上,则称为遗传效应。射线对人体的作用是一个极其复杂的过程。一般认为,电离辐射可使人体内的水分子电离,形成自由基(H,OH)和过氧化氢(H_2O_2),造成细胞损伤或影响正常功能,此即所谓间接作用。电离作用还会直接使细胞中的染色体或其他重要成份(脱氧核糖核酸DNA 和核糖核酸 RNA 等)断裂,并引起非正常细胞的出现。这称为直接作用。

辐射损伤分为随机效应和非随机效应。随机效应的发生不存在剂量的阈值,其发生的几率与受照剂量的大小无关,例如遗传效应和躯体效应中的癌症。非随机效应只有当受照剂量超过某一阈值时才会发生,并且其效应的严重程度随受照剂量的大小而异。

小剂量照射的情况与全身急性照射很不相同。已有越来越多的资料证明,小剂量照射引起的躯体损伤是可以修复的。这种修复作用,一般情况下主要靠机体自身来完成。

辐射损伤由于受辐射的不同又分为急性和慢性放射性损伤两种。

4.辐射防护标准

我国现阶段执行的辐射防护标准是我国 1988 年发布的《辐射防护规定》(GB 8703—88)。我国《辐射防护规定》中提出的剂量限值是不允许接受的剂量范围的下限,而不是允许接受的剂量范围的上限,是最优化过程的约束条件。该值不能直接用于设计和工作安排的目的。有关剂量当量的规定列在表 4.9 中。

表 4.9　我国《辐射防护规定》中有关剂量当量的规定

剂量当量限值分类	年有效剂量当量限值[①]	器官或组织年剂量当量限值
辐射工作人员 [②] 一次事件的事先计划特殊照射 一生中的事先计划特殊照射 16 – 18 岁学生、学徒工、已知怀孕妇女	< 50 mSv(5 rem) < 100 mSv(10 rem) < 250 mSv(25 rem) < 15mSv(1.5rem)	眼晶体: < 150 mSv(15 rem) 其他单个器官或组织 < 500msv(50rem)
公众成员 [③] (含小于 16 周岁的学生、学徒工)	< 1 mSv(0.1 rem)	皮虞和眼晶体: < 50 mSv(5 rem)

注:① 不包括医疗照射和天然本底照射。

　　②已接受异常照射[有效剂量当量小于250mSv(25rem)]的工作人员、育龄妇女、未满18岁,不得接受事先计划的特殊照射。

　　③如按终生剂量平均不超过表内限值,则在某些年份里允许以每年小于 5 mSv(0.5 rem)作为剂量限值。

5.放射性污染的治理技术

目前主要依据废物的形态,即废水、废气、固体废物,分别进行放射性污染的治理。

(1) 放射性废水的治理。对浓度较高的放射性废水,一般采用固化处理或放入地下贮存池中贮存。固化处理就是用沥青、水泥、塑料等将放射性废水包容在其中,固化产物再按固体废物处理,通常是埋入地下贮存。

对中、低浓度的放射性废水常用化学沉淀、离子交换或蒸发的方法进行处理。

(2) 放射性废气的治理。放射性污染物在废气中存在的形态有两种,一种是以挥发性放射性气体形式存在;另一种是以放射性气溶胶形式存在。其治理方法是不同的。

对挥发性放射性气体可以用吸附或者稀释的方法进行治理。最常用的吸附法是用活性炭把气体中的放射污染物去掉。稀释法用于放射性气体浓度较低的场合。对于放射性气溶胶通常可用除尘技术进行净化。如:洗涤法、过滤法、静电除尘法等。

(3) 放射性固体废物的处理。放射性固体废物是指被放射性物质污染,并且不能再利用的各种物品和废料。常用的处理方法有焚烧法、洗涤法、深埋法等。

4.4.5.2　电磁污染防治

1.电磁辐射源

(1) 电磁辐射。电磁辐射的产生是这样的:若某一空间区域内有变化的电场或变化的磁场存在,那么将在其临近的区域内引起相应的变化磁场或电场,而这个新产生的变化磁场或变化电场,又将在较远区域引起新的变化电场或变化磁场。这种变化电场或磁场交替地产生,由近及远,互相垂直,并以与自己的运动方向垂直的一定速度在空间内传播的过程,称为电磁辐射。现在世界各国已相继开展了对电磁辐射危害及防护的研究,并制定出电磁辐射卫生标准。我国对于高频电磁辐射在实际工作中以电场强度不超过 20 V/m 作为参考标准。

(2) 天然电磁辐射污染源。天然的电磁辐射来自于地球的热辐射、太阳热辐射、宇宙射线、雷电等,是自然界某些自然现象引起的,所以又称为宇宙辐射。以天电所产生的辐射为主,最常见的是雷电。

(3) 人为电磁辐射。人为电磁辐射是电子仪器和电气设备产生的,主要来自于广播、电视、雷达、通信基站及电磁能在工业,科学,医疗和生活中的应用设备。

2.电磁辐射对人体的影响

(1) 电磁辐射作用于人体,使全身或身体的某一部分温度升高,产生宏观致热效应;

(2) 电磁辐射作用于人体,使器官内的某些部分产生微观致热效应,虽然温度没有明显改变,机体却能产生持久变化;

(3) 电磁辐射的热外作用,在微观上对机体生物物理或生化过程仍有强烈影响,这种影响既复杂又精细,而且是在分子及细胞一级的水平上发生。

研究结果表明,长期生活在超过安全标准的电磁场环境之中,会使人产生失眠、嗜睡等植物性神经功能紊乱症候群,以及脱发、白血球下降、视力模糊、晶状体混浊、心电图改变等症状。

3.电磁辐射的防护

减少电磁泄漏、防止电磁辐射污染,应从产品设计、屏蔽与吸收入手,采取治本与治表相结合的方法。目前,屏蔽和吸收是两种基本的防护技术。

（1）屏蔽。采用各种技术方法，将电磁波的影响控制在一定的空间范围内，称为电磁波的屏蔽。电磁屏蔽分为：主动屏蔽和被动屏蔽两类。主动屏蔽是将电磁波的作用限定在某个范围之内，使其不对限定范围之外的生物机体或仪器设备发生影响。被动屏蔽是用屏蔽体来防止场源对屏蔽体内部的生物体或仪器设备发生作用。

（2）射频接地。将屏蔽体在电磁波作用下感应生成的射频电流导入大地，以免屏蔽体本身成为射频电磁波的二次辐射源。射频接地与普通电气设备的安全接地不同，通常，射频接地深度为 2 ~ 3 m，接地极表面积为 1 ~ 2 m^2。

（3）吸收防护。利用某些物质构成电磁波的吸收部件，吸收部件分为两类：(1) 谐振型吸收部件，利用某些材料构成的部件的谐振特性制成。(2) 匹配型吸收材料，它利用材料和空气间电磁波阻抗的匹配，达到较好地吸收微波能量，并使之衰减的目的。

4.4.5.3　热污染及其防治

1. 热环境与热污染

由于社会生产力的迅速发展，人们的生活水平不断提高，大量地消耗人为能源，主要是化工石油燃料和核能燃料。在能源的消耗和转化的过程中，不仅会产生大量的有害物质、放射性物质的污染物，而且还会产生像二氧化碳、水蒸气、热水等一些对人体虽无直接危害，但对环境却可产生不良的增温效应，引起污染，即所谓的热污染。这是人类活动影响和危害热环境的现象。当前，随着世界能源消费的不断增加，热污染问题也将会日趋严重。

环境热学是研究热环境及其对人体的影响，以及人类活动对热环境的影响的学科。它是环境物理学的一个分支学科。环境热学的主要内容，是研究适宜于人类的热环境、揭示热环境和人类活动的相互关系，以及控制热污染，为人类创造舒适的热环境。

2. 水体热污染及防治

（1）水体热污染产生原因。向水体排放温热废水，使水体温度升高。当温升使水质恶化，影响水生生物的生长和繁殖，进而危及人类的生产和生活时，称为水体的热污染。

水体热污染主要来源于工业冷却水，其中以电力工业为主，其次是冶金、化工、石油、造纸和机械工业。

（2）水体热污染的危害。水体热污染造成的危害是多方面的：

温升引起水的密度、粘滞系数、饱和溶解氧等物理性能的变化。随着水温的升高，水中溶解氧减少，从而使水体变得缺氧；水的粘滞系数随温度上升而降低，减弱了河水携带泥沙的能力，将使水中颗粒物和悬浮物沉降速率增大，使河道淤积加快。

水体温度上升，在一定范围内会使许多细菌易于繁殖；水体内的藻类种群也会随着温度上升发生改变。例如，在 20 ℃ 时硅藻占优势，在 30 ℃ 时绿藻占优势，在 35 ~ 40℃ 时蓝绿藻占优势。蓝绿藻种群会使地面水带有不好的味道，也不适于鱼类生存。水温的上升还会使某些水生植物大量繁殖。

温热水向水体的排放，引起水体温升，不利于鱼类及水生生物的生存。不少鱼类适宜生存的温度范围很窄，超出此范围将影响它们的正常生存和繁殖。水温的上升会使水中鱼类的种群发生变化，限制鱼卵的成熟，或改变产卵时间，导致个体的减少。水温的变化影响很多鱼类的洄游时间，破坏了它们的洄游规律。水温上升引起的细菌繁殖会使鱼类发病率增加。此外，电站抽入的天然水，经过水泵、冷凝器等，水流所带的鱼卵、鱼苗和浮游生物等会受到机械损伤而死亡。

　　(3) 水体热污染的防治。加强监测和管理,制订排放标准。排放标准不仅要考虑到农业灌溉水的要求和使水生生物不受损害,还要顾及经济上的合理性和可能性。

　　改进冷却技术,减少温热水的排放量。一般电站的冷却水,应根据自然条件,选用经济和可行的冷却技术。

　　在少数发电设备和冶金设备中已将水冷改为气冷,这样既可避免大量废热排入水体,又可大量节约用水。

　　电站温热水的综合利用。这方面的工作尚处于研究和探索阶段。国内外都在利用电站排放的温热水进行水产养殖的试验。温热水用作农业灌溉也是有效利用的途径。

　　3. 热污染对大气的影响及其防治

　　以化石燃料作为能源的消耗过程对环境影响有前述的温室效应、热岛效应,还有反射效应。对于反射效应,有些研究人员认为,燃料燃烧会增加大气的浑浊度,使太阳辐射难于透过,有一部分会被反射回去,结果使地球周围的大气中获得的太阳能减少,因而将产生使大气降温的效应。

　　为了控制热污染对大气的影响,应采取绿化措施来增加森林覆盖面积。绿色植物通过阳光下的光合作用能吸收 CO_2,生产氧气。此外,发展太阳能、风能、水电这些清洁能源,也能减轻对环境的热污染。

4.5　土壤的污染与防治

　　土壤圈处于大气圈、岩石圈、水圈和生物圈之间的过渡地带,是联系无机界和有机界的中心环节。土壤具有两个重要的功能,一是土壤具有肥力,即具有供应和协调植物生长所需的营养条件(水分和养分)和环境条件(温度和空气)的能力,是农业生产的基础;二是土壤具有同化和代谢外界进入土壤的物质的能力,输入物质在土壤中经过复杂的迁移转化,再向外界输出。由于受人为活动与土地利用不当的影响,我国土壤与环境问题日趋突出,这主要表现在土壤退化与环境污染两方面。由于土壤环境污染一旦发生,便难于治理,应采取预防为主、立法管理和综合治理相结合的措施。为此,就要通过调查研究,弄清土壤环境的污染源、污染途径、污染的范围和程度,为防治土壤环境的污染提出科学依据。

4.5.1　土壤环境的污染与净化

4.5.1.1　土壤污染的概念及特点

　　土壤环境中污染物的输入、积累和土壤环境的自净作用是两个相反而又同时进行的对立、统一的过程,在正常情况下,两者处于一定的动态平衡。在这种平衡状态下,土壤环境是不会发生污染的。但是,如果人类的各种活动产生的污染物质,通过各种途径输入土壤(包括施入土壤的肥料、农药),其数量和速度超过了土壤环境的自净作用的速度,打破了土壤环境的正常功能和引起了土壤质量的下降;或者土壤生态发生了明显变异,导致土壤微生物区系(种类、数量和活性)的变化,土壤酶活性的减少;同时,由于土壤环境中污染物的迁移转化,从而引起大气、水体和生物的污染,并通过食物链,最终影响到人类的健康,这种现象属于土壤环境污染。因此,我们说,当土壤环境中所含污染物的数量超过土壤自净能力或当污染物在土壤环境中的积累量超过土壤环境基准或土壤环境标准时,即为土壤环境污染。

　　土壤污染及其发生危害的特点一是土壤对污染物的富集作用,二是土壤污染主要是通过它的产品——植物,表现其危害。

　　土壤对污染物的富集作用,就是土壤对污染物的吸附、固定作用,也包括植物吸收与利用,从而聚集于土壤中,多数无机污染物,特别是金属和微量元素,都能与土壤有机质或矿质相结合,并长久地保存在土壤中,无论它们怎样转化,也无法使其重新离开土壤,成为一种最顽固的环境污染问题。而有机污染物在土壤中,则可能受到微生物的分解而逐渐失去毒性,其中有些成分还可能成为微生物的营养来源。但药物类的成分也会毒害有益的微生物,成为破坏土壤生态系统的祸源。不过,它们迟早会分解并从土壤中消失。

　　由于土壤对有机的、无机的污染物具有吸附固定作用,它使污染物通过土壤后减轻了毒害,这就是土壤的自净作用。因此,土壤成为污染物的"过滤器",从而被广泛地用来处理废水和废渣。这种做法有可能让废物中的有害物质日积月累,使土壤成为二次污染源。

　　植物从土壤中选择吸收必需营养物,同时也被动地,甚至被迫地吸收土壤中释放出来的有害物质。植物的吸收利用,有时能使污染物浓度达到危害自身或危害人、畜的水平,即使没有达到毒害水平的含毒植物性食品,只要为人畜食用,当它们在动物体内排出率低时,也可以逐日积累,由量变到质变,最后引起动物病变。

4.5.1.2　土壤污染物及污染源

1.土壤污染物

　　通过各种途径输入土壤环境中的物质种类十分繁多,有的是有益的,有的是有害的;有的在少量时是有益的,而在多量时是有害的;有的虽无益,但也无害。我们把输入土壤环境中的足以影响土壤正常功能,降低作物产量和生物学质量,且有害于人体健康的那些物质,统称为土壤环境污染物质,其中主要是城乡工矿企业所排放的对人体、生物体有害的"三废"物质,以及化学农药、病原微生物等。根据污染物性质,可把土壤环境污染物质大致分为无机污染物和有机污染物两大类。

　　(1)无机污染物。污染土壤环境的无机物,主要有重金属(汞、铜、铅、铬、铜、锌、镍,以及类金属砷、硒等)、放射性元素(铯^{137}、锶^{90}等)、氟、酸、碱、盐等。其中尤以重金属和放射性物质的污染危害最为严重,因为这些污染物都是具有潜在威胁的,而且一旦污染了土壤,就难以彻底消除,并较易被植物吸收,通过食物链而进入人体,危及人类的健康。

　　(2)有机污染物。污染土壤环境的有机物,主要有合成的有机农药、酚类物质、氰化物、石油、稠环芳烃、洗涤剂,以及有害微生物、高浓度耗氧有机物等。其中,有机氯农药、有机汞制剂、稠环芳烃等性质稳定不易分解的有机物,在土壤环境中易累积,造成污染危害。

2.土壤污染源

　　土壤环境污染物的来源极其广泛,这是与土壤环境在生物圈中所处的特殊地位和功能密切相关联的:①人类是把土壤作农业生产的劳动对象和获得生命能源的生产基地。为了提高农产品的数量和质量,每年都不可避免地要将大量的化肥、有机肥、化学农药施入土壤,从而带入某些重金属、病原微生物、农药本身及其分解残留物。同时,还有许多污染物随农田灌溉用水输入土壤。利用未作任何处理的,或虽经处理而未达标排放的城市生活污水和工矿企业废水直接灌溉农田,是土壤有毒物质的重要来源;②土壤历来就被用作为废物(生活垃圾、工矿业废渣、污泥、污水等)的堆放、处置与处理场所,大量有机和无机污染物随之进入土壤,这是造成土壤污染的重要途径和污染来源;③由于土壤环境是个开放系统,土壤与其他环境要素是不断地进行着物质与能量的交换,因大气、水体和生物体中污染物质的迁移转化,从而进入土壤,使土壤环境随之遭受二次污染,这也是土壤环境污染的重要来源。例如,工矿企业所排放的气体污染物,先污染了大气,然后,在重力作用下,或随雨、雪降落于土壤中。以上这几类污染是由人类活动的结果而产生的,统称人为污染源。根据人为污染物的来源不同,又可大致分为工业污染源、农业污染源和生物污染源。

工业污染源就是指工矿企业排放的废水、废气、废渣。一般直接由工业"三废"引起的土壤环境污染,仅限于工业区周围数十公里范围内,属点源污染。工业"三废"引起的大面积土壤污染往往是间接的,并经长期作用使污染物在土壤环境中积累而造成的。例如,将废渣、污泥等作为肥料施入农田;或由于大气、水体污染所引起的土壤环境二次污染等。

农业污染源主要是指由于农业生产本身的需要,而施入土壤的化学农药、化肥、有机肥,以及残留于土壤中的农用地膜等。

生物污染源是指含有致病的各种病原微生物和寄生虫的生活污水、医院污水、垃圾,以及被病原菌污染的河水等,这是造成土壤环境生物污染的主要污染源。

4.5.2　土壤污染的防治

由于土壤污染的潜伏性、不可逆性、长期性和严重性,土壤污染的治理应立足于"防重于治"的基本方针,特别是防治那些慢性有毒污染物累积的"长期效应"。一旦污染,再去治理,将会花费更大的代价。

因此,对于土壤污染,必须贯彻"预防为主,防治结合"的环境保护方针,不但要控制和消除污染源,而且也应在防治土壤污染时充分利用土壤强大的自净能力。

4.5.2.1　预防土壤污染的措施

1.控制和消除工业"三废"排放

大力推广闭路循环,无毒工艺,以减少或消除污染物的排放。对工业"三废"进行回收处理,化害为利,对所排放的"三废"要进行净化处理,并严格控制污染物排放量和浓度,使之符合排放标准。

2.加强土壤污灌区的监测和管理

对用污水进行灌溉的污灌区,要加强对灌溉污水的水质监测,了解水中污染物质的成分、含量及其动态变化,避免带有不易降解的高残留的污染物随水进入土壤,引起土壤污染。

3.合理使用化肥和农药

对残留量高、毒性大的农药,应控制使用范围、使用量和次数。大力试制和发展高效、低毒、低残留的农药新品种,禁止或限制使用剧毒,高残留性农药,发展生物防治措施。根据农药特性,合理施用,制定施用农药的安全间隔期。采用综合防治措施,既要防治病虫害对农作物的威胁,又要做到高效经济地把农药对环境和人体健康的影响限制在最低程度。

4.增加土壤容量和提高土壤净化能力

增加土壤有机质含量,改良砂性土壤,以增加和改善土壤胶体的种类和数量,增加土壤对有害物质的吸附能力和吸附量,从而减少污染物在土壤中的活性。发现、分离和培养新的微生物品种,以增强生物降解作用,是提高土壤净化能力的极为重要的一环。

4.5.2.2　土壤污染的治理措施

1.工程措施

土壤治理的工程措施包括换土、翻土、去表土、隔离、化学方法等。这些方法效果好、稳定,适合于大多数污染物和多种条件,但有时投资大,易导致土壤肥力的减弱。近年来,把污水、大气污染治理技术引进土壤治理过程,开辟了土壤污染治理的新途径。

2.生物措施

利用特定的动、植物和微生物吸收或降解土壤中的污染物,是土壤污染治理的一个重要措施。早期生物治理采用的主体生物类群多为微生物,最近,植物修复正在成为生物治理措施中的一个亮点。植物对污染点的修复有三种方式:植物吸收、植物固定和植物挥发。研究表明,利用适当的植物不但可去除土壤环境中的有机物,还可以去除重金属和放射性核素。超累积植物已成为环境保护工作者追寻、筛选的目标。我国对植物修复和超累积的研究已有良好的开端。

3.化学措施

施用改良剂、抑制剂等降低土壤污染物的水溶性、扩散性和生物有效性,从而降低污染物进入生物链的能力,减轻对土壤生态环境的危害。例如,在某些重金属污染的土壤中加入石灰、矿渣等碱性物质,使重金属生成氢氧化物沉淀,或添加膨润土、合成沸石等交换容量较大的物质来钝化土壤中的重金属等。

4.农业措施

土壤污染治理的农业措施包括:增施有机肥(提高环境容量)、控制土壤水分、选择适宜形态的化肥及选择抗污染农作物品种等。

总之,在防治土壤污染的措施上,必须考虑到因地制宜,既消除土壤环境的污染,也不致引起其他环境污染问题。虽然,近年在农业环境保护的实践中,一些与土壤污染防治有关的科学理论得到了发展,但土壤污染的防治仍是一项具有极大难度的系统工程。

4.5.2.3　土壤污染某些新趋势与防治研究展望

1.土壤污染某些新趋势

(1)农业土壤环境的复合污染。随着工农业的不断发展和污染物的不断排放,土壤环境中存在的污染物的数量和种类也随之不断增加。土壤环境的复合污染成了土壤污染发展的重要趋势,也是今后应大力注意的方面。

(2)农业非点源污染。农业非点源污染由于污染源不固定,往往具有复杂性、隐蔽性和潜在性等特点,不易控制。

(3)畜禽生产的土壤环境污染问题。随着畜禽生产的迅速发展,其废弃物的污染问题则越来越严重。由于畜禽粪便的长期排放和土壤中氮、磷的生物污染,造成郊区的蔬菜、果树和草坪草死亡事件多有发生。因此,该问题的研究将是今后非常重要的工作。

(4)环境生物技术与土壤生物多样性。生物技术在土壤污染治理中的应用,已成为目前十分活跃的领域。但是,在这些技术应用的过程中,应十分注意生物多样性的保护和生物安全的问题,并进行生态风险分析。

(5)采矿土壤的生态恢复。所谓生态恢复,就是指运用生态学原理和系统科学的方法,把现代技术与传统的方法通过合理的投入和时空的巧妙结合,使生态系统保持良好的物质、能量循环,从而达到人与自然的协调发展。

由于煤矿和金属矿开采对土壤扰动很大或由于尾矿的堆放而使大面积的土地废弃。目前,这种废弃土地已达到 3.3×10^6 hm²,因此,矿区废弃土地的复耕与生态恢复的研究,将成为土壤污染防治领域内相当重要的问题之一。

2.防治研究展望

(1)土壤污染修复技术。土壤污染修复技术包括固化修复、玻璃化修复、热处理修复、冲洗修复、泵出处理修复、动电修复和植物修复等。随着 1997 年全球土壤修复工作网(亚洲与太平洋地区中心)在南京成立和正式启动,土壤污染修复技术的研究,将成为中国今后土壤污染防治工作的热点问题之一。

(2)土壤改造技术。土壤改造技术是指对受污染的土壤进行生态恢复,使其具有生产力或生态功能。如选择适宜的草种或树种进行种植,可以改良土质,使之恢复良性生态功能。

(3)开展无害化生产。现在我国正在积极推进生态农业的研究和试点,从某种意义上讲,无公害农产品的研究与生产是生态农业的有机组成部分,是多功能的农、工、科、贸联合生产体系,同时也是一种技术、资金和劳动力高度集中的产业。随着人们的生活水平的不断提高,社会经济和生物技术的不断发展,无公害农产品生产必将受到人们的重视。

(4)持续的土壤环境管理。随着工业、交通和城镇的发展,大量的农业耕地已转化为工业、交通、居住、文化和商业用地,为了保护耕地,防止土壤污染,土地的保护和持续利用已成为各级学科的依据和执法的尺度。

思考题及习题

1.我国的大气污染现状及其治理措施有哪些?

2.试绘图说明活性污泥法去除有机污染物的降解规律。

3.试比较污水好氧生物处理法与厌氧生物处理法的优缺点。

4.简述垃圾的收集方式,以及压实、破碎、分选的方法、机理及应用。

5.简述固体废物的回收、利用和资源化技术。

6.噪声污染危害有哪些?

7.车间内两台机器单独运转时声压级分别为 80 dB 和 86 dB,试求两台机器一起运转时,声压级为多少。

8.噪声的控制方法有哪些?

9.如何控制放射性污染?

10.什么是土壤污染,有何特点,如何防治?

第 5 章　人口、资源与环境

　　自从 1974 年,联合国每年都命名一个主题年 ,以宣示工作的重点。这些主体可以归纳为以下四方面:人口、资源、环境及和平,世界和平的发展有赖于人口、资源和环境的适度而平衡的发展。

　　当今世界上环境污染与破坏和资源的不合理利用与紧缺问题,已严重地威胁着人类的生存和发展。环境污染与资源紧缺问题产生的原因多种多样的,但主要是人类的不适当活动,特别是人口激增对环境和资源造成的冲击。人口问题是当前人类面临的严峻问题,是一切环境和资源问题的根源和核心。因此,要解决环境污染与破坏和资源的紧缺问题,就必须认真地研究人口的变化特点,从而制定出适当的政策。离开人口状况去研究环境和资源问题,或者离开环境和资源问题去研究人口问题,都不可能得出科学的结论,也就不能制定出正确的决策。

5.1　人口发展的特点

5.1.1　世界人口发展的现状和趋势

　　对全球人口发展的历史来说,刚刚过去的 20 世纪具有极其特殊的意义,因为在这100 年间,世界人口总数翻了两番,这是一个惊人的和前所未有的增长速度。

　　世界人口在 1 万年前约为 1 000 万人,青铜器时代为 1 500 万人,铁器时代为 7 000 万人,公元元年时为 2 亿人,公元 1 600 年,即文艺复兴时期为 5 亿人。在此期间,人口数量以每 1 700 年增长 1 倍的速度缓慢地增长。但是,自 18 世纪以来,随着欧洲产业革命开始的科学技术进步,世界进入了人口爆炸的时代,20 世纪初为 16 亿人,1980 年达 45 亿人。2000 年,全球人口已突破 60 亿人。

　　从人口的增长速度来看,全球人口最初达到 10 亿人是在公元 1830 年前后。100 年后的 1930 年,世界人口增长到 20 亿人,1960 年则达到 30 亿人,也就是说,人类从第一个10 亿人增长到 20 亿人,用了整整一个世纪的时间,而由 20 亿人增长到 30 亿人只用了30 年的时间。在此之后,增长 10 亿人的时间就越来越短,全球人口保持了持续的增长。1975 年世界人口达到 40 亿人,仅用了 15 年的时间,世界人口又增长了 10 亿人,1987 年则达到了 50 亿人,2000 年突破了 60 亿人,目前,世界人口以每年 7 500 万人的速度在增长,并且到本世纪中叶将继续保持增长。根据表 5.1 所显示的联合国最新预测数据,2025 年世界人口将达到 78 亿人,而到 2050 年世界人口将增长到 89 亿人。

　　如果世界人口按此速率增长下去,据测算,2700 年后,地球上的人口将达到天文数字,千万个亿。届时,陆地上的人口密度如同拥挤的公共汽车上那样,难有立足之地。

表 5.1　世界各地人口(1950～2050 年)　　　　　　　　1 000 人

地区	1950 年	1970 年	1990 年	1995 年	2000 年	2025 年	2050 年
全世界	2 521 495	3 696 148	5 266 442	5 666 360	6 055 049	7 823 703	8 909 095
发达地区	812 687	1 007 667	1 147 980	1 171 763	1 187 980	1 214 890	1 155 403
发展中地区	1 708 808	2 688 481	4 118 462	4 494 597	4 867 069	6 608 813	7 753 693
非　洲	220 933	357 041	614 769	696 963	784 445	1 298 311	1 766 082
美　洲	338 611	516 336	722 460	776 715	828 774	1 060 270	1 200 691
亚　洲	1 402 021	2 147 021	3 180 594	3 436 281	3 682 550	4 723 140	5 268 451
欧　洲	547 318	656 441	722 206	727 912	728 887	702 335	627 691
大洋洲	12 612	19 309	26 412	28 488	30 393	39 647	46 180

注:发达地区指欧洲、北美洲、日本、澳大利亚以及新西兰,其余为发展中地区。

在 20 世纪全球人口增长过程中,二战后半个多世纪的人口增长尤其迅速而显著。1950 年,人口超过 1 亿的国家只有中国、印度、美国、俄罗斯等四国。到 2000 年,人口超过 1 亿的国家增加到 10 个,印度尼西亚、巴西、巴基斯坦、孟加拉、日本和尼日利亚加入了这一行列。预计到 2050 年,埃塞俄比亚、刚果民主共和国、墨西哥、菲律宾、越南、伊朗、埃及以及土耳其等国家的人口也将超过 1 亿,全世界人口数量超过 1 亿的国家将增加到 18 个。

公共医疗卫生条件的改善、疾病的减少、婴儿死亡率的下降、生活水平的提高等因素都对人口增长做出了贡献。致使全球人口在 20 世纪后 50 年爆炸性增长。1950 年发展中地区人口占世界人口的比重为 67.8%,而到 2000 年这一比重达 80.4%,在 1950～1955 年间,发达地区的年平均人口增长率为 1.79%,而发展中地区的年平均人口增长率为 2.06%。在 1995～2000 年间,发达地区的年平均人口增长率下降到 0.289%,而发展中地区的年平均人口增长率虽然也有所下降,但仍在 1.61% 的水平上。在 1995～2000 年间,非洲的年平均人口增长率仍高达 2.39%,尽管非洲人口占全球人口的比重目前仅为 13%,但由于其高增长率到 2050 年,非洲人口将占世界人口的 20%。在世界人口中,目前亚洲人口所占的比重最高,达到 60%,而美洲和非洲相差无几,欧洲则占全球人口的 12%。由于其低生育率和低增长率,到 2050 年欧洲人口占世界人口的比重将下降到 7%。

发达地区与发展中地区之间人口增长率的显著差异,主要来自其显著的生育率水平差异。在 1950～1955 年间,全世界的总和生育率为 4.99,发达地区为 2.77,而发展中地区则为 6.16。20 世纪 70 年代以后,发达地区的生育率基本在更替水平以下。90 年代前半期下降到 1.68,到 90 年代后半期则进一步下降到 1.57 的低水平。与此相比,发展中地区的生育率一直维持在较高的水平,在 90 年代前半期为 3.27,而到 90 年代后半期也在 3.00 的水平上。然而发达地区与发展中地区间的死亡率水平差异明显缩小。

随着生育率的持续下降,很多国家正在实现人口转变,人口结构发生了根本性的变化,出现了新的人口发展趋势,以及新的人口问题。人口老龄化不仅是发达地区所面临的人口发展趋势,也是 21 世纪全球所面临的人口发展趋势,也是制约和影响未来社会经济发展的重要的人口因素。

人口老龄化的不断发展将对各国的社会经济发展带来种种影响。目前,全球人口老龄化水平(65 岁以上老年人所占比重)约为 7% 左右,且发达地区的人口老龄化水平则远远高于发展中地区。根据表 5.2 所列的联合国预测数据,到 2050 年全球人口老龄化水平将达到 16%，而发达地区的老龄化水平为 25% 左右，即 1/4 的人口为 65 岁以上的老年人。到 2050 年，发展中地区的人口老龄化水平也将达到 15% 左右，这也是较高的老龄化水平。

表 5.2　世界各地区人口年龄构成（1950，2000，2050 年）　　　　　　　　　　%

地区	1950 年			2000 年			2050 年		
	0～14 岁	15～64 岁	65 岁以上	0～14 岁	15～64 岁	65 岁以上	0～14 岁	15～64 岁	65 岁以上
全世界	34.39	60.43	5.18	29.72	63.36	6.91	19.60	64.02	16.37
发达地区	27.35	64.77	7.88	18.23	67.41	14.36	15.34	58.76	25.90
发展中地区	37.74	58.37	3.89	32.53	62.38	5.10	20.24	64.81	14.95
非　洲	42.53	54.31	3.16	42.48	54.34	3.19	24.02	67.97	8.01
美　洲	33.52	60.49	5.99	27.68	64.25	8.07	19.08	62.46	18.46
亚　洲	36.58	59.33	4.09	29.93	64.20	5.87	18.87	63.78	17.35
欧　洲	26.16	65.62	8.22	17.47	67.79	14.74	14.41	58.03	27.56
大洋洲	29.76	62.87	7.37	25.17	64.98	9.85	18.90	62.44	18.66

生育水平在很大程度上决定其未来的人口规模以及人口结构。从目前的情况来看，在今后一段历史时期内影响未来人口结构的主要因素是生育水平，同时，死亡率和平均预期寿命也将影响人口结构。全球人口平均预期寿命，还将继续不断提高，这也是一种趋势。在 1995～2000 年间，全球男性平均预期寿命为 63.6 岁，女性为 67.6 岁。到 2045～2050 年，全球男女人口平均预期寿命分别达到 73.9 岁和 78.8 岁，平均预期寿命的不断提高将进一步加快全球人口老龄化进程。

5.1.2　发达国家人口发展特点

发达国家人口的发展特点为：

(1)人口出生率降低，老龄化问题严重。人口老龄化趋势带来的后果将是劳动人口的抚养系数提高，负担加重。老年医疗问题将会更加突出，社会保险及社会福利费用增加。

(2)城市人口膨胀。如，美国和日本，城市人口已达全国总人口 70% 以上，而且有增加趋势。

(3)人口年龄结构两极分化，女性人口增长率上升。人口的出生率下降，以及医疗水平的提高，使得人口发展呈柱状图形。而由于女人寿命和战争等原因，使得目前女性人口多于男性人口。

5.1.3　发展中国家人口发展特点

发展中国家人口的发展特点为：

(1)公共卫生条件得到较大的改善，生育医疗费用低。

(2)工业化程度不高，农业生产落后，客观需要大量的劳动力，促进了人口增长。

(3)幼儿出生率高，死亡率高。非洲、西南亚、拉丁美洲的人口出生率最高，大多数国家均大于 40‰；其次是中国、东南亚、南亚地区，这些地区和国家的出生率为 20‰～29‰。但是欠发达地区的婴儿死亡率也较高，如印度每家一般需要 6.3 个孩子，才有 95% 的可能保证父母活到 65 岁时有一个孩子活着来奉养他们。图 5.1 是婴儿死亡率的国际比较图。

(4)宗教或政府等社会压力不许妇女采取流产或绝育措施。

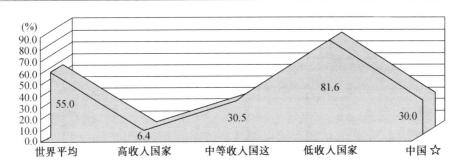

图 5.1　婴儿死亡率的国际比较

5.2　中国的人口问题

5.2.1　中国人口发展阶段

中国的人口发展大致分成五个阶段：

第一阶段：1949～1952 年，人口再生产的惯性阶段。

第二阶段：1953～1958 年，解放后人口增长第一高峰期。

第三阶段：1959～1961 年，建国以来人口再生产的低谷。

第四阶段：1962～1970 年，建国后第二个高峰期，净增 1.6 亿人口。

第五阶段：1970～至今，人口增长速度下降很快，由 2 700 万人/年下降到 1 700 万人/年。其中，1978～1988 年，10 年间由于采取计划生育而少出生 1.04 亿人。

5.2.2　中国人口发展现状

5.2.2.1　中国的总人口与人口增长

1.中国的总人口

根据第五次全国人口普查主要数据公报，2000 年 11 月 1 日零时，全国总人口为 129 533 万人，总人口由大陆 31 个省、自治区、直辖市人口（不包括福建省的金门、马祖等岛屿）、现役军人、香港和澳门特别行政区人口、台湾省和福建省的金门，马祖等岛屿人口组成。表 5.3 给出了中国五次人口普查总人数的变化趋势。

表 5.3　中国五次人口普查总人口　　　　　　　　　　　万人

	1953	1964	1982	1990	2000
大陆 31 个省、自治区、直辖市	57 586	69 122	100 394	113 048	126 333
现役军人	474	336	424	320	250
香港和澳门特别行政区	200	387	538	613	722
大陆总人口	58 060	69 458	100 818	113 368	126 583
全国总人口	59 019	71 049	103 189	116 001	129 833

注：①大陆 31 个省、自治区、直辖市人口不包括福建省的金门、马祖等岛屿。②大陆总人口包括大陆 31 个省、自治区、直辖市人口和现役军人。③全国总人口包括大陆 31 个省、自治区，直辖市，现役军人，香港和澳门，台湾和福建省的金门、马祖等岛屿。

2005 年年末全国总人口为 130 756 万人,比上年末增加 768 万人。全年出生人口 1 617万人,出生率为 12.40‰;死亡人口 849 万人,死亡率为 6.51‰;自然增长率为 5.89‰,2005 年人口构成情况,见表 5.4。

表 5.4　2005 年人口主要构成情况

指　　标	年末数/万人	比重/%
全国总人口	130 756	100.00
其中:城镇	56 212	43.0
乡村	74 544	57.0
其中:男性	67 375	51.5
女性	63 381	48.5
其中:0～14 岁	26 504	20.3
15～64 岁	94 197	72.0
65 岁以上	10 055	7.7

庞大的人口数量一直是中国国情最显著的特点之一。虽然中国已经进入了低生育率国家行列,但由于人口增长的惯性作用,当前和今后十几年,中国人口仍将以年均 800～1 000万的速度增长。按照目前总和生育率 1.8 预测,2010 年和 2020 年,中国人口总量将分别达到 13.7 亿和 14.6 亿;人口总量高峰将出现在 2033 年前后,达 15 亿左右。

受 20 世纪 80～90 年代第三次出生人口高峰的影响,在 2005～2020 年期间,20～29 岁生育旺盛期妇女数量将形成一个高峰。同时,由于独生子女陆续进入生育年龄,按照现行生育政策,政策内生育水平将有所提高。上述两个因素共同作用,导致中国将迎来第四次出生人口高峰。

2.人口增长速度持续下降

20 世纪 70 年代以来,中国人口过快增长的势头由于执行计划生育政策,得到了有效的抑制。1964～1982 年两次普查间,大陆人口的增长速度是最快的,人口年平均增长率高达 2.10%。到 20 世纪 90 年代,我国人口已进入低速增长的行列,第五次全国人口普查同第四次人口普查相比,总人口增长了 11.66%,人口年平均增长率已经降低到 1.07%,与 1982～1990 年两次普查间的人口增长速度相比,下降了 0.41%。在人口增长速度下降的同时,平均每年人口增长的绝对量也同步下降,1964～1982 年两次普查期间,平均每年净增人口高达 1 742 万人,1990～2000 年两次普查间,平均每年增加人口已经降到 1 279 万人(参见表 5.5)。本世纪中国人口增长速度将要继续下降,到 2030 年左右中国大陆总人口将达到零增长,然后开始缓慢地负增长。

表 5.5　两次普查间大陆总人口的增长变化

	1953～1964	1964～1982	1982～1990	1990～2000
人口年平均增长率/%	1.64	2.10	1.48	1.07
平均每年净增人口/万人	1 036	1 742	1 569	1 279

中国生育率的迅速下降对延缓世界人口增长起到了巨大作用,2000 年,不含中国在内的世界不发达地区人口自然增长率为 19‰,人口倍增时间为 36 年。如果包含中国,世界不发达地区人口自然增长率将下降 2‰,人口倍增时间延长 6 年。中国目前仍为世界第一人口大国,但中国人口占世界人口的比重已经下降到 1/5 左右,根据联合国的预测,到 2050 年,中国人口占世界人口的比重将下降到 15% 左右,世界第一人口大国的称号将让位于印度。

3. 人口多仍将是中国人口的首要问题

在 20 世纪,我国成功地把人口控制在 13 亿之内,人口增长速度降到了较低的水平,但中国人口的压力并没有减轻。20 世纪 90 年代初期,中国妇女的总和生育率已经降到更替水平以下,人口的内在自然增长率已经为负值,但由于人口年龄结构的惯性影响,使得三四十年之后,人口的实际自然增长率才能首次出现负值。只有人口规模开始减小,人口压力才有减轻的可能。因此,在本世纪相当长的时期内,我们都将承受着持续增长的人口压力,人口数量问题仍是中国人口的首要问题。

稳定的低生育水平,是本世纪我国人口实现零增长和负增长的必要条件。我国曾对人口发展做过多次预测,最新的预测结果主要是基于 1995 年 1% 人口调查数据作出的。按照预测方案的设想,中国妇女的总和生育率保持在 20 世纪 90 年代后期的水平不变(TFR = 1.8),大陆总人口将在 2030 年达到最高值 14.42 亿人,然后开始下降。按照高方案的设想,中国妇女普遍生两个孩子(TFR = 2.1),总人口将持续增长到 2045 年,达到峰值 15.5 亿人。

中国的人口压力最主要的表现是劳动就业的压力。五普数据表明,15 ~ 64 岁的劳动年龄人口比重已经高达 70.15%,而劳动力人口仍将持续增长到本世纪 20 年代。目前,我国的劳动就业压力已经很大,今后劳动力供需矛盾将更加突出,解决劳动就业问题将是长期困扰我国社会、经济发展的重要问题。从劳动力供给的角度看,只有采取人口负增长的战略,才有可能使 21 世纪中叶以后,劳动就业的压力缓解。

5.2.2.2 中国人口结构

1. 年龄结构

年龄结构是最重要的人口自然结构之一。按照通常的三分法,0 ~ 14 岁的少儿人口比重越高,人口就越年轻;15 ~ 64 岁的劳动年龄人口比重越高,潜在的经济活动人口和负担年龄人口就越多;65 岁以上的老年人口比重越高,人口就趋于老年型。2000 年,中国大陆人口中,这三个年龄段的人口分别为 28 979 万,88 793 万和 8 811 万,占总人口的 22.89%,70.15% 和 6.96%。

在 2004 年末全国总人口 129 988 万人中,0 ~ 14 岁人口为 27 947 万人,占总人口的 21.50%,15 ~ 64 岁人口为 92 184 万人,占 70.92%;65 岁及以上人口为 9 857 万人,占 7.58%。上述数据表明:第一,当前中国人口社会抚养比较低,劳动年龄人口比重大,劳动力资源丰富,为经济快速发展提供了强大的动力。未来 10 ~ 20 年是中国经济社会发展的人口红利期。但庞大的劳动年龄人口也给就业带来了巨大的压力,目前,中国城镇每年新增劳动力近千万,农村剩余劳动力 2 亿多。并且,劳动年龄人口将保持增长态势。据预测,2016 年 15 ~ 64 岁劳动年龄人口将达到峰值 10.1 亿,2020 年仍高达 10 亿左右。这对就业、产业结构调整和社会发展事业提出了更高要求。第二,2000 年,65 岁以上老年人口比重达 7% 以上,根据国际标准,中国已经进入老龄社会。据预测,到 2020 年,65 岁老年人口将达 1.64 亿,占总人口比重 16.1%,80 岁以上老人达 2200 万。中国老龄化呈现速度快、规模大、"未富先老"等特点,对未来社会抚养比、储蓄率、消费结构及社会保障等产生重大影响。

人口的年龄结构既是过去人口发展变动的结果,也是未来人口发展的基础,其影响因素为出生、死亡和迁移。在目前国际迁移影响的前提下,中国目前中间凸起,两头凹陷的棱形人口结构是过去一个世纪以来出生和死亡因素共同塑造的人口作品。随着时间的推移,人口的年龄结构必然将在现在的基础上发生可预见的变化。

2.性别结构

性别结构是反映人口自然结构的又一指标,通常以性别比来表示(男性人口总数:女性人口总数)。

比较历次普查的性别比(图5.2)我国的总人口性别比一直保持在 105 以上的水平,且自 1964 年以来呈缓慢上升趋势。

为遏制出生人口性别比升高的势头,国家采取了一系列措施,颁布了《人口与计划生育法》、《关于禁止非医学需要的胎儿性别鉴定和选择性别的人工终止妊娠的规定》等法律法规,启动了"关爱女孩行动",倡导男女平等,综合治理出生人口性别比偏高。

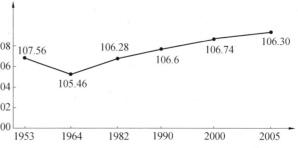

图 5.2　历次普查的性别比

3.城乡结构

城镇人口占总人口的比例是衡量一个国家城镇化水平高低的重要指标。世界上越发达的地区,越具有较高的城镇化水平。中国的城镇化水平正在逐渐提高。城镇人口比例从 1982 年的 20.55% 增加到 1990 年的 26.23%,增长了 5.68%,年增长速度为 3.45%。2000 年,中国城镇人口比例达到 36.09%,比 1990 年增长了 9.86%,年增长速度 3.76%。但目前中国与世界的差距还相当明显。2000 年,世界人口城镇化水平为 45%,发达地区高达 75%,发展中地区为 38%。中国 36% 的城镇化水平还不及发展中地区的平均水平。2004 年末全国城镇人口达到 54283 万人,占总人口的 41.76%,乡村人口为 75705 万人,占58.24%。近年来,由于积极推进人口城镇化和产业结构升级,实施城市带动农村、工业反哺农业的发展战略,人口城镇化率以每年超过 1 个百分点的速度增长。采取多种措施和合理规划,引导农村富余劳动力向非农产业转移,努力改善农民进城务工环境,促进农村劳动力有序流动。2004 年,中国流动人口已经超过 1.4 亿。大量农村劳动力进城务工,为城市发展提供了充裕的劳动力,同时也改善了农村的经济状况。

与此同时,流动人口管理与服务体系却严重滞后,亟待完善。庞大的流动迁移人口对城市基础设施和公共服务构成巨大压力。

4.民族结构

民族结构是人口社会结构的重要组成部分。2000 年,中国各少数民族人口为 10 643

万人,占总人口 8.41%。与 1990 年第四次人口普查相比,少数民族人口增加了 1 523 万人,增长了 16.70%,比汉族 11.22%的增长率高出 5.48%。少数民族人口的相对快速增长与中国的民族政策是分不开的,尤其是在少数民族地区实行的相对宽松的计划生育政策,对其人口发展起到了直接作用。

5.家庭结构

家庭结构的变化首先来自于家庭规模的变化。五普公报显示,中国的家庭户规模在继续缩小。与三普和四普的资料相比较,中国的家庭户总数和家庭户总人口数,在不断增加,但户均人口数,即家庭户规模则呈明显的下降趋势,如表 5.6 所示。

表 5.6　中国家庭户规模的变化

年份	家庭户总数/万人	家庭户总人口数/万人	户均人口数/人	户均减少/人
1982(三普)	22 008	97 109	4.43	—
1990(四普)	27 691	109 778	3.96	0.47
2000(五普)	34 837	119 839	3.44	0.52

家庭户规模下降、家庭结构趋于简单是社会进步和发展的必然趋势。

5.2.2.3　中国人口地区发展差异

多年来,区域发展不平衡一直是中国人口发展的基本特征之一。我国各个地区的人口密度相差甚远,其中人口密度最高的上海市达到每平方公里平均有 2 600 多人,而在西藏自治区则稀疏到每平方公里仅平均约有 2 人,青海省的同一指标也不到 10 人。从大部分省、自治区和直辖市来看,人口密度呈梯度分布状况,这种梯度分布大致可以分为四个层次:北京、天津、江苏等省市的人口密度大体在 700~800 人/km²;山东、河南、广东、浙江、安徽、重庆、河北、湖北及湖南等省市,人口密度集中在 300~500 人/km² 之间;黑龙江、甘肃、新疆和青海等西北部省区,每平方公里的人口数不到 100 人;其余各省区的人口密度基本在 100~200 人/km² 上下。但是由于各地区人口总的增长速度相对较低,因此纵观近 10 年来我国各省、自治区和直辖市的人口总量排序,并没有发生大的变动,在今后相当长的时期内,这一东密西疏的人口地区分布格局还将继续延续。同时,人口向城市(特别是大城市)、向发达地区、向人口稠密地区不断聚集的趋势,在短时间内也还无法逆转。

5.2.2.4　中国的人口素质

20 世纪 90 年代以来,教育事业的迅猛发展,我国人口的受教育水平得到了显著提高。具体表现为:

1.人口受教育水平普遍提高,受高等教育的人口增长幅度最大

2004 年,中国普及九年义务制义务教育的人口覆盖率达到 93.6%;由于越来越多的地区逐步普及了初中教育,加之受过高等教育的人数也大为增加,我国总人口受小学教育的人口比重明显下降,2004 年统计表明各种受教育程度人口占总人口的比重分别为:大学以上占 5.42%、高中占 12.59%、初中占 36.93%、小学占 30.44%。

受高等教育人数的增加和比例的提高,标志着我国劳动力队伍素质的提高。为我国知识经济和现代高技术产业的发展提供了重要的人才保障。

当然,与发达国家相比,我国人口中受过高等教育的人所占比重仍然较低,发展教育事业仍然任重而道远。

2.扫盲工作成效显著,文盲率大幅度降低

我国教育事业的发展,还表现在文盲率的大幅度下降上。2000 年同 1990 年相比,我国人口文盲率由 15.88% 下降为 6.72%,下降了一半多。与世界上大多数发展中国家相比,我国已属于低文盲率国家。

但是中国人口科学文化素质的总体水平还不高,主要表现在:一是人口文盲率大大高于发达国家 2% 以下的水平;二是大学入学率大大低于发达国家;三是平均受教育年限不仅低于发达国家的人均受教育水平,而且低于世界平均水平(11 年)。并且,城乡人口受教育程度存在明显差异。2004 年,城镇人均受教育年限为 9.43 年,乡村为 7 年;城镇文盲率为 4.91%,乡村为 10.71%。另外,从总体上讲,中国人口健康素质仍然不高。每年出生缺陷发生率为 4%~6%,约 100 万例。数以千万计的地方病患者和残疾人给家庭和社会带来沉重的负担。防治艾滋病形势依然十分严峻。据估计,截至 2003 年 12 月,中国现存艾滋病病毒感染者和艾滋病病人约 84 万,2004 年疫情处于全国低流行和局部地区及特定人群高流行并存的态势。

另一方面中国政府加大公共卫生事业建设力度,不断提高人口健康素质。平均预期寿命已从新中国成立前的 35 岁上升到 2004 年的 71.8 岁,孕产妇死亡率从 20 世纪 50 年代初期的 1500/10 万下降到 2004 年的 51/10 万,婴儿死亡率从新中国成立前的 200‰ 下降到 2004 年的 29.9‰,5 岁以下儿童死亡率从建国初期的 250~300‰ 下降到 2004 年的 28.4‰。传染病、寄生虫病和地方病的发病率和死亡率均大幅度减少。非典型肺炎、禽流感等新发传染病得到有效的监测和控制,艾滋病防治工作取得明显进展。

5.2.2.5 人口老龄化问题

20 世纪 90 年代以来,中国的老龄化进程加快。65 岁及以上老年人口从 1990 年的 6 299 万增加到 2000 年的 8 811 万,占总人口的比例由 5.57% 上升为 6.96%,2004 年增加到 9 857 万人,占 7.58%,目前中国人口已经进入老年型。性别间的死亡差异使女性老年人成为老年人口中的绝大多数。预计到 2040 年,65 岁及以上老年人口占总人口的比例将超过 20%。同时,老年人口高龄化趋势日益明显:80 岁及以上高龄老人正以每年 5% 的速度增加,到 2040 年将增加到 7 400 多万人。

迅速发展的人口老龄化趋势,与人口生育率和出生率下降,以及死亡率下降、预期寿命提高密切相关。目前中国的生育率已经降到更替水平以下,人口预期寿命和死亡率也接近发达国家水平。随着 20 世纪中期出生高峰的人口陆续进入老年,可以预见,21 世纪前期将是中国人口老龄化发展最快的时期。

5.2.3 中国的人口控制政策

统筹解决人口问题始终是中国实现经济发展、社会进步和可持续发展面临的重大而紧迫的战略任务。从 20 世纪 70 年代以来,中国政府坚持不懈地在全国范围推行计划生育基本国策,鼓励晚婚晚育,提倡一对夫妻生育一个孩子,依照法律法规合理安排生育第二个子女。经过 30 年的艰苦努力,中国在经济还不发达的情况下,有效地控制了人口过快增长,把生育水平降到了更替水平以下,实现了人口再生产类型由高出生率、低死亡率、高自然增长率向低出生率、低死亡率、低自然增长率的历史性转变,成功地探索了一条具有中国特色综合治理人口问题的道路,有力地促进了中国综合国力的提高、社会的进步和人民生活的改善,对稳定世界人口做出了积极的贡献。

中国政府坚持人口与发展综合决策。将人口与发展纳入国民经济和社会发展总体规划,努力使人口发展与经济社会发展相协调,与资源利用和环境保护相适应。自 20 世纪 90 年代以来,每年召开人口、资源、环境工作专题座谈会,统筹考虑,协调部署,动员全社会力量,采取法律、倡导、经济、行政等多种措施综合治理和解决人口问题,把发展经济、开展计划生育、普及教育、提高健康水平、消除贫困、完善社会保障、提高妇女地位、建设文明幸福家庭等紧密结合起来。2003 年,将国家计划生育委员会更名为国家人口和计划生育委员会,以加强人口发展战略研究和综合协调,更加科学地制定和实施人口发展规划。2004 年初,中国政府组织多学科的专家学者,正式启动了"国家人口发展战略研究",对人口数量、素质、结构、分布等的变化趋势及其与经济、社会、资源、环境的相互影响进行全面、深入、系统的研究。国家人口发展战略研究已经提出了优先投资于人的全面发展,将人口大国转变为人力资本强国的人口发展战略思路,为科学制定国家中长期人口发展规划和国民经济总体规划,实现人口经济社会资源环境的协调、可持续发展提供决策支持。

2006 年 2 月 9 日,中国国务院发布《国家中长期科学和技术发展规划纲要(2006 ~ 2020 年)》,提出未来 15 年的人口目标是将人口数量控制在 15 亿以内。其在人口与健康领域确定的发展思路之一,即是控制人口出生数量,提高出生人口质量。重点发展生育监测、生殖健康等关键技术,开发系列生殖医药、器械和保健产品,为人口数量控制在 15 亿以内、出生缺陷率低于 3% 提供有效科技保障。

5.3　人与环境

人口的急剧增长给环境造成的影响,除了资源耗用量大增外,就是环境污染的日益严重,首先,生产增长带来废弃物的增加。工业生产从自然界中获得的原料往往伴生多余原料十倍、百倍的废物,生产过程中也不断产生废物、废水和废气进入环境。

有些生产产品,特别是一些化学工业产品,是人类制造的难降解和不降解的化学物质,经过使用后进入环境成为现代环境污染的主要因素(化学污染)之一。人类生活也产生大量的废弃品、废水和废气,进入环境,污染水体、土地等。总之人口的急剧增加对环境造成空前的压力,使其原有的净化能力无法承受,导致环境恶化,这种情况在城市尤为严重。

环境与健康决定未来发展。世界观察研究所在 20 世纪末的题为《世界状况》的年度报告说如果政府不采取行动,"我们面对的未来是,环境的继续恶化几乎肯定会导致经济衰退。"自古以来人类就十分重视人类健康与环境的关系,随着科学的进步和社会的发展,人们已经认识到,对健康的威胁不单纯来自生物因素,而且来自社会的、心理的和自然界的诸多因素。

影响人体健康的环境因素大致可分为三类:化学性因素,如有毒气体、重金属、农药等;物理性因素,如噪声和振动、放射性物质和射频辐射等;生物性因素,如细菌、病毒、寄生虫等。其中,以化学性因素影响最大,当这些有害因素进入大气、水体和土壤造成污染时,就能对人体产生危害。

环境恶化危害人类健康。世界上每年约有 400 万儿童死于空气污染引发的急性呼吸污染感染,250万儿童死于水污染导致的腹泻,350~500万人患急性农药中毒。《世界资源报告1998~1999》专门论述了环境恶化与人类健康的问题。该报告指出,23%的全球疾病与环境因素有关,水污染、室内空气污染、大气污染、有害化学品污染、森林锐减等环境问题,每年都要夺去几百万人的生命,把几千万人送进医院。报告呼吁,有关国家应尽快采取措施,改进水质及医疗卫生设备,推广使用无铅汽油,消除农业用水污染,控制环境恶化,保护人类健康。

5.3.1　环境污染对人体健康影响的特征

环境污染是各种污染物之间,以及污染物与其他环境因素之间互相作用的结果。环境污染物来源广泛,种类繁多,性质各异,且在环境中所处的时间和空间位置也各不相同;其浓度低、持续时间长,而且是多种毒物同时存在,联合作用于人体;环境污染物在环境中可通过生物的或理化的作用,发生转化、增毒、降解或富集,从而改变其原有的性状和浓度,产生不同的危害作用;环境污染物还可通过大气、水体、土壤和食物等多种途径对人体产生长期影响,受影响的对象很广泛,包括老年、壮年、青年、幼儿,即整个人群,甚至还包括母腹中的胎儿。

从影响人体健康的角度来看,环境污染具有以下特征。

(1)多样性。环境污染因素包括物理的、化学的和生物的。例如,进入人类生活环境的化学物质有6万多种,其中多数对人体产生直接或间接的影响。环境污染物来自自然环境、工作场所、居住环境、公共场所及衣食住行各个方面。污染物可使人体多部位受害,人体各个部位几乎所有器官都是环境污染的靶器官。环境污染所致疾病是多种多样的。

(2)潜在性。环境污染所致疾病除急性中毒外,其症状和危害经过数个月、几年,甚至几十年才显露出来。环境污染不仅直接影响当代人的健康,而且影响子孙后代的健康。环境污染物致癌、致畸、致突变作用就是潜在性危害的典型表现。

(3)综合性。环境污染物作用于人体往往并非单一的,而是多因素、多种类污染物同时作用于人体,各种联合作用和综合作用影响,常常会加重危害。据研究表明,噪声污染可以强化大气污染对人体的危害。

(4)广泛性。环境污染具有跨区域性和世界性。例如,近年来,我国跨行政区的污染纠纷逐渐增多。特别是上下游之间由于水污染造成农作物损害的事件屡有发生,同时,也对人们的生活和健康造成了严重威胁。又如,众所周知的"温室效应"和"臭氧空洞"问题,这些环境污染已经影响了全球人类生活与健康,而且它们不是一个地区或国家所造成和所能解决的,而是全球性问题。

(5)积累性。污染物进入环境后,由于大气、水体和土壤有扩散、稀释和自净能力,能使污染物的浓度降低,甚至净化。但许多污染物化学性质稳定,不宜分解,在复杂的生态系统中不断迁移、转化、积累。它们能在生物体内积累,通过食物链的传递使生物内污染物的浓度越来越高。最终对人类的健康造成危害。另外,污染物也可被土壤吸收,暂时使环境中污染物活性降低,然而一旦积累的污染物重新释放于水或土壤中仍会被动植物吸收,造成二次污染,以至危害人体健康。

5.3.2 环境污染对人体健康的影响

人类环境的任何异常变化,都会不同程度地影响到人体的正常生理功能。如果环境条件的异常变化超出了人类正常的生理调节范围,就可能引起人体某些功能和结构发生异常反应,甚至呈现病理变化,使人体产生疾病或影响寿命。人类的疾病多数是由生物的、物理的和化学的致病因素所引起的,而这些致病因素与环境污染的程度密切相关。有的人对环境因素的损害特别敏感,称为高危险人群(如孕妇、新生儿、胎儿、老年人、残疾人等),高危险人群比正常人表现健康危害早而且程度严重。环境污染对健康的影响是很复杂的,可以引起人体急性中毒和死亡,环境中有害因素低浓度、长期、反复对机体作用,或通过食物链在人体蓄积,可以引起慢性危害或对免疫功能产生影响。环境污染还可以引起远期效应,如致癌作用,致畸作用,致突变作用。环境污染物所引起的致突变作用往往对生物体有害,哺乳动物的生殖细胞发生突变可以导致或影响妊娠的全过程,造成流产,胎儿早期死亡或畸形,胎儿期大脑缺氧缺血,出生后出现脑性瘫痪。

环境污染物对人体健康的影响是极其巨大而复杂的。环境中的化学物质通过不同的途径侵入人体,并会分别到达容易积蓄它的器官,在医学上通常把这些化学物质集中的脏器称为该物质的靶器官。毒物经人体吸收后,通过血液分布到全身。有些毒物即使在环境中浓度是微量的,如长期摄入人体,在某些器官组织中蓄积达到毒性开始表现出来的浓度,人出现病症。如铅蓄积在骨内,DDT 蓄积在脂肪组织中等等。另外,有些污染物的性质与构成人体的主要元素相似。所以,有的污染物可以将构成人体的元素置换下来,如锶和铅对钙的置换。再者化学性质稳定、难溶的环境污染物,一旦进入体内,就难以排除而被蓄积起来,如石棉等矿物性粉尘,严重影响人体的健康。当然还有很多毒物在体内经过生物转运、生物转化,被活化或被解毒。不少器官,如肾脏、胃、肠等,特别是肝脏对各种毒物有生物转化功能。毒物以其原形或代谢产物作用于靶器官,发挥其毒作用。最后,毒物可经肾脏、消化道和呼吸道排出体外,少数可随汗液、乳汁、唾液等排出体外,有的也可在皮肤的代谢过程中进入毛发而离开机体。

机体对环境污染物的反应取决于污染物本身的理化性状、进入人体的剂量、持续作用的时间、个体敏感性等因素。一般存在着剂量 – 效应关系,即毒物对机体敏感器官所产生的效应,随毒物的剂量增加而增强。

毒物进入人体后,机体能通过代谢、排泄和蓄积,在一些与毒作用无关的组织器官里,以改变毒物的质和量。毒物剂量增加,超过人体正常负荷量,机体还可动用代偿适应机制,使机体保持相对稳定,暂时不出现临床症状和体征,即呈亚临床状态。如剂量继续增加,以致使机体代偿适应机制失调,便会出现临床症状,甚至死亡。

将环境污染物引起的机体反应与浓度的关系联系起来观察,其变化过程可分为适应期、代偿期、损害期。适应期机体可在体内平衡范围内处理污染物的代谢与排泄,当污染物质的含量多到某种程度就作用于靶器官。代偿期就是靶器官的机能下降,但通过其他细胞等代偿还可维持机能运行,维持整体水平,几乎无自觉症状。损害期出现症状,经生理生化检查可发现异常反应。这些人体对环境污染物的反映过程可用图 9.1 概括表示。

适应与代偿状态是指从健康到半健康,非代偿状态是指从衰退到衰竭,其中包括病态、疾病、死亡。Finklea 等将上述情况通过生物反应光谱观察,分为 5 个阶段,即:①不伴有其他变化的污染负荷;②伴有意义不明的生理性变化的污染负荷;③伴有亚临床生理性变化的污染负荷;④与发病率相关的污染物负荷;⑤与死亡率相关的污染物负荷。例如,在接触高浓度有机磷农药时,当血液胆碱脂酶活性稍低于机体的代谢功能时,可能不出现症状;当血液胆碱脂酶活性下降到均值(一般情况下,以健康人胆碱脂酶活性平均值作为100%)时,常会很快出现轻度中毒症状;当降到均值30%~40%时,症状就相当严重,甚至死亡。而长期少量接触有机磷农药所引起的慢性中毒,使体内胆碱脂酶活性下降的程度与中毒症状间往往不成比例,有时胆碱脂酶活性虽仅为均值的5%,但却无任何症状。这表明环境污染物作用于人群时,并不是所有的人都出现同样的毒性反应,而是呈图5.3中"金字塔"式的分布。人群接触同样程度的环境污染物,其中大多数可能仅使体内有有污染物负荷出现意义不明的生理学变化,只有一小部分人会出现亚临床变化,甚至发病或死亡。这主要和个体对环境污染物的敏感性不同有关。因此,及早发现亚临床期生理、生化的变化和保护高危敏感人群是环境医学的一项重要任务。

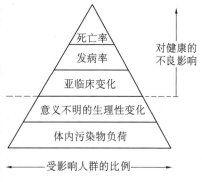

图5.3　人群接触污染物引起的生物学反应(Finklea 等,1971)

环境污染物对人体健康的危害可分为急性危害、慢性危害和远期危害。急性危害是指污染物在短期内浓度很高,或者几种污染物联合进入人体,在短期内造成人群暴发疾病和死亡的危害;慢性危害主要是指小剂量的污染物持续作用于人体,并在人体内转化、积累,经过相当长时间(半年至十几年),才出现受损症状的危害,如职业病、水俣病、骨痛病和大气污染对呼吸道慢性炎症发病率的影响等;远期危害是指环境污染对人体的危害,经过一段较长的潜伏期(几十年甚至隔代)后才表现出来,如环境因素的致癌作用等。

5.3.3　居住环境与人体健康

居住环境是以住宅为中心的区域环境,包括室内环境及其周边的室外环境。人居环境的健康性指室内外影响健康、安全和舒适的因素。

5.3.3.1　地理环境与健康

地理环境是自然环境中的重要因素。它影响着人类生存的土壤、水源、阳光、温度、植被及各种元素的分布和变化,从而直接或间接地影响着人体健康。

中医学历来认为地理环境对人的寿命有直接影响。认为人们居住的地理环境不同,因而流行的好发病也不会一样,治疗和保健措施也就自然不同。中医医学、地理学的思想已被现代科学研究所证实。

随着地理环境的变化,地球的化学环境也发生变化,与人体健康密切相关的生命元素,在不同的地形类型和部位,分布也不同。一般而论,高山区和山体顶部易发生活泼元素的过少缺乏症,如碘、氟、硒等;而河谷、平原、洼地、贫地等地区,则易发生活泼元素的中毒症,如氟中毒、钠过多等,我国分布最广的三种地方病:地方性甲状腺肿、克山病和氟中毒的病区分布,都与地域、地形有密切关系。

当今世界上平均寿命最长的国家有瑞典、冰岛、荷兰、挪威和日本,男性平均寿命73

岁,女性平均寿命78岁。这些都是岛国、半岛国,为海洋所包围。位于太平洋之中的岛国斐济,几十年来几乎未发现癌症病例,分析其原因是空气新鲜湿润,较内陆污染少;气温较温和,不似内陆暴冷暴热;既食陆产品又食海产品,生命必需的元素来源丰富,有利于新陈代谢和细胞的保护。

5.3.3.2　空气与健康

空气是人类生存不可缺少的条件,成人每天必须吸入 15 m^3 左右的新鲜空气,相当于 13 kg,是每日饮食重量的 10 倍,饮水重量的 3 倍。新鲜空气的主要成分是氧和氮,其中,氧气是人体的生命元素,它在肺泡毛细血管内与血红蛋白结合,输送到全身,并通过营养作用,释放出人体活动所需的的能量;氮是人体的一种营养元素,它经过微生物的作用,进入土壤,又被植物吸收,并通过饮食形成生命的必需基础物质——蛋白质,供人体生理需要。

此外,空气中还含有对人体健康非常有益的负离子。研究证明,负电阴离子十分有益于人体健康,故有"空气维生素"之美誉。负离子能调节大脑皮层功能,振奋精神,消除疲劳,提高工作效率;能镇静、催眠和降低血压;负离子在进入呼吸道时,使支气管平滑松弛,解除其痉挛,故有镇咳平喘的功效;负离子能使肾、肝、脑、肾上腺等组织的氧化过程加强,提高基础代谢率,促进上皮增生,增加机体自身修复能力,加速创面愈合;负离子能提高网状内皮系统的功能,促进体内合成和储存维生素,促进蛋白质代谢,减低血中 5—羟色胺的水平;负离子还有抑制和杀灭细菌的作用。高浓度的空气负离子能降低病毒性疾病的死亡率。通过大量研究,目前认为每 1 cm^3 含 10 ~ 100 万个负离子时,具有防治疾病的作用。

新鲜的空气有益于健康,污浊的空气则有害于健康。随着现代化工业的发展,生活节奏的加快,许多有害物质被释放进入空气中造成空气污染。空气污染不仅给森林、河流、海洋、动植物造成危害和灾难,对人类健康危害更大,会导致急性中毒、慢性呼吸系统和消化系统等疾病,甚至长期富集在环境中,对人类的健康乃至子孙后代的健康造成严重威胁和损害。

5.3.3.3　水与健康

人类生活一刻也离不开水。一个人每天大约需要饮水 2 ~ 3 L 才能维持正常生理功能,一个人的体液占体重的 2/3,所以,没有水也就没有生命。饮水与健康祛病的关系十分密切,洁净的水除了含有氢和氧两种元素外,还应含有人体所需的微量元素,如钾、钠、钙、镁、铁等矿物质,但这些元素的含量也不宜过高,水质的优劣直接影响着人的健康和生命。

水污染直接影响饮用水源的水质,当饮用水源受到合成有机物污染时,原有的水处理厂不能保证饮用水的安全可靠,这将会导致如腹水、腹泻、肠道线虫、肝炎、胃癌、肝癌等很多疾病。近年来,人们开始关心并研究环境污染导致环境激素增加,对人类的繁殖能力的影响,及水污染造成的自然流产和先天残疾。另外,对某些污水灌溉区的调查说明,生活在污水灌溉区的农民发病率要明显比非污水灌溉区的发病率高。对采用不同饮用水源的人群的调查表明,在同一个地区,饮用井水的居民癌症发病率要比饮用池塘水的居民低得多。

除上述情况外,还需要注意二次供水系统的输水管、蓄水池和水箱的设备的内壁涂料中如含有水溶性的有毒成分,会危害居民的身体健康。另外,如果管理不严,没有定期清洗蓄水池和水箱,各种外面进入的污染物,甚至有虫子、死耗子、杂物等,以及自身滋生的微生物都将使原本符合饮用水标准的洁净水遭受污染,影响以至损害人体健康。

5.4　资源、人口与可持续发展

自然资源是人类生存与生产不可缺少的物质因素。随着科技的发展和人口的不断增加,人类对各种自然资源的需求量逐渐增大,资源的开发和人口的增长的矛盾也越来越尖锐。资源将成为限制人类发展的一大难题。

5.4.1　自然资源

5.4.1.1　自然资源的定义

自然资源是人类从自然条件中摄取并用于人类生产和生活所必需的各种自然组成成分,其通常所指的有土地、土壤、水、森林、土地、湿地、海域、原生动植物、微生物以及矿物质等。随着人类对自然资源认识的加深,人们逐渐意识到自然资源不仅包括上述物质还包括空气等一些环境要素。

5.4.1.2　自然资源的分类

1.自然资源的地理分类

根据自然资源的形成条件、组合状况、分布规律及其与地理环境各圈层的关系等特性,通常把自然资源分为矿产资源、土地资源、水力资源、生物资源、气候资源和海洋资源。

2.自然资源的特征分类

自然资源按其产生和可利用性分为:

(1)非耗竭性资源,又称无限资源,如太阳能、空气、风、降水、气候等。这类资源随地球形成及其运动而存在,基本上是持续稳定产生的。

(2)耗竭性资源,有限资源。这种自然资源是在地球演化过程中的特定阶段形成的,质与量是有限的,空间分布不均匀。又可以分为两类:一类是可更新资源及再生资源,主要是指被人类开发利用后,能依靠生态系统自身运行的力量得到恢复或者再生的资源,如生物资源、土地资源和水资源。只要开发强度不超过承载力,这些资源从理论上讲是可以永续利用的;另一类是不可更新资源及非再生资源,这些资源是指被人类开发和利用后逐渐减少以至枯竭,而不能再生的自然资源,如各种金属矿物、非金属矿物、化石燃料等。这些矿物都是由古代生物或者非生物经过长的地质年代形成的,储量是有限的,在开发的过程中,只能不断的减少,无法持续利用。

5.4.1.3　中国资源的特点

1.资源总量大,种类齐全

中国国土面积960万平方公里,仅次于俄罗斯与加拿大,居世界第三位,海域473万平方公里。中国主要自然资源的总量均居世界前列。实际耕地约占世界的6.8%,居世界第三位,森林面积占世界第五位,草地面积约居世界第二位,河川径流居世界第六位,可开发的水力资源居世界第一位。矿产资源总值,居世界第三位,其中,钨、锑、钛、稀土、菱镁矿居世界第一位,煤、钒、硫居世界第二位,磷、锌、钼居世界第三位,镍居第九位,石油储藏量也居世界第九位。中国主要自然资源的总丰度与世界各国比较,仅次于俄罗斯与美国,位居世界的第三位,堪称资源大国。这个概念基本上符合社会公众的一般认识。

地大物博,资源丰富,种类齐全是中国资源的优势。一个国家的人口与经济发展的规模在很大程度上取决于该国的自然资源总量,目前除日本等少数国家外,世界上经济大国都是资源大国。自然资源总量大是中国综合国力的重要方面。

2.人均占有资源量少,资源相对紧缺,生存空间狭小

中国人口众多,已达 13 亿人口。因此,按人口平均,中国则是资源小国。

人均占有资源量少是中国资源的一大劣势,一个国家居民消费水平和生活方式在很大程度上取决于该国的人均自然资源的占有量或消费量,中国人口仍将持续增长,人均占有资源量还将继续降低,这是难以改变的事实,表明中国人口对资源的压力过大。中国资源相对紧缺,特别是决定国计民生的耕地人均量过小与淡水供应不足,成为约束性的两大稀缺资源。

3.资源质量相差悬殊,低劣资源比重偏大

中国不同地区与不同种类的资源质量相差悬殊,但低劣资源比重偏大。从地面资源看,草地资源质量普遍较差,中下等草地占 87%,加以季节不平衡,冬春草不足,载畜能力低,天然草地质量差异也很大,东部的草甸草原质量较佳,产草量可高于荒漠草地 10 倍。中国林地质量总的看较好,一等林地占 65%,但现有林地的中幼龄林比重大,林场生产力普遍较低,与林地潜力很不相称,中国的耕地资源一般情况下都是在最好的土地上开垦,但质量也相差悬殊,好地即无限制的一等耕地约占 40% 左右,而有各种限制的耕地,即不同程度的水土流失、风沙、盐碱、洪涝灾害的中下等耕地与中低产田则占总耕地面积的 60% 左右,这是由于中国人口多,平原好地不足,山坡地、沙荒地、滩地、湿地开垦以及管理不善造成的。

矿产资源,不同矿种质量相差也很悬殊。煤炭资源总体看质量较高,品种较全,分布集中,开采条件也较好。还有一些小矿如钨、稀土等质量也较好。但相当部分矿种质量较差,表现为富矿少,贫矿多,综合组分多,单一整装矿少,开采难度大。如铁矿,贫矿占 95% 以上。铜矿中,品位低于 1% 的占 2/3。大于 30%（P_2O_5）的富矿占全国磷矿总储量的 7.1%,而小于 12% 的贫矿却占总储量的 19%。而且中国矿产一般埋藏较深,可供露天开采的大型巨型矿产极少。这个特征大大加重了资源更新、改造、开发利用的难度,对投资和技术条件的要求较高。

4.资源地区分布不平衡,组合错位

资源分布不平衡,各类资源按其成因和地理分异规律,分布在一定的区域内,资源分布的区域性是资源的一个共同特点。各类资源分布的差异,它的组合特点,很大程度上影响着资源开发利用与经济发展。中国各类资源匹配总体看不理想,组合错位。中国南方地区水多耕地少,水资源占全国水资源总量 81%,而耕地只占全国耕地的 35.9%,能源资源普遍短缺。其中东部(华东、华中与华南)也是矿产资源较贫乏的地区,煤炭仅占全国的 1.0%,石油占 0.7%,铁占 18.6%。西南则水力资源占全国的 70%,铁、有色金属、磷、硫较为丰富,也有一定煤炭资源(占全国的 10.3%),但山高坡陡,耕地资源奇缺,也是严重的石油短缺地区。北方地区,水少耕地多,耕地资源占全国耕地总面积 64.1%,而水资源

只占全国水资源总量的 19%,能源与矿产资源丰富,煤炭资源的 90%,铁矿的 60%,石油资源几乎全部在北方。在北方地区中,华北地区耕地占 38.5%,而水资源仅占 7.5%,水土资源严重不平衡,而且矿产资源丰富,煤炭占 50%,石油占 38%,铁矿资源占 29%,水是主要限制条件;西北干旱地区,耕地占 5.8%,水资源占 4.6%,似乎基本平衡,但西北土地辽阔,土地总面积却占全国土地的 35.4%,大部分土地因干旱缺水而不能开发,西北地区是中国富能地区,煤炭资源占 28%,石油资源占 13%,而且前景看好,大有潜力,有色金属资源也很丰富,但铁矿资源只占 7%,偏少,水资源是限制西北资源开发与经济发展的约束性因素。东北地区耕地占 20%,水资源占 7%,东北石油能源丰富,占 48%,煤炭占 8.5%略少,铁占 24%,而且森林资源丰富,有林地面积占全国的 30%,木材蓄积量占全国的 42%,东北地区除辽河流域缺水严重外,总体看资源匹配较好。青藏高原,高寒、缺氧是限制条件。

从人口分布看,中国北方人口占 45.3%,土地面积占 63.6%,以黄淮海地区人口最为集中,占全国总人口的 33%,土地面积只占 15%,人口密度最大;中国南方人口占 52%,土地面积占 36%,人口密度比北方高,其中长江流域,人口占 35%,土地面积占 19%,人口密度也是全国最大地区。

再从人与资源关系的角度分析,我们可以认为,中国南方是人地矛盾,而中国北方普遍是水土矛盾,华北地区即黄淮海地区则处于水土矛盾与人地矛盾叠加的焦点,又是矿产资源丰富,经济重心地区,因此为促进华北地区经济的发展,解决水资源短缺是首要问题。

5.资源开发强度大,后备资源普遍不足

中国人口众多,各类资源在经济技术所能及的范围内,都得到开发利用。宜农地资源的利用率达到 90% 以上,后备资源不足。宜农耕地资源已处于"饱和"甚至"超饱和"状态,不少地区,特别在黄土高原、风沙地带和西南山区,因平地耕地不足,而采取陡坡开荒造成大面积水土流失、土地沙化和退化。中国荒漠化地区的耕地退化达 45% 左右。天然草地过牧超载 1/3,造成草地生产力普遍下降 30% ~ 50%。现实森林资源同样是采大于育,采育失调,木材供应赶不上需要,将有枯竭危险。华北平原地下水资源开采过度,缺乏水资源补充,普遍发生大漏斗,有些滨海地区已发生海水倒灌。东部油田,储采比降到约 10:1,大都已进入中晚期,且新油田接替不上,后续资源不足。中国的铁矿资源,由于富矿少,已部分由国外供应。因此,为了社会经济的持续发展,一方面必须坚持资源的节约利用、综合利用、持续利用,另一方面要大力寻找新的后备资源,是刻不容缓的。

5.4.2　人口与资源的关系和环境的承载能力

5.4.2.1　人口对自然资源的压力

1.人口增长对土地资源的压力

人口增长使得人口与耕地的矛盾尖锐化。我国耕地 1×10^8 hm^2,约占总土地面积的 10%。用占世界 7% 的土地养活了占世界 22% 的人口,一方面说明了我国农业取得惊人成绩,一方面反映了人口与耕地的矛盾。这种矛盾表现在:

(1)人口增加,人均耕地较少。人均占有耕地量不足世界平均水平的 1/4。

(2)为了保证粮食的供应,加剧土地的开发,致使土质恶化严重:全国有 1/3 耕地水土流失严重,每年损失土壤 5×10^9 t;有 393×10^4 hm^2 农田受到沙漠化的威胁;因为开发加剧,大量土地肥力下降,腐殖质减少。

(3)建筑及工业用地使土地不断减少。

2. 人口增长对水资源的压力

地球生物圈水循环中可供人类使用的淡水资源,仅占全球水体总量的 0.008%,占淡水总量的 0.34%。而人口增长使得水资源缺乏日趋严重。我国的年降雨量约为 $60\,000 \times 10^8$ m^3,相当于全球总降水量的 5%,据世界第三位,我国多年河川径流量为 $27\,225 \times 10^8$ m^3,多年地下水资源 $8\,288 \times 10^8$ m^3,我国水资源总量居世界第六位,但是由于我国人口总数大,人均水资源量仅占世界的 1/4。

随着科技的发展和城市化进程的加快,用水量急剧增加,水资源短缺问题日益严重。预计到 2030 年我国人口将达到峰值 16 亿,人均水资源量将降到 1 760 m^3。按国际上一般承认的标准,人均水资源量少于 1 700 m^3 的为用水紧张的国家,届时我国将进入用水紧张时期。在充分考虑节水的情况下,估计用水总量为 7 000 亿~8 000 亿 m^3,而全国实际可能利用的水资源量约为 8 000 亿~9 000 亿 m^3,预计用水量已经接近可利用水量的上限,水资源进一步开发的难度增大。

水资源短缺已经成为我国尤其是北方地区经济社会发展的严重制约因素。目前,我国年缺水总量约为 300 亿~400 亿 m^3。全国 669 个城市中有 400 个供水不足,110 个严重缺水;在 32 个百万人口以上的特大城市中,有 30 个长期受缺水困扰。全国城市年缺水量为 60 亿 m^3 左右。据有关部门分析,由于供水不足,城市工业每年经济损失 2 000 亿元以上,影响城市人口 4 000 万人。同时,水资源短缺也使得农业生产受到很大影响,每年农田受旱面积 2~6 亿亩。

与此同时,我国用水效率不高,普遍存在着用水浪费现象,不仅加剧了水资源短缺,也增加了污水排放量,加重了水体污染。我国的用水总量与美国相当,但 GDP 仅为美国的 1/8。我国农业灌溉用水利用系数大多只有 0.4~0.5,而很多国家已达到 0.7~0.8。工业万元产值用水量平均为 241 m^2,是发达国家的 5~10 倍,工业用水的重复利用率平均为 40% 左右,而发达国家平均为 75%~85%。

3. 人口增长对能源的需求增加

人口的增加缩短了矿物燃料的耗竭时间,加速了我国能源供给的紧张局面。我国煤炭储量 1×10^{12} t,陆上石油储量 $(300 \sim 1\,000) \times 10^8$,海洋石油储量 53×10^8 t;1994 年原煤产量 12×10^8 t,占世界第一,石油产量 1.46×10^8 t,占世界第五位,可以称得上是能源大国。但能源的人均占有量很少,特别是同工农业快速发展的要求仍有很大差距。因此,能源短缺一直是制约我国经济发展的因素。

人口逐年增长,能源消耗增加,加上中国以煤为主的不合理的能源结构,对环境将产生巨大的压力。

4. 人口增长对森林资源的压力

人口增长使森林资源的供需矛盾尖锐化,我国在历史上曾是一个森林资源丰富的国家,但随着人口和耕地需求的增加,大量的森林被砍伐破坏,而使我国变为一个少林国。虽然经过全民植树运动、三北防护林等生态工程的建设,使森林覆盖率有所提高,但是仍然远低于世界森林覆盖率的平均水平。

由于我国人均占有林木蓄积量很低,森林资源已经承受着过重的压力。加之人口增长和经济建设的需要,诱发了过量开采;农村人口增长和能源缺乏,导致乱砍滥伐;人口增长对粮食和土地的需求,加剧了毁林开荒。这些都使我国的森林资源遭到严重破坏。

5. 人口增长对物种资源的压力

我国是物种繁多、生物资源丰富的国家。据计算,中国生物资源的经济价值在1 000亿美元以上,但在人口急剧增加的情况下,为解决吃饭问题和发展经济,毁林开荒、焚草种地、围湖造田、滥伐森林,向荒野和滩涂进军,大批水利工程、交通建设和开发区兴建等等,破坏了生物栖息地,许多珍贵物种的生存环境缩小。例如,白鳍豚、熊猫等珍贵物种分布区面积和种群数量都显著减小。其中,属于中国特有的珍贵野生动物濒危物种有312多种;濒危珍稀植物有354多种。生物资源的减少将损害中国的生态潜力,特别是对农业的打击可能是非常严重的。

6. 环境污染的加剧

在相同的社会经济条件和某种生活水平下,显然,人口增加,食物、水、能源及其他生活资源也必然相应地按比例增加。如果同时生活水平也提高,即消费者个人的消费量上升,无疑,排出的污染物也增加。最终均使环境恶化。在城市中,由于人口增加和经济活动的加剧。如果又不注意消除污染的情况下,排入环境中的废物和能量,成数倍以至上百倍地增加。同时诸如交通拥挤、城市内噪声污染等等,人们身心健康等都将显示出极大的恶化。

5.4.2.2 环境的人口容量

地球环境是人类赖以生存的场所。地球上究竟能容纳多少人口,是全人类共同关心的重大问题。有关环境的人口容量的估算问题,目前仍是一个有争论和需要进一步研究探讨的问题。

1. 地球的人口环境容量

众所周知,地球上的陆地是有限的,其能提供给人类的生物生产量也应是有限的,因此,地球环境对人口的承载能力不可能是无限的。

地球环境对人口的承载能力,或称人口环境容量,是指一定的生态环境条件下地球对人口的最大抚养能力或负荷能力。通常,我们所说的地球环境的人口承载能力,并不是指生物学上的最高人口数,而是指一定生活水平和环境质量状况下所能供养的最高人口数,其随生活水准的不同而异。因此,如果把生活水平的标准定得较低,甚至仅维持在生存水平,那么人口环境容量就可认为接近生物学上的最高人口数;如果生活水平的目标定得恰当,人口环境容量即可认为是经济适度人口。国际人口生态学界将世界人口容量定义为:在不损害生物圈或不耗尽可合理利用的不可更新资源的条件下,世界资源在长期稳定状态下所能供养的人口数量的大小。这个定义强调了人口容量是以不破坏生态环境的平衡与稳定,并保证环境资源的永续利用为前提。

2. 中国的人口环境容量

对中国的人口环境容量问题,许多学者做过研究。马寅初先生早在1957年就提出中国最适宜的人口数量为7亿～8亿;同年孙本文教授也从中国当时粮食生产水平和劳动就业角度,提出了相同看法。田雪原、陈玉光(1980年)从就业角度研究了中国适宜人口数量,认为100年后中国经济适宜度人口应在6.5亿～7.0亿之间。胡保生等应用多目标决策方法,选择社会、经济、资源等 20 多个因素进行可能度和满意度分析,提出中国 100 年后的人口总数应保持在 7 亿~10 亿为好。宋健等也从食品和淡水资源的角度出发;估算了 100 后中国适宜度人口数量应保持在 7 亿或 7 亿以下,若按发展中国家平均用水标准,则应控制在 6.3 亿~6.5 亿之间。根据上述学者的研究结果,可以认为我国的人口环境容量应在 6.5 亿~8.0 亿之间。

人口容量的制约因素很多,但许多学者认为,自然资源和环境状况是人口容量的主要限制因素。多年来:我国对环境污染的防治和自然生态的保护,虽然取得了显著成效,但目前我国的环境状况仍不容乐观。对我国环境状况的基本估计是:局部有所改善,总体还在恶化,前景令人担忧。因此,如从环境保护的角度来看,目前我国的人口数量已远远超过了环境的承载能力。在未来相当长的时间里,我国的人口数量将进一步增长,而资源和环境的状况基本成定势,人口环境容量超负荷的状况将长期存在下去。这种状况无疑将对我国的社会、经济和环境产生非常深远的影响。

5.4.3　资源的合理利用与环境的改善

我国耕地、水和矿产等重要资源的人均占有量都比较低。今后随着人口增加和经济发展,对资源总量的需求更多,环境保护的难度更大。必须切实保护资源和环境,不仅要安排好当前的发展,还要为子孙后代着想,决不能吃祖宗饭,断子孙路,走浪费资源和先污染后治理的路子。要根据我国国情,选择有利于节约资源和保护环境的产业结构和消费方式。坚持资源开发和节约并举,克服各种浪费现象。综合利用资源,加强污染治理。

5.4.3.1　水资源的保护与合理开发

水是生命之源,水资源短缺和污染问题已成为我国 21 世纪经济发展的主要制约因素之一,保护和合理的开发调用水资源是当务之急。

1.节约用水

控制水的需求,强调节水优先。

一方面应该提高原水的利用率(我国农业原水的利用率仅为 45%),另一方面应该提高回用率,特别是工业用水和生活用水,制止用水的严重浪费现象。节水是对全社会都有益的事,不仅投资少,见效快,也是治理污染的最好的方法。根据世界上一些国家已取得的经验测算,运用先进技术和方法,我国农业用水可以减少 10%~50% 的用水量,工业可以减少 40%~90% 的用水,城市生活用水可以减少 30% 的用水量。

据专家测算,我国农业用水的利用率提高 10%,则每年可以节水 4×10^{10} t。这个数字已经超过了目前农业灌溉的年缺水量 3×10^{10} t。工业用水的重复利用率若达到 60%,可以节水 4.7×10^{10} t,相当于目前工业用水的 42%。

2.治污

随着城镇化发展的进程,城市生活污水的比例高达 70% 以上,污水的治理问题将成为我国 21 世纪环境保护的重要课题。

3.环境保护要从源头、从整体生态环境做起

来自水土流失、农业面源、水体底泥等的污染所占的比例很大,所以从污染的源头治理即植树造林、涵养水源、改革农业、渔业结构,合理施用化肥、农药,建设水生态保护区,优化水体功能等,是水环境保护重中之重的任务。

4.多渠道开发水源

多渠道开发水源特别是开发利用非传统水资源,是近年来受到世界各国普遍注意的可持续的水资源利用模式。什么是非传统水资源?雨水、经过再生处理的废水、海水、空中水。这些水资源的突出优点是可以就地取材,而且是可以再生的。

(1)雨水利用的潜力很大,在不少国家已经得到广泛采用。其规模可大可小,用途多种多样,方式千变万化,好处不胜枚举。美国加州建设了十分庞大、完善的"水银行",可以将丰水季节的雨水和地表水通过地表渗水层灌入地下,蓄积在地下水库中,供旱季抽取使用;日本、德国城市中大力发展屋顶及居住区地面的雨水收集系统,供楼房及城市生活杂用水及绿地灌溉之用;至于农田和农村中的各种雨水收集及储存系统,就更为普遍。我国雨水在时间和空间上的分布都很不均匀,如果能够把雨季和丰水年的水蓄积起来,既可以防涝防洪,又可以解决旱季和枯水年的缺水之苦。我国西部、北部地区的一些省份在建设农田水窖方面创造了一些经验,但总的看来,我国在雨水利用方面还有待加强。

(2)城市废水必须进行净化处理。净化后的城市废水已经成为新的水资源。再生的城市废水可以回用作工业冷却水、农业灌溉水、市政杂用水等。再生废水的利用能否成功,关键在于水质控制,要防止因为水质达不到要求而造成不良的卫生影响以及对农业工业生产的影响,应该逐步完善不同回用目的的水质标准,还应该进行正确的规划和经济效益分析,根据废水处理厂的位置、周边地区的用水户、用水性质及用水规律,对再生废水的回用出路、回用前必须的处理及回用系统等作出周密的设计。应尽可能使水量达到平衡,如农业灌溉是有季节性的,对于非灌溉季节再生水的出路要有安排;还应尽可能将再生水用于对水质要求较低的用途,使废水再生处理的程度不致太高。

(3)海水利用在沿海地区的水资源管理中具有举足轻重的地位。海水可以用于工业冷却水,用于生活冲洗厕所水,经过淡化还可以用生活饮用水。由于技术的进步,海水淡化的成本已经降低到 $7 \sim 8$ 元/m^3 甚至更低的水平,这使其竞争力大大增强。香港的厕所冲洗水全部是海水,对于这个淡水资源依靠广东供给的城市,无疑是经济效益极高的措施。

(4)空中水资源。在适当的气候条件下进行人工增雨,将空中的水资源化作人间的水资源,已经被国内外的经验和理论证明是开发水资源的一条有效途径。对于降雨量少和降雨过于集中的地区,这种非传统水资源可以大大缓解水资源的紧缺现象。

非传统水资源的开发利用是为了补充传统水资源的不足,但已有的经验表明,在特定的条件下,它们可以在一定程度上替代传统水资源,或者可以加速并改善天然水资源的循环过程,使有限的水资源发挥出更大的生产力。污废水的处理、再生和利用,更是可以收到控制水污染、提供稳定水资源的双赢效果,是世界各国缺水地区采用很多的措施。开发利用水资源的优先次序,应根据当地条件和技术经济分析决定。

5.4.3.2 土地资源的合理利用

合理的利用土地资源与保护土地资源是紧密联系的,只有合理的利用土地资源与保护土地资源,才能做到地尽其用,不断的增加社会物质财富,保护有限的土地资源是当今土地利用的核心问题。针对我国土地辽阔、类型多样,山地多,平地少,可用耕地少、各地区之间的差异显著等具体特点,我们应根据各地的土地类型以及人口、经济、民族等条件,本着因地制宜、合理布局的原则,安排农林牧矿等各产业,扬长避短充分发挥土地生产优势。建立起与当地生态条件一致的生态系统,例如北方许多半干旱地区,草地资源丰富,大力发展畜牧业,要比垦荒种粮更为有力,这就要有计划的退耕还牧,更好的发挥牧业优势。在南方的山地和丘陵,可以大力的发展林业,积极扩大森林的覆盖率,以改善生态环境,保障农业稳产、高产。我国山区面积大,要注意开发和建设好山区,以发挥山区土地的生产优势。我国土地按人口平均数量有限,因此必须认真贯彻和执行"十分珍惜和合理利用每一寸土地,切实保护耕地"的基本国策。在土地的利用上,我们一方面要大力加强管理,在工业、交通建设和兴建住宅,尽量节约用地,少占农田;另一方面要强调充分利用土地资源,在发展农业生产时,走扩大耕地面积和提高单位面积产量相结合的道路;在充分利用现有耕地和防止水土流失的基础上,积极稳妥地开发利用宜农荒地,沿海滩涂等各种土地资源。

5.4.3.3　合理的开发利用矿产资源

由于矿产资源的不可再生性,就要求我们认真贯彻"保护矿产资源,合理利用矿产资源的方针"坚决制止破坏性的开采,防止采富弃贫,对伴生矿只采一种,丢弃其他的现象,同时要对各种矿产精打细算的合理开发利用,针对我国矿产资源后备探明储量不足的现象,应切实加强地质勘查工作,争取地质找矿实现新的重大的突破。根据矿产资源分布不均的现象,我们应扬长避短,充分发挥某一地区的资源优势,建立区域性矿产基地,例如湖南、江西、广东、广西建立有色金属矿产基地,内蒙古建立稀土工业基地,此外我们要大力加强矿产资源的基础工作和综合利用方面的研究,并着手与海底矿产资源的研究。

在我国实行改革开放的形势下,我们要树立国际和国内两个市场,两个资源观,加强矿产资源的勘查,树立全球找矿观念,扩大对外开放和合作,互通有无,互惠互利。

5.4.3.4　森林资源的保护和利用

破坏森林是人类历史上一个惨痛的教训,目前世界上许多国家都采取有力的措施保护森林资源,提高森林的覆盖率,以保护环境和促进环境的发展,经验表明,一个国家的森林覆盖率达到 30% 以上,而且分布均匀,不仅能生产大量木材,还能起到防止洪涝灾害,保证农业稳定发展。新中国成立后,我国政府一直比较重视林业建设,1984 年我国颁布了森林法,此法一方面强调保护和管理好现有的森林资源,制止滥砍滥伐,另一方面大力倡导植树造林,绿化祖国,我国已提出把我国的森林覆盖率提高到 30% 的奋斗目标,改善我国的生态环境。从 20 世纪 70 年代开始,我国先后建设多项巨大的生态系统工程:如三北防护林体系,长江中上游防护林体系,沿海防护林体系,太行山绿化工程,平原绿化工程,黄土高原水土保持林,全国防治沙漠化工程。

21 世纪的前 20 年是我国工业化和城镇化快速发展的重要时期。可以预见,随着经济增速加快,能源、水、土地、矿产等资源的消耗将不断增加,资源紧缺的问题将日益凸显。但在现实生活中,"粗放型"的经济增长方式仍较突出,矿产资源滥采乱挖,破坏和侵占耕地,用水无节制,建筑耗能超高……

资料显示,目前我国综合能源利用效率约为 33%,比发达国家低 10 个百分点;单位产值能耗是世界平均水平的两倍多;主要产品单位能耗平均比国外先进水平高 40%。不久前,瑞士达沃斯世界经济论坛公布了最新的"环境可持续指数"评价:在全球 144 个国家和地区的排序中,中国位居第 133 位。报告指出,低产值、高污染的生产模式将造成国家未富而资源、环境先衰。这些数字从一个侧面说明,我国资源对于支撑"粗放型"经济社会发展已经到了难以承受的地步。

"粗放发展"的背后是发展观、政绩观的偏差。一些地区、部门和行业片面追求 GDP 的增长,忽视由此带来的资源紧张和环境污染。

如何以尽量少的物质消耗支撑经济社会的持续发展? 必须用宏观思维、长远眼光加以审视,必须从落实科学发展观和正确政绩观高度来认真落实。

党中央、国务院对建设节约型社会高度重视,提出必须从战略和全局的高度,把建设节约型社会和发展循环经济摆在更加突出的位置,要坚持资源开发与节约并重,把节约放在首位,以尽可能少的资源消耗,创造尽可能大的经济社会效益。

世界各国要走上可持续发展的道路,建设节约型社会是共同的方向。对于我国来说,这一点显得尤其重要和紧迫。在充分认识到资源问题严峻的现实下,我们必须发扬艰苦朴素、勤俭节约的传统美德,珍惜资源,杜绝浪费。每一个企业、每一个单位、每一个社会成员都要牢固树立节约意识,在日常生产生活中自觉节约一度电、一滴水,为子孙后代留下足够的发展空间。

思考题及习题

1. 说明发达国家人口发展特点。
2. 中国的人口问题体现在哪些方面?
3. 中国资源的特点有哪些?
4. 人口增加对自然资源压力有哪些?

第6章 环境质量评价与环境管理

6.1 环境质量评价

6.1.1 环境质量评价的概念

6.1.1.1 环境质量评价的概念

环境质量评价是对环境质量的优劣进行科学的定量描述和评估。它是认识和研究环境的一种科学方法。环境质量评价是通过对某一地区的环境特征及功能、环境质量和人类在该地区的开发活动进行的调查、监测、分析,按照国家制定的环保法规、环境标准和评价方法,对一定区域范围内环境质量的历史演变、现状和未来趋势进行回顾、监测、预测和评估,以研究其环境质量现状及其变化的趋势和规律,来制定保护区域环境质量的对策。

6.1.1.2 环境质量评价的类型

环境质量评价按其评价的时段和性质、环境要素或区域类型可分为不同的类型,见表6.1所示。

表 6.1 环境质量评价类型

划 分 依 据	评 价 类 型
按评价的时段和性质区分	环境质量回顾评价、环境质量现状评价、环境影响评价
按评价的环境要素区分	单个环境要素的环境质量评价(如大气环境质量评价、地面水环境质量评价、地下水环境质量评价、声环境质量评价等)、多个环境要素的环境质量综合评价
按评价的区域类型区分	开发区(如高技术开发区、工业园区等)环境质量评价、城市环境质量评价、流域环境质量评价、海域环境质量评价、风景旅游区环境质量评价等

环境质量评价以按评价的时段和性质区分的类型作为基本类型。不同环境要素和不同区域类型的环境质量评价,均可按评价的时段和性质进行回顾评价、现状或影响评价。

回顾评价:根据一个地区历年积累的资料进行评价,据此可以回顾一个地区环境质量的发展演变过程。

现状评价:根据环境监测资料,对一个地区的环境质量现状做出评价。它一般是根据近二三年的环境监测资料进行的,通过这种评价形式,可以阐明环境污染的现状,可为进行区域环境污染综合防治提供科学依据。

影响评价:根据一个地区的经济发展规划,预测该地区将来的环境质量变化,称为环境影响评价。有些国家规定,在新的大型厂矿企业、机场、港口、铁路干线及高速公路等建设以前,必须进行环境评价,写成环境影响报告书。

国内目前开展较广泛的是环境质量现状评价和环境影响评价,特别是建设项目的环境影响评价发展很快。随着国家实行建设项目环境影响评价制度,该类环境影响评价工作已进入法制化、规范化的阶段,国家环保总局已陆续发布环境影响评价技术导则,规定了建设项目环境影响评价的原则、方法、内容及要求。

6.1.1.3 环境质量评价的工作等级

环境质量评价工作的广度和深度,基本上取决于建设地区的环境特征、环境功能要求以及开发建设项目的工程特征和排污状况等。如建设地区地形较复杂(如山区、丘陵、沿海、大中城市的城区等)、环境敏感程度较高(如周围为城市的中心区、自然保护区、生活饮用水水源地、风景名胜区、水产养殖区等环境保护敏感区),以及开发建设项目对环境污染或生态破坏较明显的,则其环境影响评价工作的要求就较高。因而,对环境背景等调查范围应较为广泛,对污染物在该地区环境中的输送、扩散、迁移、转化、衰减等规律的研究应较为深入,对开发建设项目环境影响因素的识别分析应较为透彻等等。反之,上述工作的广度和深度可以适当降低。对建设项目环境影响评价各环境要素的评价划分为三个等级。一级的要求最高,二三级依次降低。建设项目环境影响评价工作等级划分的具体依据和各等级的工作内容要求,可参见我国环保行业标准《环境影响评价技术导则》。国际金融组织对其贷款建设项目的环境影响评价工作等级也有划分规定,它是按项目的特征划分为 A、B、C 三类,并相应地明确了评价工作的具体要求。

6.1.1.4 环境质量评价的发展概况

从 20 世纪 50 年代起,一些环境科学家开始研究和编制各种环境指数,如最早的格林(M.H.Green)大气污染综合指数和豪顿(R.K.Horton)水质污染指数。60 年代中期,加拿大学者和美国学者开始提出环境影响评价的概念,世界上许多国家相继把环境评价制度纳入国家的政策、法律体系。

美国是世界上第一个把环境影响评价作为制度在国家环境政策法中确立下来的国家。1969 年美国颁布的《国家环境政策法》中明确规定,一切大型工程兴建前必须编写环境影响评价报告书。

日本从 1972 年开始,把环境影响评价作为一项重要的政策来实施。日本工业发达,环境负荷重,曾多次发生严重的环境污染事件。因此,日本十分注重环境质量评价工作,进行了大量的实况调查和深入的理论研究,于 1976 年提出把环境影响评价制度列为国家专门的法律。目前,日本制定了许多有关环境影响评价的法规,如《工业公害预调查法》、《濑户内海环境保护特别措施法》、《有关发电厂布局的环境影响评价》等。在评价内容上不仅包括对自然环境的影响,还涉及了对社会经济环境的影响。在评价对象上既包括了对单项工程的评价,又包括了区域开发计划评价。

中国在 1972 年,派团出席了斯德哥尔摩人类环境会议,并于 1973 年召开了第一次全国环境保护会议,在此之后,环境保护工作在全国范围内开展起来。环境保护工作的第一步就是了解环境现状,因此,从 1973 年起,我国陆续开展了环境质量评价工作。最早的是《北京西郊环境质量评价研究》。在这之后,南京、茂名等城市也开展了城市环境质量评价。在许多水系,如官厅水库流域、松花江流域等开展了水环境质量评价。在评价工作中,环境指数被广泛应用于描述环境质量或污染的现状。为了预防环境污染和破坏,在吸取发达国家经验的基础上,于 1979 年颁布了《中华人民共和国环境保护法(试行)》,也将环境影响评价制度以法律的形式确立下来,从此以后,我国的环境评价工作走上了法治化轨道。在 1989 年颁布的经过修改后的《中华人民共和国环境保护法》中,重申了环境影响评价制度。

6.1.2 环境质量评价的基本原则和方法

6.1.2.1 环境质量评价的基本原则

(1)贯彻执行国家环保法和有关环境的法规、条例、标准,使经济建设与环境保护协调发展,走可持续发展的道路,还应强调贯彻近年来推行的一系列环保政策。

(2)评价工作要针对地区的环境特征及对开发建设项目的工程特征,进行深入的调查分析。抓住危害环境的主要因素,揭示存在的主要环境问题,提出解决环境问题的切实可行的对策,为有关行政主管部门提供决策依据,为设计和建设单位规定防治措施,为地方环境管理机构提供对建设项目进行监督管理的科学依据。

(3)要按照环境影响评价技术导则所规定的原则、方法、内容及要求进行调查、监测、预测和评价,保证资料、数据的正确性。对污染源、治理设施、效率等,还要进行必要的类比调查分析。

(4)环境质量评价的结论要客观、公正、准确,评价单位要对其负责。

6.1.2.2　环境质量评价的基本方法

(1)环境现状调查的基本方法

环境现状调查的方法主要是收集资料法和现场调查法。

(2)现有污染源调查的基本方法

污染源调查的方法,一般是收集和利用已有的资料,必要时再通过现场调查或实测加以补充。此外,还可通过类比调查、物料衡算或根据排污系数估算污染源的污染物排放量。

(3)环境影响预测的基本方法

环境影响预测的方法有数学模式法、环境模型法、类比调查法和专业判断法,使用较多的是数学模式法。

①数学模式法。它是通过建立能科学地反映污染源排入环境的污染物在各环境要素中进行输送、扩散、迁移、转化等过程的客观规律的各种数学模式(包括化学数学模式、物理数学模式和生物数学模式),预测计算污染物对环境污染影响的范围和程度。但采用数学模式法应注意各种模式的适用条件,必要时,须对选用的模式进行修正和验证。

②环境模型法。它是应用相似原理,在室内或现场根据地区环境的特征及其参数,进行物理、化学等模拟试验(如环境风洞试验、示踪剂扩散试验、水团追踪试验等),以定量地测定污染物在环境中的时空浓度分布或求取污染物在环境中输送、扩散、迁移、转化、降解等过程的参数,为建立或修正数学模式和确定数学模式的参数提供科学依据。该方法一般适用于评价工作等级高的环境影响评价,并与数学模式法互相配合。

③类比调查法。它是通过对比与模拟相类似的建设项目(开发行为)和环境特征相似的地区的调查,来对该建设项目的环境影响做出半定量性的预测。该方法仅适用于评价工作等级较低的环境影响评价或作为其他环境影响预测方法的一种补充。

④专业判断法。它是由专业人员根据各种有关资料和其自身的学识、经验对可能造成的环境影响做出定性的分析、判断。该方法多用于估算较难定量预测的社会环境影响(如对文物、景观等的环境影响)。

(4)评价社会环境质量的基本方法

现在对社会环境质量的评价,一般是由专家根据其专业知识和经验,按各项内容分别打分,而后采用权重系数进行综合评定。

6.1.3　环境质量评价的工作程序

环境质量评价的工作程序,按其不同类型有所不同。环境质量现状评价和建设项目环境影响评价的基本工作程序分别如图 6.1 和图 6.2 所示。

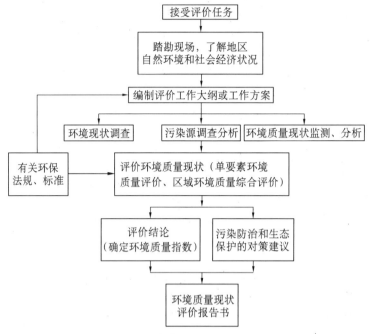

图 6.1　环境质量现状评价的基本工作程序

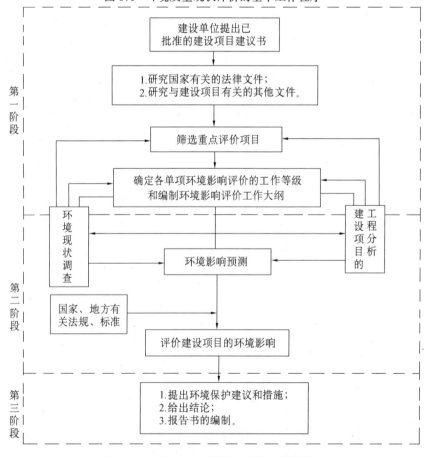

图 6.2　建设项目环境影响评价工作程序

6.2　环境质量现状评价

6.2.1　区域环境现状调查

区域环境质量的变化和污染物的扩散、迁移、转化、降解的过程,都与区域环境背景特征有着密切的关系。因此,开展各类型环境质量评价都需要进行区域环境现状的调查。

6.2.1.1　环境现状调查的原则和方法

环境现状的调查范围和内容,应根据区域环境特征和环境质量评价工作等级确定。对与评价项目关系较密切的环境要素(一般为大气、地面水等)的调查应较为全面、详细。调查方法一般是对收集已有的资料进行分析。如评价工作等级较高或收集已有资料尚不能满足要求时,则应进行必要的现场调查和测试。对区域环境质量现状的调查,应进行现场监测。

6.2.1.2　环境现状调查内容

评价区域环境现状调查,通常所包括的内容见表6.2所示。

表 6.2　评价区域环境现状调查内容

项　目		内　容
自然环境	地理位置	行政区位置和交通位置,并附平面图
	地质	地层概况、地壳构造的基本形式、矿产资源情况等
	地形地貌	地区海拔高度、地形特征、周围的地貌类型、有危害的地貌现象等
	气候与气象	地区主要气候特征,年、月平均风速和各风向频率,年、月平均气温,年、月大气稳定度,年、季平均降水量,主要天气特征等
	环境空气质量	地区环境空气中主要污染物及其来源,环境空气质量现状
	地面水环境	地面水资源的分布及利用情况、水文特征(不同频率的丰水期和枯水期的河流水位、流速、流量、河流的河床断面、坡度和糙率等)、水质现状与污染来源等
	地下水环境	地下水的开采利用情况、地下水埋深、地下水与地面水的联系、水质现状与污染来源等
	海洋环境	海洋水文特征(潮位、潮流、波浪)、海域功能(港口、水道、锚地设置)、养殖场分布及其种类和产量、海洋生物(浮游生物、底栖生物、潮间带生物、游泳生物等)的种类和数量及其分布、海洋水质及底质状况等
	土壤与水土流失	地区土壤类型及其分布,土壤污染的主要来源及其质量现状,水土流失现状及其原因等
	动植物与生态	地区植被情况,有无国家重点保护的、稀有的、濒危的或作为资源的野生动植物,当地的主要生态系统类型(森林、草原、沼泽、荒漠等)及其现状等
	声环境	地区环境噪声源及声环境质量现状

项　目		内　　容
社会环境	行政区划及人口	区域内城镇和村落的分布及其功能分区、人口数量和人口密度
	工业与能源	厂矿企业分布、工业结构、工业总产值、能源的供给与消耗方式等
	农业与土地利用	区域内可耕地面积、粮食作物与经济作物构成及产量、农业总产值、土地利用现状、林业、牧业和渔业等现状
	交通运输	地区公路、铁路或水路方面的交通运输概况
	文物与"珍贵"景观	区域内历史文物、自然保护区、风景游览区及重要的政治文化设施等

表6.2所列环境现状调查内容,可根据环境质量评价的类型、评价的工作等级和环境影响评价技术导则的有关规定,进行必要的增补或删减。

6.2.2　污染源调查和评价

6.2.2.1　污染源调查

人类社会活动造成环境污染的污染物发生源称为污染源。区域现有污染源调查是环境质量现状评价的一个重要组成部分,为进行区域内污染源的评价和分析环境污染的原因提供基础资料。

1.污染源分类

根据污染物的来源、特性、形态和调查研究目的不同,污染源分类系统也不一样。首先根据污染物产生的主要来源,将污染源分为自然污染源和人为污染源。

$$环境污染源\begin{cases}自然污染源\begin{cases}生物污染源[鼠、蚊、蝇、其他(毒素、病原体)]\\非生物污染源(火山、地震、泥流、岩石)\end{cases}\\人为污染源\begin{cases}生产性污染源(农业、工业、交通、科研)\\生活污染源(住宅、学校、医院、商业)\end{cases}\end{cases}$$

在人为污染源中,又可根据污染源产生污染物的特性不同,将污染源分为四大类。

$$人为污染源\begin{cases}工业污染源(冶金工业、动力工业、化学工业、造纸工业等)\\农业污染源(农药、农药废弃物、化肥)\\生活污染源(住宅等)\\交通污染源(汽车、火车、飞机、轮船)\end{cases}$$

2.调查内容

(1)工业污染源

排放各种污染物的工业生产部门调查。

①概况:企业名称、厂址、主管机关、企业性质、规模、厂区占地面积、职工构成、投产时间、产品、产量、产值、生产水平等。

②工艺调查:工艺原理、工艺流程、工艺水平、设备水平等。

③能源、原材料调查:种类、产地、成分单耗、总耗、资源利用等。

④水源调查:供水类型、水源、供水量、单耗、总耗、水的利用率。

⑤生产布局调查:原料、燃料、水源、车间、办公室、厂区、居民区、堆渣区、排污口、绿化

带、污水排放系统的平面布设。

⑥管理的调查：管理体制、编制、制度、管理水平及经济指标。

"三废"排放及"三废"治理调查。

①"三废"排放调查："三废"的种类包括数量、成分、浓度、性质、排放量（日、月、年）、排入方式、规律、途径、历史、事故、排放口位置、类型、量、控制方式等。

②"三废"治理调查：治理工艺、投资、成本、效果、转移费用、管理体制、今后的改进措施及规划等。

③"三废"危害调查：危害对象、程度、原因、损失及补偿、职工及居民的职业病、常见病、多发病、自觉症状、癌症死亡率、代谢产物有毒分析、重大事故发生的时间、起因、危害程度、处理情况。

④生产发展调查：发展方向、规模、布局、指标、措施、预期效果和存在问题。

(2)农业污染源调查

农田生态系统一方面受到工业废水，废气和废渣的影响；另一方面它又是污染环境的污染源，主要来自农药和化肥不合理使用。调查内容如下。

①农药使用情况的调查：农药使用的品种、数量、方法、有效成分的含量、使用剂量、时间、农作物品种及使用年限等。

②化肥使用调查：化肥使用的品种、数量、使用方法、使用时间、亩使用量等。

③农业废弃物的调查：水土流失的调查；农业废弃物的调查包括农作物桔杆、牲畜粪便等。

(3)生活污染源的调查

生活污染物指城镇居民生活中排出的废弃物，包括城市垃圾、粪便、生活污水，生活污泥和燃烧排放的废气等。调查内容如下。

①城市人口调查：城市居民总人口、总户数、分布、密度、居民环境。

②城市居民用水和排水调查：城市居民用水类型（集中供水、自备水类），不同居住环境用水量；楼房、平房户用水；办公用水；旅馆、饭店、其他单位用水量。

③城市垃圾量调查：种类、数量、垃圾点分布、清洁队位置和管理范围。

④民用燃料调查：燃料的构成（煤、煤气、液化气）、年使用量、含硫量、含碳量使用方式等。

⑤城市垃圾处理方式调查：城市垃圾总量、处置方式、总点、处置站自然环境、处理量、处理效果、投资、费用、管理人员及其水平。

(4))交通污染源调查

现代化的交通工具如汽车、飞机、船舶等也是造成环境污染的一类污染源。交通工具在运行中发出噪声，运载的有毒、有害物质的泄露，另外在汽油、柴油等燃烧时排放的废气等，均能造成对环境的污染。

①噪声调查：见噪声污染调查。

②汽车尾气调查：汽车的种类、数量、年用油量、单耗指标、燃油构成（汽油、柴油）、成分（S、四乙基铅）、排气中的 NO_x、CO_x、碳氢化合物、铅、硫、苯并芘等排放量。

(5)噪声污染调查

①交通噪声：城市交通噪声调查的主要内容有车辆种类、数量、车流量、车速、路面宽、

级别,以及道路两边的设施、绿化情况等。

②工厂噪声调查内容:噪声的来源、数量、分布与周围群众的关系,噪声的等级数量。

3.调查方法

(1)目的要求要明确

污染源调查和评价的目的、要求都不同,其方法和步骤也就不同。如为了解决一个城市(或地区)电镀车间(或厂)的布点及确定的重点服务对象电镀废水处理技术所进行的调查,重点是弄清污染源的分布、规模、排放量及评价其对环境的影响。从保护环境和发展生产的要求来看,如何更合理的调整电镀车间的布点,确定电镀污水处理问题是最主要的。如果要制定一个水系或区域的综合防治方案,污染源调查和评价的目的就在于弄清该水系区域的主要污染源,其调查方法和步骤是与前者不同的。

(2)要把污染源、环境和人体健康作为一个系统来考虑

在污染源的调查、评价过程中,不只是重视污染源的排放量,也要重视污染源的物理、化学特性,以及进入环境的途径和对人体健康的影响等因素;还要注意污染源所处的位置及周围的环境。

(3)要有工作程序

从污染源调查的开始就要设计出一个好的工作程序,调查、评价、控制管理是紧密相联的三个环节。工作程序图见图6.3所示。

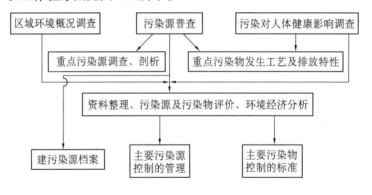

图6.3　污染调查程序

(4)统一内容、统一方法

要对普查、重点污染源调查剖析内容和污染源档案的内容作出统一规定,即统一监测方法,统一估算方法,使调查获得的数据、资料能够对比分析,便于统一处理。

(5)普查

对一个区域或水系的污染源进行调查时,首先要对整个区域或水系普查,如调查工业污染源,那就先把全区域或水系整个流域的工矿企业各单位搞清,再逐个对工厂规模、性质搞清,并从中找出重点调查对象。

凡确定为污染源的工矿企业都要首先对位置、概况、排放强度、污染控制管理情况进行调查。

(6)重点污染源调查剖析

在普查的基础上对重点污染源进行深入调查和剖析。调查的内容如下。

①排放方式、排放规律:对废水要调查其有无排污管道,是清污分流还是混流等;对废

渣要了解是直接排入河道还是堆放待处理,以及堆放的方式等。此外,还要了解其排放规律(连续还是间歇,均匀还是不均匀,夜间排放还是白天排放等)。

②污染物的物理、化学及生物特性:在重点调查中,要搞清重点污染源所排放的污染物的特性,并根据其对环境的影响和排放量的大小,提出需要进行评价的代表污染源特性的污染物进行追踪分析,如有色重金属冶炼厂其代表性污染物为 SO_2 及流失的重金属铅、铜、汞等。追踪分析就是要弄清其在生产工艺中的流失原因及重点发生源。

③污染物流失原因分析:从生产管理、耗能、耗水、原材料消耗定额来分析,根据工艺条件计算理论消耗量,调查国际、国内同类型先进工厂的消耗量,与该重点污染源的实际消耗量进行比较,找出差距,分析原因。还要进行设备分析(维修情况,生产能力是否平衡等)、生产工艺分析等,查找污染物流失的原因,并计算各类原因所占的比重。

(7)排放量,排放强度的计算

凡是监测的数据都可按下式进行计算,即

$$m_1 = G_水 Q_i \times 10^{-6} \tag{6.1}$$

$$m_1 = G_气 Q_i \times 10^{-9} \tag{6.2}$$

式中　　m_1——污染物排放量,t/d;

　　　　$G_水$——实测浓度,mg/L;

　　　　$G_汽$——实测浓度,mg/m^3;

　　　　Q_i——废水、废气排放量,m^3/d。

如果缺乏监测手段,则可根据物料衡算原理和一些经验数据进行估算。

(8)建立污染源档案

污染源档案是环境保护工作中的一项基本内容,它反映了一个地区全部污染源的状况,是制定区域污染综合防治规划的依据,并能起到积累资料、进行动态观察的作用,也可以用来探索生产发展、技术改革与污染变化的规律。

污染源档案的内容,各地区因具体情况不同而不尽相同,主要应结合上述调查内容和污染控制指标体系进行设计。

6.2.2.2　污染源评价

污染源评价是污染源调查的继续和深入。污染源评价一般采用等标污染负荷法。根据污染物的等标污染负荷的大小,评定出诸污染物中的主要污染物;根据污染源的等标污染负荷的大小,评定出诸污染源中的主要污染源。废气、废水污染物的等标污染负荷的计算公式如下。

对某种废气污染物(i)为

$$P_i = \frac{Q_i}{C_{oi}} \times 10^9 \tag{6.3}$$

对某种废水污染物(i)为

$$P_i = \frac{Q_i}{C_{oi}} \times 10^6 \tag{6.4}$$

式中　　P_i——废气、废水中第 i 种污染物的等标污染负荷(等标排放量),m^3/a。

　　　　Q_i——废气、废水中第 i 种污染物的排放量,t/a;

C_{oi}——废气、废水中第 i 种污染物评价标准的浓度限值(采用环境质量标准),mg/m^3(废气中第 i 种污染物浓度单位)或 mg/L(废水中第 i 种污染物浓度单位)。

上述计算得出的污染物的等标污染负荷的单位,没有实质性含义,它只是设想出来的用以相互比较的一个数值。等标污染负荷数值大,表示该污染物在诸污染物中具有较大的影响,属主要污染物。

某个污染源(有 j 个污染物)的等标污染负荷(P_n)的计算公式为

$$P_n = \sum_{i=1}^{j} P_i \qquad (i = 1,2,\cdots,j) \tag{6.5}$$

某工厂或区域(有几个污染源)的等标污染总负荷($P_总$)的计算公式为

$$P_总 = \sum_{n=1}^{k} P_n \qquad (n = 1,2,\cdots,k) \tag{6.6}$$

某种污染物在某工厂或区域内的等标污染负荷比(K_i)的计算公式为

$$K_i = \frac{P_i}{P_总} \times 100\% \tag{6.7}$$

某个污染源在某工厂或区域内的等标污染负荷比(K_n)的计算公式为

$$K_n = \frac{P_n}{P_总} \times 100\% \tag{6.8}$$

式中　　P_i——废气、废水中第 i 种污染物的等标污染负荷(等标排放量),m^3/a。

根据调查的工厂(区域)内各污染物的等标污染负荷比和污染源的等标污染负荷比,按其数值由大到小的排列,评出工厂(区域)内的主要污染物和主要污染源,将其列为环境质量评价中主要研究和评价的对象。

6.2.3 区域环境质量现状监测

区域环境质量现状监测是环境质量现状评价中最重要的基础工作,要合理选定监测项目,监测点(断面)、监测制度和监测方法,并对监测结果进行认真的统计和分析,以保证环境质量监测结果具有较好的代表性和准确性。

6.2.3.1 评价参数的确定

评价参数是指进行环境质量评价时采用的对环境有主要影响的那些污染物(污染因子)。一般选择排放量大、浓度高、毒性强,难于在环境中降解,对人体健康和生态系统危害大的污染物及反映环境要素基本性质的因子作为评价参数,常用的评价参数见表6.3所示。但在评价时,主要应根据评价的目的、环境污染状况和监测水平等实际情况选定。

表6.3 大气、水体、土壤评价参数

评价类型	评 价 参 数	备注
大气质量评价	(1)颗粒物:总悬浮微粒,飘尘 (2)有害气体:二氧化硫、氮氧化物、一氧化碳、臭氧等 (3)有害元素:氟、汞、铅等 (4)有机物:苯并(α)芘、碳氢化合物等	一般多选用二氧化硫、飘尘、氮氢化物

续表6.3

评价类型	评价参数	备注
水质质量评价	(1)感官性状参数:味、嗅、颜色;pH值、透明度、浑浊物、总固体等 (2)氧平衡参数:溶解氧(DO)、化学耗氧量(COD)、生化需氧量(BOD_5)、总有机碳(TOC)、总耗氧量(TOD) (3)营养盐类参数:硝酸盐、氨盐、磷酸盐等 (4)毒物参数:酚、氰化物、砷、汞、铅、镉、有机氯等 (5)流行病参数:细菌总数、大肠杆菌等 (6)放射性参数:放射性总α、放射性总β	一般选用pH值、悬浮物、溶解氧(DO)、化学耗氧量(COD)、酚、氰化物、砷、汞、铬、大肠杆菌等
土壤质量评价	(1)重金属及其他无机毒物:汞、镉、铅、铜、锌、铬、砷、氟、氰化物等 (2)有机毒物:滴滴涕、六六六、石油酚、苯并(α)芘、多氯联苯等 (3)酸度	

6.2.3.2　监测点(断面)的布置

1.大气监测

环境大气监测中,采样点位置及点数的合理安排非常重要。要想把采样点布置合理必须详细掌握污染物浓度分布的情况,但这是一件困难的事,近年来国内外一般趋向使用扩散模拟的方法来推算污染物浓度的分布,再用尽量多一些采样点上的实测数据进行检验,或者利用模拟方法选择更为合理的实测采样点。现将常见的大气污染实测时布设点的方法叙述如下。

(1)网络布点法

该法采用方格坐标平均布设采样点,各点之间距离约20 km。该法适用于污染源非常分散的广域大气污染监测。

(2)放射式布点法

该法以污染源为中心,同心圆半径为4 km、10 km、20 km、40 km,相应围绕各圆环布设6、6、8、4个采样点。该法适用于多个固定污染源比较集中的大气污染监测。

(3)扇形布点法

考虑到烟羽轴线不易准确定位,故采样点设在点源主导下风方向,限制在烟羽走向为轴线的一个45°(有时为60°~100°)的扇形面内。沿轴向布设2~3条弧线,其中一条必须处在预计最大着地浓度发生率最远的距离上(约10倍烟囱有效高度距离处),每条弧线上至少有3个采样点,它们之间的间隔为10°~20°。该法适用于单个孤立污染源的大气污染监测。

(4)功能分区布点法

该法是按工业区、居民稠密区、交通频繁区、公园等分别布设若干采样点,常与上述方法因地制宜结合采用,在污染源密集地区及其下风侧,在确定测定日期内的主导风向后,争取做到1~4 km有一个监测点。在污染源少和评价边缘地区,争取做到4~10 km有一个监测点。

在交通频繁区,采样点的布设位置应离开道路 15～30 m;应尽量避开果园、林地、高墙等明显障碍物布点;在高大建筑物的下风侧布点时,与建筑物的距离应为建筑物高度的10 倍,无条件时最少须 2 倍以上。

在选用布点方法时,还要考虑人力、物力和监测条件,以确定适当数量的采样点。一般在污染密集地区及其下风侧,应多设监测点;在污染源少的地区和评价地区的边缘可少设监测点。还要选定 1～2 个不受附近大气污染物影响的对照监测点(通常在污染源上风向),以确定大气污染物的背景值或对照值。

2.水体监测

环境水样的一般采集原则如下。

(1)河水

对河水一年调查一次,要选在平水期取样,也可以选在枯水期取样。对于一年调查两次的河水,要选在丰水期和枯水期分别取样。取样时要选择连续晴天期。流经城市的河流应在河流的上、中、下游各设一个断面,河宽大于 30 m 时,在左、中、右设三个取样点;河宽小于 30 m 时,在河两边有代表性位置上布点。河宽在 10 m 以内时,只在河流速最大部位布设一个取样点。在支流汇入前 10 m 或支流入主河后充分混合的地方布点。河深大于 3 m 时,在各断面上、下层布设点。3 m 内只取表层水样。根据不同情况,采用各种取样器进行。取样要按人类活动、工厂生产及污染物到达时间确定。

(2)湖泊(水库)

选择湖泊停滞期和循环期取样。取样时要在连续晴天期。按 2 km² 面积大小划分方块,在每一个方块内布设取样点,在湖泊有污水流进和流出的地方也应布设取样点。此外近圆形的湖泊可按同心圆法布点。循环期取表层水样(距水面 30～50 cm),停滞期则在不同深度,每 5～10 m 进行多层取样。例如,10 m 左右可同时取表层和底层(距湖底 2 m)两个水样。

(3)海域

选择涨潮期,与河水调查同时进行,此外,要选择连续晴天期取样。在沿岸海域中,以废水排放口、河口等固定点作为中心画出同心圆,然后从中心按放射状画几条直线,并把同心圆和放射线相交的点作为取样点。取样点之间距离以 0.5～1.0 km 为宜。此外,还要考虑布设对照点。海域取样,一般取表层(海面下 0.5 m)和中层(海面下 2 m)水样。水深小于 5 m,仅从表层取样。水深大于 10 m,需要时也可以从海面下 10 m 处取样。取样时间为白天退潮时刻。

(4)底泥

采集底泥和水样采集同时进行。在主要污染排放源附近河口处取样。对一般性普查,选择距离污染源排放口 50 m 下游和每隔 1 km 容易堆积污泥的地方为取样点。在进行详细调查时,纵横方面均按每隔50 m 的地方布设取样点。此外,在排放口的上游应选1～2 个点作为对照点。在采集水样及底泥样品时,还要测定流速、水温、过水断面面积、河床坡度及粗糙度等。

4.土壤监测

土壤监测一般按网格布点,每一方格(面积为 1 km²)至少有一个采样点。采样点应能代表整个田块的土样,要多点取样,均匀混合。田块中样点的分布一般采取下列形式:对角线取样(适用于污水灌溉的田块,取 3 ~ 5 个点);梅花形取样(适用于中等面积的田块,取样点在 10 个以上);棋盘式取样(适用于中等面积的田块,取样点在 10 个以上);蛇形取样(适用于面积较大、地势不平、土壤不均匀的田块,取样点较多)。土样从耕作层或表层(0 ~ 20 cm)选取,根据需要和可能,也可同时从底层(20 ~ 40 cm)选取。

6.2.3.3　监测制度和监测方法

环境空气监测时期,对评价工作等级高的应取冬季、夏季两期,一般的可只取不利季节冬季一期。每期监测时间,对评价工作等级高的应有连续 7 d 的监测,一般的可连续监测 5 d。水质监测时期,一般取平水期和枯水期两期。如条件受限制,且评价工作等级不高的,也可取枯水期一期。每期监测 3 ~ 4 d,每天取样一次。

环境空气和水质监测的方法应按国家环保总局发布的有关标准或规定进行。

6.2.3.4　监测结果统计分析

对环境空气监测结果,应统计各监测点各期各主要污染物浓度范围(1 h 平均浓度和日均浓度)、浓度最大值、超标率,并分析不同功能区和不同时间的污染物浓度变化情况,以及污染物浓度与地面风向、风速的关系。对水质监测结果,应统计各监测断面(点)各期各主要污染物浓度范围、浓度最大值、超标率,并分析各断面各时期水质变化趋势。

6.2.4　环境质量现状评价方法

6.2.4.1　大气环境质量的评价方法

1.大气质量指数法

目前,世界上进行大气质量评价绝大多数是采用大气环境指数评价方法。大气环境指数是将影响大气质量的各种因子(参数)的系列数据经数学等方法归纳后,用以描述或评价大气质量现状的指数,用其衡量大气质量状况可做到简明、可比,可以综合多种污染物的影响,反映多种污染物同时存在情况下的大气质量。选择大气质量指数时应注意所选择的指数能反映本地区不同地点污染状况的差别。

大气质量指数可分为分指数和综合指数。分指数表示单项污染物对环境空气污染影响的程度,而综合指数表示多项污染物对环境空气综合污染影响的程度。

分指数(I_i)的表达式为

$$I_i = \frac{C_i}{C_{0i}} \tag{6.9}$$

式中　　C_i——第 i 种污染物的监测浓度,mg/m³;

　　　　C_{0i}——第 i 种污染物评价标准的浓度值(采用环境空气质量标准中与环境功能区划相对应的浓度限值),mg/m³。

综合指数(I_n)的表达式为

$$I_n = \sqrt{I_{max} \frac{1}{n} \sum_{i=1}^{n} I_i} \tag{6.10}$$

式中　　I_{max}——各污染物分指数中的最大值;

　　　　n——选定参与评价的污染物项目数;

　　　　I_i——分指数。

根据大气质量指数值由小到大的顺序,一般将环境空气质量划分为 5 个等级,第一级、第二级分别表示环境空气质量为优和良,第三级、第四级、第五级分别表示环境空气质量为轻度污染、中度污染和重度污染。

2.利用生物指标和生物指数法评价大气质量

(1)生物学评价的特点

生物的生长、繁衍与非生物的环境有着密不可分的联系,非生物环境影响着生物的分布与生长。非生物环境中任何一个因子发生变化,都会引发生物界产生相应的变化。这些变化,都可被用来作为了解环境状况、评价环境质量的依据。在这些相应的变化中可以选择出那些对应关系强、变化显著、表观特征明显、变化特性稳定的特征变化作定量化处理,形成生物学指标和生物学指数,用来评价环境质量状况。生物学评价有以下几个显著特点。

①生物表现出的生物特征变化是对环境条件影响的综合反应。

②生物都有其各自的生活周期,所以它所指示的是一段时间内的环境质量,是对污染状况连续的、积累性的反应。

③生物评价方法容易受到污染之外的其他因素的影响。

④定量描述比较困难。

(2)评价方法

植物生活在大气环境中,其生长状况及组织中所含各种元素的浓度必然受到大气污染的作用。大气中某些污染物会被植物叶片吸收,并在叶片中积累。这些特征变化可在一定程度上指示大气污染状况。植物对大气污染十分敏感,对不同的污染物有不同的反应。某些植物对某种污染物反应特别灵敏。因此,植物是大气污染程度及某种污染物在大气中浓度的良好"指标剂"。在整株植物上,植物叶片对大气污染最敏感,如大气中 O_3 含量超过 0.09 mg/L 时,烟草叶上普遍出现斑点等。

分析叶片中化学元素含量也可以对当地的大气质量做出反映。一般先将采集的植物叶片认真冲洗干净,然后除去叶片的水分,分析其中化学元素含量,如叶片中硫含量可以指示二氧化硫污染,叶片中氟、铅、镉的含量可以分别指示氟、铅、镉的污染。

6.2.4.2 地面水环境的评价方法

1.地面水质量指数法

水环境质量评价的主要工作是划分污染等级,确定污染类型及主要污染物。其目的是测定水体的污染程度,预测其发展趋势,为制定水环境保护的方针政策和具体措施提供可靠的科学依据。此外,在水质调查的同时应掌握各类废水(包括点源和非点源)的排放情况,了解区域内水体的功能。

由于影响水质的物质很多,而且这些物质的浓度和影响时间各不相同,所以水质评价是一种非常复杂的综合性工作。通常某一区域的水质污染状况可以从三个方面来评定:①污染强度,即水中污染物的种类及其浓度,以及它们的影响效应;②污染范围,即在水域中各种污染强度所影响的范围;③污染历时,即在水域中各污染强度所持续的时间。因此,对某一水域的水质进行全面评价,必须包括这三个方面的内容。由于目前水环境质量评价的一些评价方法很难做到面面俱到,因此许多评价方法只能在水体污染的某些方面做一定程度的反映。

　　水质指数是将影响水质的各种因子(或参数)的系列数据用数学公式归纳后,用以描述或评价水质现状的指数。水污染的形式多样,评价水质可以从水质的卫生状况方面去考虑,也可以从被有毒物质污染方面去考虑。所以,从不同的角度去评价水质就会有不同的水质指数法。

　　地面水质指数可分为水质标准指数和综合评价指数。水质标准指数表示单项污染物对地面水水质污染影响的程度,而综合评价指数表示多项污染物对地面水水质综合污染影响的程度。

　　水质标准指数的表达式为

$$S_{i,j} = \frac{C_{i,j}}{C_{i,s}} \tag{6.11}$$

式中　　$S_{i,j}$——第 i 种污染物在第 j 点上的标准指数;

　　　　$C_{i,j}$——第 i 种污染物在第 j 点上的监测浓度,mg/L;

　　　　$C_{i,s}$——第 i 种污染物评价标准的浓度限值(采用地表水环境质量标准中与环境功能区划相对应的浓度限值),mg/L。

　　对 DO,其标准指数的表示式为

$$S_{DO,j} = \frac{C_{DO,f} - C_{DO,j}}{C_{DO,f} - C_{DO,s}}, C_{DO,j} \geqslant C_{DO,s} \tag{6.12}$$

$$S_{DO,j} = 10 - 9 \frac{C_{DO,j}}{C_{DO,s}}, C_{DO,j} < C_{DO,s} \tag{6.13}$$

$$C_{DO,f} = 468/(31.6 + 7) \tag{6.14}$$

式中　　$S_{DO,j}$——在第 j 点上的 DO 的标准指数;

　　　　$C_{DO,f}$——饱和溶解氧浓度,mg/L;

　　　　$C_{DO,s}$——溶解氧评价标准的浓度限值(采用地表水环境质量标准),mg/L;

　　　　$C_{DO,j}$——在第 j 点上 DO 的监测浓度,mg/L。

　　对 pH 值,其标准指数的表达式为

$$S_{pH,j} = \frac{7.0 - PH_j}{7.0 - PH_{sd}}, PH_j \leqslant 7.0 \tag{6.15}$$

$$S_{pH,j} = \frac{PH_j - 7.0}{PH_{su} - 7.0}, PH_j > 7.0 \tag{6.16}$$

式中　　$S_{pH,j}$——在第 j 点上的 PH 的标准指数;

　　　　pH_j——在第 j 点上的 pH 的监测值;

　　　　pH_{sd}——评价标准(地表水质量标准)中 pH 值下限;

　　　　pH_{su}——评价标准(地表水质量标准)中 pH 值上限。

　　综合评价指数的表达式为

$$S_m = \sum_{i=1}^{m} W_i S_{i,j}, \sum_{i=1}^{m} W_i = 1 \tag{6.17}$$

$$S_m = \frac{1}{m} \sum_{i=1}^{m} S_{i,j} \tag{6.18}$$

式中　　S_m——m 个污染物(水质参数)的综合评价指数;

W_i——第 i 种污染物的权值;

m——选定参与评价的污染物项目数;

$S_{i,j}$——第 i 种污染物在第 j 点上的标准指数。

式(6.17)对多项污染物(水质参数)采用加权平均处理,式(6.18)对多项污染物采用算术平均处理。

关于地面水环境质量指数范围及相应的水质级别,暂可参照国内外有关资料进行评价。通常多采用单项污染物的水质标准指数对水质状况进行评价。水质标准指数大于1,表明该污染物超标,指数越大,则水质越差。

2.几种水质指数评价方法

(1)豪顿水质指数

豪顿水质指数由 142 位美国水质管理专家组成的委员会选定评价水质的参数、评分标准及参数权值。其简要的工作步骤如下。

第一,选择建立指数时所需要的质量特征,即水质参数值。他们共选用了 10 种参数:①享有污水处理设备的人口百分比;②溶解氧;③pH 值;④大肠杆菌数;⑤电导率;⑥活性炭氯仿提取物;⑦碱度;⑧氯化物;⑨温度;⑩"显著的污染"。

第二,根据每种参数确定其评分。

第三,定出各参数的加权值。

豪顿指数的评分标准和权值分别见表 6.4,6.5 所示。

表 6.4　水质参数及评分标准

享有污水处理设备的人口百分比/%	评价/分	pH 值	评价/分	电导率/mS	评价/分
95 ~ 100	100	6 ~ 8	100	0 ~ 750	100
80 ~ 95	80	5 ~ 6;8 ~ 9	80	750 ~ 1 500	80
70 ~ 80	60	4 ~ 5;9 ~ 10	40	1 500 ~ 2 500	40
60 ~ 70	407	<4; >10	0	> 2 500	0
50 ~ 60	20				
< 50	0				
饱和溶解氧/%	评价/分	大肠杆菌(最大可能数/100mL)	评价/分	活性炭氯仿提取物/(10^{-3}mg·L^{-1})	评价/分
> 70	100	< 1 000	100	0 ~ 100	100
50 ~ 70	80	1 000 ~ 5 000	80	100 ~ 200	80
30 ~ 50	60	5 000 ~ 10 000	60	200 ~ 300	60
10 ~ 30	30	10 000 ~ 20 000	30	300 ~ 400	30
< 10	0	> 20 000	0	> 400	0
20 ~ 100	100	0 ~ 100	100	M_1	1 或 1/2
5 ~ 20;100 ~ 200	80	100 ~ 175	80	M_2	1 或 1/2
0 ~ 5; > 200	40	175 ~ 250	40		
酸性	0	> 250	0		

表 6.5　权值的确定

项　　　目	权　值	项　　　目	权　值
享有污水处理设备的人口百分比	4	电导率	1
溶解氧	4	活性炭氯仿提取值	1
pH 值	4	碱度	1
大肠杆菌	2	氯化物	1

综上所述,可得

$$Q_I = \left[\frac{C_1 W_1 + C_2 W_2 + \cdots + C_n W_n}{W_1 + W_2 + \cdots + W_n} \right] \cdot M_1 \cdot M_2$$

式中　　$C_1, C_2, \cdots, C_n$——各参数的评价分数;

　　　　$W_1, W_2, \cdots, W_n$——各参数的加权值。

表 6.4 中,享有污水处理设备的人口百分数反映当地按规定处理污水的程度;电导率表征总固量;"显著污染"是指直接让人感到不舒服的状况,如油膜、泡沫、浮渣等。表中前 8 种参数的评价标度由 0 ~ 100;表示情况很坏,100 近于理想。温度及"显著污染"和其他特性不同,不易用渐变的等级来评价,而以"是"或"不是"来表示。俄亥俄州河流卫生委员会认为,在任何时间及地点,河水温度不能高于 34 ℃,如水温低于此值,对水质没有影响;如果超过此值,则乘以 1/2 的系数。对"显著污染"也以同样方法处理。

豪顿指数用于评价河流卫生状况,并未考虑有毒物质的影响。本方法对确定权值和参数的评分方法有一定的参考价值。

(2)罗斯水质数

罗斯水质指数在常规监测的 12 个参数中,选取了 BOD、氨 - 氮、悬浮固体、溶解氧 4 个参数作为计算河水水质指数的因子,其加权系数分别为:BOD3;氨 - 氮 3;悬浮固体物 2;溶解氧饱和度百分数和浓度各 1,总权重为 10。罗斯水质指数选取的几种污染物浓度分级值见表 6.6 所示。

表 6.6　几种主要水质参数的分级值

悬浮固体		BOD$_5$		氨 - 氮		DO		DO	
浓度/(mg·L^{-1})	分级	浓度/(mg·L^{-1})	分级	浓度/(mg·L^{-1})	分级	饱和度/%	分级	浓度/(mg·L^{-1})	分级
0 ~ 10	20	0 ~ 2	30	0 ~ 0.2	30	> 90 ~ 105	10	> 9	10
> 10 ~ 20	18	> 2 ~ 4	27	> 0.2 ~ 0.5	24	> 80 ~ 90	8	> 8 ~ 9	8
> 20 ~ 40	14	> 4 ~ 6	24	> 0.5 ~ 1.0	18	> 105 ~ 120	—	> 6 ~ 8	6
> 40 ~ 80	10	> 6 ~ 10	18	> 1.0 ~ 2.0	12	> 60 ~ 80	6	> 4 ~ 6	4
> 80 ~ 150	6	> 10 ~ 15	12	> 2.0 ~ 5.0	6	> 120	—	> 1 ~ 4	2
180 ~ 300	2	> 15 ~ 25	6	> 5.0 ~ 10.0	3	> 40 ~ 60	4	0 ~ 1	0
> 300	0	> 25 ~ 50	3	> 10.0	0	> 10 ~ 40	2	—	—
		> 50	0	—		0 ~ 10	0	—	

罗斯水质指数形式为

$$罗斯水质指数 = \frac{\sum 分级值}{\sum 权重值}$$

罗斯水质指数将河流水质分为 11 个等级(水质指数 0～10)。对于天然纯净状态的水,规定水质指数为 10,水质指数为 0 表示水质最差,类似腐败的原生污水。

6.3　环境影响评价

6.3.1　概述

6.3.1.1　环境影响评价的定义、目的和作用

环境影响评价是指人们在采取对环境有重大影响的行动之前,经过充分的调查研究,识别、预测和评价该行动可能对环境产生的影响,并按照经济发展与环境保护相协调的原则,在行动之前制定出消除或减轻负面影响的措施,从而做到经济与环境之间相协调的发展。具体来说,环境影响评价是对拟议建设项目、区域开发计划及国家政策实施后可能对环境造成的影响进行预测和估计。

环境影响评价是环境管理的重要组成部分之一,其目的是贯彻环境保护这项基本国策。环境影响评价需要调查项目拟建地区的环境质量状况,并针对项目的工程特征和污染特征,预测项目建成后对当地环境可能造成的不良影响,以及影响范围和程度,从而制定避免污染、减少污染和防止破坏环境的对策。为项目选址、合理布局、最终设计提供科学依据。环境影响评价对合理确定一个地区的产业结构、产业规模和产业布局,正确地把握社会经济发展方向起着举足轻重的作用。环境影响评价的过程是对一个地区的自然条件、资源条件、环境质量和社会经济发展现状进行综合分析的过程。根据一个地区的具体情况及其环境承受能力,制定合理的经济发展规划,将人类的活动对环境的不利影响控制在最低水平。

6.3.1.2　环境影响评价的分类

环境影响评价根据开发建设活动的性质不同,可分为单项开发建设项目的环境影响评价、区域开发建设的环境影响评价、发展规划和公共政策的环境影响评价三种类型。

1.单项开发建设项目的环境影响评价

拟议建设项目的环境影响评价是为其合理布局和选址、确定生产类型和规模,以及拟采取的环保措施等决策服务的。

2.区域开发建设的环境影响评价

区域开发引起的环境质量变化具有影响面广、时效长、综合影响大等特点,所以,必须按照一定的发展战略制定全面的环境规划,协调好区域发展和建设与环境保护的关系。区域开发环境影响评价是把某个区域作为一个整体来全面考虑,评价工作的目的在于论证区域开发建设的选址、建设性质、开发规划、总体规模是否合理。根据周围的环境特点,对区域内建设项目的布局、结构、性质、规模做出合理规划,并对区域内的排污量进行总量控制。为使区域的开发建设对周围环境的影响控制在最低水平,提出相应的减轻影响的具体措施。

3.发展规划和公共政策的环境影响评价

发展规划的环境影响评价是一个国家或地区在拟定战略发展规划和采取战略行动之

前开展的环境影响评价。研究国家发展战略对环境的影响,以及如何评估、分析这种影响,并进而对发展战略提出修正或补充意见,是一项具有重大现实意义的工作。

公共政策,特别是发展政策会带来很多环境问题,比如资源浪费、环境污染、臭氧层破坏、土地沙化、水土流失等。客观而又全面地对公共政策的环境影响进行评价,能及时地对政策中某些不完善部分进行修正、补充,使决策科学化。

公共政策的环境影响评价,是应用科学的方法评定公共政策的价值和对环境造成的冲击,以评判公共政策对环境影响的利弊得失。

6.3.1.3　环境影响评价的原则

环境影响评价作为整个开发决策的一个重要组成部分,其工作应遵循针对性、政策性、科学性、公正性的原则。

针对性是指环境影响评价工作必须针对拟建设项目的工程特征和地区的环境特点,在进行深入研究的基础上抓住危害环境的主要因素,使评价工作有的放矢。

政策性是指环境影响评价工作必须根据评价结果,结合国家与地方颁布的有关方针、政策、标准、规范,以及规划,提出切合实际的环境保护对策,使其达到标准的要求。

科学性是指在环境影响评价工作中必须客观地、实事求是地来认识开发活动对环境的影响。由于环境影响评价工作在时间上具有超前性,所以,在开展工作时,应该以科学的态度认真完成调查、分析、数据处理等各项工作。

公正性是指由于环境影响评价工作是建设项目的决策依据,所以,环境影响评价中的每一项工作都必须做到准确、公正,不能受外在因素影响而带主观倾向。

科学的评价工作还应该注意区域性和系统性的问题。环境是一个整体,必须从全局出发去考虑各环境要素和过程之间存在的密切联系和作用。缺乏这种整体意识,就容易出现由于破坏或改变这种联系和作用可能产生的环境问题,从而导致环境对策的失败。

6.3.2　环境影响评价的内容

我国环境影响评价的内容一般包括如下的一些方面。

6.3.2.1　建设项目的一般情况

(1)建设项目的名称、建设性质;

(2)建设项目的地点;

(3)建设规模(扩建项目应该说明原有规模);

(4)产品方案和主要工艺方法;

(5)主要原料、燃料,水的用量和来源;

(6)废水、废气、废渣、粉尘、放射性废物等的种类、排放量和排放方式;

(7)废弃物回收利用,综合利用和污染物处理方法、措施和主要工艺原则;

(8)职工人数和生活区布局;

(9)占地面积和土地利用情况;

(10)规划。

6.3.2.2　建设项目周围地区的环境状况

(1)建设项目的地理位置(附位置平面图);

(2)周围地区地貌和地质情况,江河湖海和水文情况,气候情况;

(3)周围地区矿藏、森林、草原、水质和野生动物等资源情况;

(4)周围地区的自然保护区、风景游览区、名胜古迹、温泉、疗养区,以及重要文化设施情况;

(5)周围地区的生活居住区分布情况和人口密度、地方病等情况;

(6)周围地区大气、水的环境质量状况。

6.3.2.3　建设项目对周围地区的环境影响

(1)对周围地区的设施、水文、气象可能产生的影响,防范和减少这种影响的措施,最终不可避免的影响;

(2)对周围地区自然资源可能产生的影响,防范和减少这种影响的措施,最终不可避免的影响;

(3)对周围地区自然保护区等可能产生的影响,防范和减少这种影响的措施,最终不可避免的影响;

(4)主要污染物的最终排放量,对周围大气、水、土壤的环境质量的影响范围和程度;

(5)噪声、震动对周围生活居民区的影响范围和程度;

(6)绿化措施,包括防护地带的防护林和建设区域的绿化;

(7)专项环境保护措施的投资估算。

6.3.2.4　建设项目环境保护可行性技术经济论证意见

6.3.3　环境影响评价方法

环境影响评价的方法有多种形式,可以归纳为以下几种主要方法。

6.3.3.1　列表清单法

列表清单法的做法是将实施的开发活动和可能受到的影响的环境因子分别列于一张表格,在表格中用不同的符号判定每项开发活动与对应的环境因子相对影响的大小。该方法使用方便,但不能对环境影响程度进行定量评价。

6.3.3.2　矩阵法

矩阵法把开发行为和受影响的环境特征或条件组成一个矩阵,在开发行为和环境影响之间建立起直接的因果关系,以说明哪些行为影响到哪些环境特征,并指出影响的大小。

6.3.3.3　网络法

网络法要求首先弄清楚建设项目的原生影响面,说明在这些范围内的影响是什么,第二级、第三级影响是什么等等。网络法能以简要的形式表达出建设项目及其有关行动产生或诱发影响的全貌。

6.3.3.4　图形叠置法

该方法是把两个或多个环境特征重叠表示在同一张图上,用以在开发行为影响所及的范围内,指明被影响的环境特性及影响的相对大小。

6.3.3.5 综合指数法

综合指数法的基本原理是通过对环境因子性质及变化规律的研究与分析,建立其评价函数曲线,通过评价函数曲线将这些环境因子的现状值(项目建设前)与预测值(项目建设后)转换为统一的环境质量指标,由此可计算出项目建设前、后各因子环境质量指标的变化值,根据各因子的重要性赋予权重后,再将各因子的变化值综合起来,便可得出项目对环境质量的综合影响。

6.3.4 环境影响评价的发展趋势

6.3.4.1 当代关注的全球环境问题在环境影响评价中将越来越得到重视

全球性环境问题(温室气体对全球变暖的影响,有毒有害化学物质越境转移,酸雨,臭氧层破坏,生物多样性保护与生态平衡的破坏,海洋污染等)已成为人们关注的热点,在进行环境影响评价时应该给予充分注意。

6.3.4.2 环境影响评价中要贯彻可持续发展的原则

可持续发展对于发达国家和发展中国家同样是必要的战略选择,在发展的同时,必须做到经济发展与环境保护相协调。但对于发展中国家,往往比较注重发展,而对发展引发的环境问题重视不足。目前,一些发达国家建立了战略环境影响评价制度,将可持续发展的原则贯彻到政策、规划、计划和项目之中。这些制度已引起世界各国的重视,并将得到进一步发展和推广。

6.3.4.3 项目评价事后的验证评价将得到广泛推广

目前,环保主管部门对项目建成后环境影响是否发生,很少负责,评价者也很少为它所推荐的改善措施负责。项目后分析就是为弥补这种制度缺陷而出现的。这些分析工作促进和保证了环境影响评价所提出建议的落实,增强了环境影响评价效能。1993 年我国制定了《建设项目环境影响评价事后验证规划》,这将加快我国环境评价事后验证评价工作的开展。

6.3.4.4 环境影响评价向法制化、规范化方向发展

环境影响评价制度的逐步推行,环境影响评价方法和技术的发展,以及世界各国在环境影响评价学术交流方面不断加强,大大地推动了环境影响评价向规范化方向发展。近些年来,国家制定了一系列关于环境影响评价的法规与管理办法,编写了环境影响评价技术导则与某些建设项目的环境影响评价规范,这些对加速我国环境影响评价的法制化将起到积极推动作用。

6.3.4.5 高新技术的应用将极大地促进环境评价的发展

一些高新技术(计算机数值模拟技术、遥感与系统分析技术、野外实验技术、实验室模拟实验技术等),在环境影响评价不同环节中的推广和应用,对提高环境影响评价的工作效率和质量起到极大的促进作用。

6.3.5 大气环境影响评价

大气环境影响评价主要是分析研究污染物在大气输送、扩散的机理和规律,以确定污

染物的时空分布。研究方法有数值模拟法、环境风洞模拟试验法和现场观察法。三种方法各具有其优缺点,最好密切配合,互相补充。

具体评价方法见大气污染控制一章相关内容。

6.3.6　地表水环境影响评价

各种污染物排入地表水体后,由于水体本身的自净作用,使污染物在一定的时间和一定的条件下受到稀释、扩散、吸附、凝聚、沉淀、堆集、氧化、还原、挥发、分解,以及交换、络合等作用,从而降低了污染物的浓度,使水体逐渐恢复到原来清洁的状态。但有的污染物(如重金属)在水体中难以降解,有的甚至会转化为毒性更强的物质。在地表水环境影响评价中,一般主要考虑重金属和有机物的迁移转化规律。其自净模式可见水污染控制章节内容。

6.4　环境管理

环境管理的产生有着深刻的社会历史背景,既是人类环境科学发展的需要,又是人类环境保护实践发展的必然结果。

6.4.1　环境管理概述

6.4.1.1　环境管理的基本概念

所谓环境管理是指根据国家的环境政策、环境法律、法规和标准,坚持宏观综合决策与微观执法监督相结合,从环境与发展综合决策入手,运用各种有效的管理手段,调控人类的各种行为,协调经济、社会发展同环境保护之间的关系,限制人类损害环境质量的活动及以维护趋于正常的环境秩序和环境安全,实现区域社会可持续发展的行为总体。其中,管理手段包括法律、经济、行政、技术和教育与五个手段,人类行为包括自然、经济、社会三种基本行为。

(1)环境管理是针对次生环境为题的一种管理活动,主要解决人类的活动所造成的各类环境问题。

(2)环境管理的核心是对人类的管理。人类的各种行为是产生各种环境问题的根源,只有解决人的问题,从人的三种基本行为入手开展环境管理,环境问题才能得到有效的解决。

(3)环境管理是国家管理的重要组成部分,环境管理的目的是解决环境污染和生态破坏所造成的各类环境问题,保证区域的环境安全,实现区域社会的可持续发展。环境管理涉及到包括社会领域、经济领域和资源领域在内的所有领域。环境管理的内容非常的广泛和复杂,与国家的其他管理工作紧密联系、相互影响和制约,成为国家管理系统中的重要组成部分。

6.4.1.2　环境管理的产生和发展

1.世界上环境管理的产生和发展

环境管理(enviromental administration)是人类在长期的发展实践中产生的。20 世纪 50

年代以前,环境问题只是被看做工农业生产中产生的污染问题,解决的办法主要采取工程技术措施减少污染,根本谈不上实施系统的环境管理。进入 20 世纪 50 年代后,污染逐渐由局部扩展到更大范围,人类发展与环境的矛盾越来越尖锐。人们对环境污染的危害有了进一步的认识,从而迫使一些工业发达国家对工农业生产产生的有害废物进行单项治理。在严重的环境污染面前,世界各国不得不寻找更有效、更彻底的解决方法。

20 世纪 60 年代中期,一些国家开始采用综合治理措施。当时,把治理污染问题看做是一种单纯的技术问题。在以污染治理为中心的管理思想支配下,走着"先污染,后治理"的发展道路。这种做法虽然付出了高昂的代价,却没有产生预期的效果。

20 世纪 60 年代末,许多国家先后成立了全国性的环境保护机构,颁布了环境保护法规,制定了防治污染的规划、条例,实行防治结合的环保方针。针对环境污染,除采用工程技术措施治理以外,还利用法律、行政、经济等手段进行控制。这时,实际上已出现了环境管理的雏形,但还没有明确提出环境管理的概念。

进入 20 世纪 70 年代以后,越来越多的人和国家认识到环境问题决不仅仅是环境污染和生态破坏的问题。为此,联合国在 1972 年召开了人类环境会议,这次会议成为人类环境管理工作的历史转折点,对人类认识环境问题来说是一个里程碑。首先,这种认识的改变表现在扩大了环境问题的范围,以全球为整体关注生态破坏问题,从而扩大了环境管理的领域和研究内容;其次,强调人类发展与环境的关系应该协调与平衡。1974,年在墨西哥由联合国环境规划署和联合国贸易与发展委员会联合召开了资源利用、环境与发展战略方针的专题研讨会。这次会议初步阐明了发展与环境的关系,指出环境问题不仅仅是一个技术问题,还是一个经济问题。在人类为拯救自身生活环境而进行的一场全世界范围内的斗争中,比环境污染问题威胁更大的是土壤侵蚀的加速、沙漠的不断的扩大、气候反常、灾害频繁等。这些问题将阻碍人类生产力的发展,加剧世界的贫穷、饥饿与人口膨胀引起的社会问题。不合理的社会经济因素是引发环境问题的根本因素。既然人类的发展不能超出生物圈的容许极限,为协调它们之间的关系,就要研究人类活动与环境相互影响的机制,就应对整个人类环境系统实行科学管理。这种环境系统管理的概念,后来被越来越多的人所接受。

20 世纪 80 年代初,由于发达国家经济萧条和能源危机,各国都急需协调发展、就业和 环境三者之间的关系,并寻求解决的方法和途径。该阶段环境保护工作的重点是:制定经济增长、合理开发利用自然资源与环境保护相协调的长期政策。要在不断发展经济的同时,不断改善和提高环境质量,但环境问题仍然是对城市社会经济发展的一个重要制约因素。

1992 年 6 月,联合国在里约热内卢召开了环境与发展大会,这标志着世界环境保护工作的新起点:探求环境与人类社会发展的协调方法,实现人类与环境的可持续发展。"和平、发展与保护环境是相互依存和不可分割的"。至此,环境保护工作已从单纯的污染问题扩展到人类生存发展、社会进步这个更广阔的范围,"环境与发展"成为世界环境保护工作的主题。

2.中国环境管理的发展历程阶段

2005 年末的松花江水污染事件虽然已经过去了,但是对于经历过这一次污染导致的水荒的人们来说,这件事情至今谈起还是令人色变的。究其原因归根结底还是由于我国环境监督管理体制的不当而导致的。

我国环境管理的发展历程大致可以分为以下几个阶段。

(1)摸索阶段(1949~1973年)。从新中国成立到1973年以前,我国还没有明确地形成环境管理的概念,在全国范围内尚未建立起环境管理体系和相应的机构,只是在一些地区和个别部门设立了"三废"管理处(或科),以及综合利用办公室等。

(2)探索阶段(1973~1983年)。1973年,第一次全国环境保护会议以后,开始在全国范围内建立环境保护机构。1979年9月,颁布了《中华人民共和国环境保护法(试行)》。环境管理进入了法制阶段,才开始有了全面环境管理的概念。1983年,第二次全国环境保护会议提出了"三同步"、"三统一"的战略方针,至此,环境管理的概念已经形成,环境管理作为环境科学的一个重要分支学科已被人们接受。

这一阶段环境管理主要是以治理污染为中心,是在"全面规划、合理布局、综合利用、化害为利、依靠群众、大家动手、保护环境、造福人民"的环境保护工作方针的指导下逐步开展起来的。管理部门的任务是统筹规划、全面安排、组织实施、检查督促。

总之,这一阶段我国的环境保护事业开始起步,实现了思想认识的转变,大力开展了以调整布局和技术改革为核心,以防治工业污染为重点的环境污染防治工作,为全面开创中国环境保护事业奠定了基础。但还没有真正从宏观上理顺经济建设与环境保护的关系,环境保护虽已纳入国家计划,但并没有真正得到同步实施,环境监督管理力量还比较薄弱,强化环境管理已迫在眉睫。

(3)开拓阶段(1983~1989年)。1983年召开的第二次全国环境保护会议明确指出,环境保护是我国的一项基本国策,同时制定了"同步发展"的指导方针,并形成了以强化环境管理为主体的三大政策体系。这个政策体系的基本精神就是从单纯的环境污染治理转变到以防为主和防治结合。这标志着我国环境管理思想开始逐步走向成熟,找到了适合我国环境保护的方针和政策。在上述方针和政策的指导下,随着环境管理思想、职能和工作重点的转变,我国工业企业的环境污染治理和城市环境污染的综合防治都取得了很大的发展。

(4)发展阶段(1989~1994年)。1989年召开的第三次全国环境保护会议,提出在继续运用"三大法宝"的基础上,为了使环境管理上新台阶,将全力推行环境保护目标责任制,城市环境综合整治定量考核制,排放污染物许可证制,污染集中控制和限期治理等五项新制度。这些制度在环境管理工作的实践中已被证明是行之有效的。

(5)新阶段(1994年至今)。1994年3月,国务院批准了《中国21世纪议程——中国21世纪人口、环境与发展白皮书》,它将环境问题与人口、资源、发展等问题一起统筹考虑,把可持续发展原则贯穿到各个领域。1996年3月,八届全国人大会议审议通过了《关于国民经济和社会发展"九五"计划和2010年远景目标纲要》,明确了要实行经济体制和经济增长方式这两个根本转变,把科教兴国和可持续发展作为两项基本战略。1996年9月,国务院批准了《全国主要污染物排放总量控制计划》。以上工作表明,我国的可持续发展战略正渗透到各个方面的工作中。

鉴于我国过去对污染治理抓得较紧,对生态环境的破坏趋势制止不力,生态建设步伐缓慢的现状,1999年国家环境保护局提出了"污染治理和环境保护并重"的方针,先后出台了《全国生态建设示范区建设纲要》、《全国生态环境建设纲要》、《全国生态环境保护纲要》,我国的环境保护事业方兴未艾,正在稳定发展。

6.4.1.3　环境管理的理论基础

1.生态学理论

生态学理论包括自然生态系统(由各种各样的生物物种、群落及其环境构成,小如一滴水、一片草地,大如江河、湖海、森林、草原及至生物圈)、人工生态系统、系统功能协调、生物多样性、生态平衡等。

2.管理理论

管理理论包括系统管理理论(系统工程、系统分析、环境系统分析、系统预测、系统决策等)和工商管理理论。

3.经济学理论

经济学理论包括环境资源的稀缺性和资源的资本化管理,环境资源的供给与需求,供求弹性、均衡理论、外部性理论及其管理策略(税费、市场、法制、规划、绿色账户)等。

4.法学理论

法学理论包括环境权、环境损害的责任与赔偿及其复原、国家主权与全球性环境问题及全球资源管理等。

环境管理以环境科学的理论为基础,运用法律的、行政的、经济的、科学技术的和宣传教育等手段,对社会生产建设活动的全过程及其对生态的影响,进行综合的调节与控制。

5.环境监测学

环境监测学理论包括运用各种定性和定量的科学方法,对环境系统中污染物的含量、迁移转化形式及途径进行监测和分析,为研究环境质量的变化规律和强化监督管理提供定量化决策信息的一门科学。

6.环境工程学

环境工程学理论包括大气污染防治工程、水污染防治工程、固体废弃物的处理和利用,噪声控制技术以及生态工程技术的开发和利用等。是研究运用工程技术和有关学科的原理与方法,防止环境污染和生态破坏、保护和合理利用自然资源以及改善环境质量的学科。

6.4.1.4　环境管理的内容

从广义上讲,环境管理的内容可以从两个方面来划分。

1.按环境管理的性质分

(1)环境规划与计划管理。首先制定好环境规划,使之成为经济社会发展规划的有机组成部分,然后是执行环境规划,并根据实际情况检查和调整环境规划。

(2)污染源管理。污染源管理包括点源管理与面源管理。不是消极地进行“末端治理”,而是要积极地推行“清洁生产”。其中,特别要针对污染者的特点,实施有效的法规和经济政策手段。

(3)环境质量管理。环境质量管理是为了保持人类生存与健康所必需的环境质量而进行的各项管理工作。通过调查、监测、评价、研究、确立目标、制定规划,要科学地组织人力、物力去逐步实现目标。实施中,要经常进行对照检查,采取措施纠正偏差。

(4)环境技术管理。通过制定技术标准、技术规程、技术政策以及技术发展方向、技术路线、生产工艺和污染防治技术进行环境经济评价,以协调技术经济发展与环境保护的关系,使科学技术的发展既能促进经济不断发展,又能保护好环境。

2.按环境管理的范围分

(1)资源(生态)管理。资源(生态)管理包括可再生的与不可再生的各种自然资源的管理。

(2)区域环境管理。区域环境管理主要是指协调区域经济发展目标与环境目标,进行环境影响预测,制定区域环境规划等。

(3)部门环境管理。部门环境管理包括工业(如冶金、化工、轻工等)、农业、能源、交通、商业、医疗、建筑业及企业环境管理等。

6.4.1.5　环境管理的特点

环境管理有三个显著的特点,即综合性、区域性和公众性。

1.综合性

环境管理是环境科学与管理科学、管理工程学交叉渗透的产物,具有高度的综合性。主要表现在其对象和内容的综合性以及管理手段的综合性。

2.区域性

环境问题由于自然背景、人类活动方式、经济发展水平和环境质量标准的差异,存在着明显的区域性,这就决定了环境管理必须根据区域环境特征,因地制宜地采取不同的措施,以地区为主进行环境管理。

3.公众性

环境问题如果没有公众的合作是难于解决的。因此,要解决环境问题,不能单凭技术,还必须通过环境教育,使人们认识到必须保护和合理利用环境资源。只有公众的积极参与和舆论的强大监督,才能搞好环境管理,成功地改善环境。

4.决策的非程序化

一般行政管理具有决策的程序化特点,对于重复出现的问题可采用固定的程序来决策、解决。而环境管理中的决策大多数表现为新颖、无结构、具有非寻常的、非重复的例行状态和不寻常的影响。每一个环境问题的处理和解决的程序与方案无法预先设定。所以,环境管理的决策有明显的非程序化特点。

6.4.2　环境管理的基本原则和指导方针

由于环境管理的特点,在不同的国家,必然会采取有各自特点的基本原则和指导方针。以下着重介绍我国近25年来在环境管理上逐步发展和形成的基本原则和指导方针。

保护和改善生活环境和生态环境,防治污染和自然环境破坏,是我国社会主义现代化建设中的一项基本国策。

基本国策虽属于政策范畴,但其职能已大大超过一般政策的效力范围。它是制约全国,影响未来的,体现了全国人民的利益。它的全部谋略起点是调节和平衡国家现实与长远发展目标中的各种关系,使其达到相互促进、良性循环。它是影响和制定各项原则、方针政策的基础和依据。

6.4.2.1　可持续发展战略

可持续发展是一个长期的战略目标,需要人类世世代代的共同奋斗。现在是从传统增长到可持续发展的转变时期,因而最近几代人的努力是成功的关键。必须从现在做起,坚定不移地沿着可持续发展的道路走下去。

6.4.2.2　"三统一"原则

"三统一"是实现"经济效益、社会效益和环境效益的统一"原则的简称。

一切生产如只从经济效益出发,滥用环境资源,并把过量的排泄物倾注入环境,破坏环境资源,超出生态系统的调节能力,引起环境质量的下降或生态平衡的破坏,从而造成生产单位外部不经济性,使社会蒙受损失,同时也会反馈到生产单位,并引起再生产的困难甚至危机。如果只讲环境效益而不讲生产单位的经济效益,把环境质量标准规定到不适当的水平,超出当前技术经济可以接受的程度,也会阻碍生产的发展,同样也就阻碍社会生产力的发展。由于环境污染或生态破坏,除当时可以觉察到的外,尚有某些是潜在的。所以,经济效益和社会效益不仅要讲求目前效益,还应着眼于长远的效益。总之,只有将三者有机而辩证地结合在一起,实行环境与发展综合决策,才能既有利于生产的发展,又有利于保护环境。

6.4.2.3　预防为主,防治结合的原则

通常情况下,环境遭到污染和破坏后,恢复是困难的,甚至不可恢复;环境污染和破坏造成的影响很难消除或需很长时间才能消除;环境污染引起的一些疾病,常不易及时发现,多数也难以彻底根治;环境污染和破坏后再治理,代价十分昂贵。这在工业国家发展的过程中已得到充分证明,因此,我国在经济、社会的发展中,决不能再重蹈"先污染后治理"的覆辙,而是要预先采取防范措施,防止环境问题及环境破坏的发生,并把预先防范作为环境管理的重要原则。

在预防为主的同时,对已形成的环境问题,要进行积极治理,作为预防措施的补充,同时采取综合治理的方法,提高治理效果,以有效地控制污染和破坏,保护和改善环境质量。

6.4.2.4　同步发展方针

为了力求做到经济发展而不破坏环境,应运而生的就是同步发展的方针,就是要求经济发展和环境发展同步进行,以实现经济效益、社会效益和环境效益的统一。实行同步发展,既可照顾到眼前利益,又可兼顾到整体利益,是一种统筹兼顾,健全发展的方针。

实现环境保护与经济社会的同步发展要有以下条件,即对环境问题认识要有一定的水平;要有一定的经济和技术基础;要有协调一致的社会条件。

目前,我国已基本具备了这几个条件,因此,在总的方针下,着重发展了以下几个具体方针。

1.同步规划、合理布局

规划(含计划)是国民经济和社会发展的基本依据,具有重要的指导意义。

同步规划着重解决两个方面的问题,即工业和农业发展与环境保护的同步规划;城市和乡村发展与环境保护的同步规划。

2.同步建设

同步建设是指城市、乡村、工业和农业的发展要同时实施规划中关于环境保护的内容和措施。同步建设是同步规划的体现,是促进经济、社会和环境协调发展的基本环节。同步建设主要有两条原则,即①执行"环境影响报告"制度;②严格实行建设项目环保"三同

时"。

3．人口的协调发展

我国当前存在的许多环境问题，都直接或间接来自人口的压力。因此，保护和改善环境，必须与计划生育相结合，使人口的增长与经济的增长和环境的容量相适应。

控制人口的增长，除实行一对夫妇只生一个孩子的政策外，还要控制人口流向城市，以控制城市人口规模，减缓城市环境状况恶化的趋势。

4．科学技术的协调发展

一个与经济社会协调发展的人类生存环境，在相当大的程度上依赖于科学技术的进步。在制定环境保护发展规划时，必须考虑科学技术在国民经济中的应用水平，要运用科学技术手段作为防治环境污染和破坏的重点。

从我国当前状况出发，重点要解决好以下几个方面的问题。

首先，是开发洁净能源技术。我国主要能源是煤炭，因此，要着重解决煤炭开采、洗选、运输、加工和综合利用技术，以减少烟尘、二氧化硫、灰渣、矸石的危害。

第二，是研究开发低污染、无污染的工艺技术和净化处理技术，改造传统的工业。

第三，是研究农业病虫害防治技术，开发高效、低毒、低残留的农药，推广生物防治技术。

第四，是开发工业和生活废弃物的综合利用技术，变废（害）为宝。

6.4.3　环境管理制度

加强环境管理，深化监督管理，是解决环境问题的重要一环，而这又需要有切实可行的制度来加以实施。根据我国近20年的工作实践和经验，基本上推行下列几项行之有效的管理制度和措施。

6.4.3.1　环境影响报告书制度

实行环境影响评价制度，是一种控制建设工程对环境造成危害的技术手段和制度，它可以使新建（改、扩建）工程的污染防治工作，由事后治理变为防患于未然。

6.4.3.2　建设项目环保"三同时"制度

"三同时"是"一切新建、扩建和改建工程项目的防治污染设施，必须与主体工程同时设计，同时施工，同时投产"的简称。

6.4.3.3　排污收费制度

1982年以来，我国先后发布了《征收排污费暂行办法》和《污染源治理专项基金有偿使用暂行办法》对于污染环境的废气、废水、废渣需要排放的，必须遵守国家规定的标准，超过国家规定的标准排放污染物，要根据规定，按照排放污染物的数量和浓度，收取排污费。后来又发展成对某些污染物的排放实行有偿排放即收费的制度，如二氧化硫在一些地区、城市实行按排放量收费。"排污收费"是一项强化环境管理，运用经济手段促进工业企业防治污染的重要制度。截至2000年底，我国共向70多万个单位征收排污费463亿元，其中277亿元用于污染治理。排污收费制度已成为我国环保法规的一项重要制度，对防治环境污染、改善环境质量、节约和综合利用资源、能源起到了重要作用。

6.4.3.4 环境保护目标责任制

环境保护目标责任制是以签订责任书的形式,具体规定地方各级人民政府领导在任期内对本辖区环境质量负责,实行环境质量行政领导负责制。地方各级人民政府及其主要领导要依法履行环境保护的职责,坚决执行环境保护法律、法规和政策。要将辖区环境质量作为考核政府主要领导人工作的重要内容。

在各级地方政府主要领导人实行辖区环境保护目标责任制的基础上,衍生了地方政府与辖区内工业企业领导人实行本单位环境保护目标责任制。

6.4.3.5 城市环境综合整治定量考核制

考核范围包括大气环境、水环境、噪声控制、固体废弃物综合利用和处理,以及城市绿化等五个方面,共 20 项指标。考核的结果要向公众公布。通过考核要发现问题和差距,增加环境状况透明度,通过群众监督,改善工作。

6.4.3.6 排放污染物许可证制度

在实行排放浓度控制基础上,对一些重点污染源实施排污定量控制,才能从总体上有效地控制污染。为此推行一种要求排污单位向环保部门申请登记,经环保部门调查、审核,给排污单位发放排放污染物许可证的制度。目前,在部分地区试行后取得较好的环境效益,拟全面推广实施。这是控制污染物排放总量的一种措施。

6.4.3.7 推行污染集中控制

坚持改善环境质量的原则和经济效率原则,为要提高治理污染的效益,重要的一环是采取污染控制社会化的措施,由社会为污染治理提供有偿服务。当前是在大、中型城市就集中供热、污水集中处理、固体废物集中处置等方面进行推广。对于一些危害严重、不易集中处理的污染源,如排放重金属和难于进行生物降解的有害物质的污染源,应采取分散治理。少数大型企业或远离城镇的个别企业,或是需处理的量过大,或是无集中的条件,暂时仍采取单独处理的办法。总之,从实际出发,走集中与分散相结合的道路。

6.4.3.8 限期治理污染源

抓住污染的重点进行限期治理,环境效益不仅显著,而且起到促使工业企业积极筹集资金,研究开发最经济有效的治理措施作用。

限期治理的范围已由治理污染点源,发展到行业治理和区域治理。这对有效控制污染,改善区域环境质量有重要意义。

6.4.4 环境保护机构

1979 环境保护法批准建立一个复杂的管理网络来管理我国的污染控制计划,中国国家环境保护总局为执行国家级命令计划提供指导原则。但是这些全国性计划主要由更低级别的 政府单位比如省市一级的环境保护局来进行。

每个环境保护局都是以国家环境保护总局为上级的"智能线"的一部分,这个职能线是一个垂直的阶梯等级,从国家级往下到省环保局,然后已知到市和县环保局,每个环保局也是地方政府的一个机构,需要向地方政府的相关领导作报告,例如:深圳环保局是深圳市政府的一个办公局,对深圳市政府负责。

我国现已建立起由全同人民代表大会立法监督、各级人民政府负责实施、环境保护行政主管部门统一监督管管理、各有关部门依照法律规定实施监督管理的体制,我国各级政府的综合部门、资源管理部门和工业部门也设置了环境保护机构,负责相应的环境与资源保护工作。大多数企业也设有环境保护机构,负责本企业的污染防治以及推行清洁生产。

全国建立环境监测网,2 222个监测站对水环境监测覆盖面达到:流域面积的80%,水体纳污量的80%,流域工农业总产值的80%,流域人口的80%,例行监测河段总长已达到34×10^4 km、占全国河流总长度的80%。

6.5　环境保护法律与法规

6.5.1　环境保护法概述

6.5.1.1　环境保护法概念

环境保护法(evironmental protection law)是指调整因保护和改善生活环境和生态环境,合理利用自然资源,防治环境污染和其他公害而产生的各种社会关系的法律规范的总称,是指国家、政府部门根据发展经济,保护人民身体健康与财产安全,保护和改善环境需要而制定的一系列法律、法规、规章等。

环境保护法所调整的社会关系大体分为两类:一是因防治污染和其他公害而产生的社会关系;二是因保护生态、合理开发利用和保护自然资源而产生的社会关系。由于环境污染和生态破坏通常是由人类活动造成的,所以,环保法所调整的社会关系,表面上看是人与物的关系,实质上是人与人的关系,环保法就是要通过这种调整,造成一个良好的生活和生态环境,保障人民健康,促进经济发展。

6.5.1.2　环境保护法的任务、目的和作用

1.环境保护法的任务

(1)保护和改善生活环境与生态环境

《环境保护法》不仅要求保护环境,还要求改善环境。它明确将环境区分为生活环境与生态环境,并且突出了对生态环境的保护和改善。强调要加强对农业环境和海洋环境的保护。并保护作为环境要素的水、土地、矿藏、森林、草原、野生动植物等自然资源。

(2)防治环境污染和其他公害

防治环境污染也称防治"公害",就是指防治在生产建设或其他活动中产生的废气、废水、废渣、粉尘、恶臭气体、放射性物质对环境的污染,以及防治噪声、振动、电磁波等对环境的危害。防治"其他公害"则是指防治除前述的环境污染和危害之外,目前尚未出现而今后可能出现的,或者已经出现但尚未包括在前述的"公害"的环境污染和危害。

2.环境保护法的目的

实现环境保护两项任务的目的就是:"保障人体健康,促进社会主义现代化建设的发展"。"保障人体健康"和"促进社会主义现代化建设的发展"是我国环境法的双重目的。

3.环境保护法的作用

环境保护法是保护人民健康,促进经济发展的法律武器;是推动我国环境法制建设的

动力;是提高广大干部、群众环境意识和环保法制观念的好教材;是维护我国环境权益的
有效工具;是促进环境保护的国际交流与合作,开展国际环境保护活动的有效手段。

6.5.1.3　环境保护法的特点

我国环境法是代表广大人民群众的根本利益,巩固无产阶级专政、建设社会主义的重
要工具。环保法具有以下特点。

1.广泛性

由于环境包括围绕在人群周围的一切自然要素和社会要素,所以,保护环境涉及到整
个自然环境和社会环境,涉及到全社会的各个领域以及社会生活的各个方面。环保法所
涉及的内容十分广泛。因此,在许多国家,环保法已形成了一套完整的法规体系。

2.科学性

保护和改善环境,必须有相应的科学技术保证。环境质量的描述、监测、评价以及污
染防治、生态保护等等,都涉及到多方面的现代科学技术。环境科学又是一门新兴的综合
学科,有许多问题还处于开拓发展时期,环保法直接反映环境规律和经济规律,环保法的
制定和实施都具有鲜明的科学性。

3.复杂性

环保法所约束的对象通常不是公民个人,而是社会团体、企事业单位以及政府机关。
环保法的实施又涉及到经济条件和技术水平,所以,环保法执行起来要比其他法律更为困
难而复杂。

4.区域性

我国幅员辽阔,各地的自然环境、资源状况、经济发展水平等方面的差别很大,因此,
根据我国的环保法要求,各省市都可根据本地区的特点制定地方性法规和地方标准,体现
了地方间的差异。

5.奖励与惩罚相结合

我国的环境法不仅要对违法者给予惩罚,而且还要对保护资源和对环保有功者给予
相应的奖励,做到赏罚分明。

6.5.2　我国环境保护法体系

环境保护法体系是指为了调整因保护和改善环境,防治污染和其他公害而产生的各
种法律规范,以及由此所形成的有机联系的统一整体。我国的环境保护法经过 20 年的建
设与实践,现已基本形成了一套完整的法律体系。

6.5.2.1　宪法中有关环境保护的规定

宪法第二十六条和第十条第五段对环境保护作了相应规定,且宪法中明确规定:"环
境保护是我国的一项基本国策"等。宪法中的这些规定是环境立法的依据和指导原则。

6.5.2.2　环境保护法

环境保护法是我国有关环境保护的综合性法规,也是环境保护领域的基本法律,主要
是规定了国家的环境政策、环境保护的方针、原则和措施,是制定其他环境保护单行法规
的基本依据,是由全国人大常务委员会批准颁布的。

6.5.2.3 环境保护单行法律

环境保护单行法律是针对特定的污染防治领域和特定资源保护对象而制定的单项法律,目前已经颁布多项环境保护单行法律,如《中华人民共和国大气污染防治法》、《中华人民共和国土地管理法》等,这些法律属于防治环境污染、保护自然资源等方面的专门性法律。通过这些环保法律的颁布与修订完善,有力地保障和推动了我国环保事业的发展。

6.5.2.4 环境保护行政法规

环境保护行政法规是由国务院制定的有关环境保护的法规,如《关于环境保护工作的决定》、《征收排污费暂行办法》、《中华人民共和国海洋倾废管理条例》、《水污染防治法实施细则》等。

6.5.2.5 地方性环境法规

地方性环境法规是由各省、自治区、直辖市根据国家环境法规和地区的实际情况制定的综合性或单行环境法规,是对国家环境保护法律、法规的补充和完善,是以解决本地区某一特定的环境问题为目标的,具有较强的针对性和可操作性。

6.5.2.6 环境保护标准

环境保护标准是为了执行各种专门环境法而制定的技术规范,是中国环境法体系中的一个重要组成部分,也是环境法制管理的基础和重要依据。我国环境保护标准包括环境质量标准、污染物排放标准、环保基础标准和环保方法标准。

6.5.2.7 环境保护部门规章

环境保护部门规章是由国务院有关部门为加强环境保护工作而颁布的环境保护规范性文件,如国家环保局颁布的《城市环境综合整治定量考核实施办法》、《污染物排放申报登记规定》、《建设项目环境保护管理办法》等。

此外,在我国其他法律(如刑法、民法、经济法等)及我国参加的国际条约,或由他国签定,为我国承认的国际协定中有关环境保护的条款,也属我国环境保护法体系的组成部分。我国的环境保护法的体系见图6.3所示。

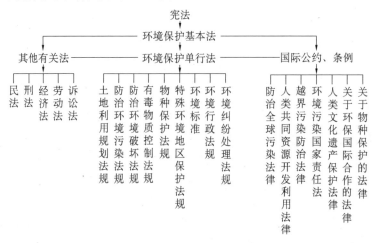

图6.3　我国环境保护法的体系

6.5.3　我国环境保护法的原则

环境保护法的基本原则是我国环境保护方针、政策在法律上的体现,它是调整环境保护方面社会关系的基本指导方针和规范,是环境保护立法、执法、司法和守法必须遵循的基本原则,是环境保护法本质的反映,研究和掌握这些原则,对正确理解、认识和贯彻环境保护法具有十分重要的意义。

6.5.3.1　经济建设和环境保护协调发展的原则

经济建设和环境保护协调发展是指我们在发展经济的同时,也要保护好环境,使经济建设、城乡建设、环境建设同步规划、同步实施、同步发展,即符合"三同时"政策,使经济效益、环境效益和社会效益统一协调起来,达到经济和环境和谐有序地向前发展。

事实证明,经济发展与保护环境是对立统一的关系,二者是互相制约、互相依存、又互相促进的。经济发展带来了环境污染问题,同时又受到环境的制约;而环境问题与资源问题势必也影响经济发展。

6.5.3.2　预防为主、防治结合、综合治理的原则

预防为主,它是解决环境问题的一个重要途径。我国很多地方已产生了较为严重的环境污染和生态破坏问题,必须采取有效的措施进行积极治理。对于治理环境污染和生态的破坏,要采取防治结合,治中有防,防中有治的办法。

同时,应把环境与人口、资源与发展联系在一起,从整体上来解决环境污染和生态破坏问题。采取各种有效的手段,包括经济、行政、法律、技术、教育等手段,对环境污染和生态破坏进行综合防治。

6.5.3.3　污染者付费的原则

污染者付费原则,在我国的环境保护法中称为"谁开发,谁保护","谁污染,谁治理"原则。自然资源的保护涉及面广,因此,开发利用自然资源的单位和个人对森林、草原、土地、水体、大气等资源,不但有依法开发利用的权利,而且还负有依法管理和保护的责任。同样,凡是对环境造成污染,对资源造成破坏的企事业单位和个人,都应该根据法律的有关规定承担防治环境污染,保护自然资源的责任,都应支付防治污染、保护资源所需的费用。

6.5.3.4　政府对环境质量负责的原则

环境保护是一项复杂而又艰巨的任务,关系到国家和人民的长远利益,解决这种事关全局、综合治理结合性很强的问题,政府负有不可推卸的责任。

污染单位的上级主管部门必须支持和帮助所属企业对已造成的环境污染进行积极治理,同时在必要的情况下要给予经济上的和技术上的帮助;环境保护部门也要检查和督促污染单位治理污染,并负责组织协调区域性环境污染的综合治理,把单项治理和区域的综合治理结合起来,以达到有效地、合理地防治环境污染,保护和改善本地区的环境质量,实现国家制定的环境目标。

6.5.3.5　依靠群众保护环境的原则

保护环境不受污染危害,不仅是公民的义务,也是公民的权利。因此,每个公民都有

了解环境状况,参与保护环境的权利。在环境保护工作中,依靠广大群众的原则,组织和发动群众对污染环境、破坏资源和破坏生态的行为进行监督和检举,组织群众参加并依靠他们加强环境管理活动,使我国的环境保护工作真正做到"公众参与,公众监督",把环境保护事业变成全民的事业。

6.5.3.6　奖励和惩罚相结合的原则

我国的环保法不仅要对违法者给予惩罚,依法追究法律责任,给予必要的法律制裁;而且还要对保护资源和对环保有功者给予相应的奖励,做到赏罚分明。

6.5.4　我国环境保护法的基本制度

6.5.4.1　排污总量控制制度

排污总量控制制度是指国家对污染物的排放实施总量控制的法律制度。在此制度中"总量"一词的含义是在一定区域和时间范围内排污量的总和或一定时间范围内某个企业排污量的总和。实践证明,总量控制和排污许可证制度对控制污染物的排放效果显著。

根据有关法律规定,排污者违反排污总量控制制度的要求,超过排污总量指标排污的,由县级以上地方人民政府责令限期治理。逾期未完成治理任务的,除按照国家规定征收两倍以上的超标准排污费外,还可根据所造成的危害和损失处以罚款,或责令其停业或关闭。

6.5.4.2　环境保护设施正常运转制度

环境保护设施正常运转制度,是指已经投入使用的环境保护设施,必须保持其正常运转状况的一项法律制度。该制度是"三同时"制度的配套制度。

对未经环境保护行政主管部门同意,擅自拆除或者闲置防治污染的设施,造成污染物排放超过规定排放标准的,在《环境保护法》中规定,由环保行政主管部门责令重新安装使用,并处罚款;在《水污染防治法》中规定,可限期重新安装使用,并处罚款。

对于故意不正常使用环境保护设施造成排放污染物超标的,《水污染防治法》中规定,由环境保护部门责令其恢复正常使用。在《污水处理设施环境保护监督管理办法》中还规定,对设施处理水量低于相应生产系统处理水量的,以及限期整改的污水处理设施逾期未完成的,可根据情节处以罚款。

另外,在《征收排污费暂行办法》中规定,对违反环境保护设施正常运转制度而超标排污的,应加倍收费。

6.5.4.3　环境保护现场检查制度

环境保护现场检查制度是关于环境保护部门和有关的监督管理部门对管辖范围内的排污单位进行现场检查的一整套措施、方法和程序的规定。

环境保护现场检查,法定行政机关所检查的内容必须是法定的且与环境保护有关的事项。进行现场检查不需要取得被检查单位的同意。对拒绝现场检查的单位和人个,可以给予行政处罚。

被检查者如果拒绝环境保护行政主管部门和有关的监督管理部门依法进行环境保护现场检查,或者在检查时弄虚作假,提供不真实的排污情况或其他资料的,环境保护行政主管部门或有关的监督管理部门可以根据不同情节,给予警告或罚款处理。检查机关及其工作人员因故意或过失泄露被检查者的技术秘密和业务秘密的,应当依法承担法律责任。

6.5.4.4　落后工艺设备限期淘汰制度

落后工艺设备限期淘汰制度是指对严重污染环境的落后生产工艺和设备,由国务院经济综合主管部门会同有关部门公布名录和期限,由县级以上人民政府的经济综合主管部门监督各生产者、销售者、进口者和使用者在规定的期限内停止生产、销售、进口和使用的法律制度。

落后工艺设备限期淘汰制度规定,淘汰下来的设备不得转让给他人使用。

根据规定,违反落后工艺和设备限期淘汰制度的生产者、销售者、进口者或使用者将被处以责令改正、停止或关闭的处罚。

6.5.4.5　强制应急措施制度

强制应急措施制度是指在某些特定的环境要素受到严重污染,威胁到人民生命财产安全时,有关政府机关依法采取强制性应急措施,以解除或者减轻危害的环境法律制度。采取应急措施制度的主体只能是政府及其职能部门。"强制应急措施"中的"强制"仅适用于有关部门对排污单位或相关单位采取的措施。恰当地运用此制度将有助于消除环境污染与破坏所造成的危害或阻止危害的扩大。如果有关单位和个人不遵守法律规定、玩忽职守,可根据情节轻重、后果大小分别追究行政责任和刑事责任。

6.5.4.6　环境污染与破坏事故报告制度

环境污染与破坏事故报告制度是指因发生事故或者其他突发性事件,造成或者可能造成污染与破坏事故的单位,除了必须立即采取措施进行处理外,还必须及时通报可能受到污染危害的单位和居民,并且向当地环境保护行政主管部门报告,接受调查处理,以及当地环境保护行政主管部门向上级主管部门和同级人民政府报告的法律制度。所谓环境污染与破坏事故,是指由于违反环境保护法规的经济、社会活动,以及意外因素的影响或不可抗拒的自然灾害等原因,致使环境受到污染或破坏,使人体健康受到危害,社会经济与人民财产受到损失,造成不良社会影响的突发事件。

6.5.5　违反环境保护法的法律责任

法律的一个重要特点是具有强制性,环境法也是如此。我国环境法不仅规定了奖励条款,还在《中华人民共和国环境保护法》中专设章节规定了对破坏、污染环境者应给予的相应惩罚。其他有关环境保护的单行法律、条例以及地方性环境保护法规中也有类似规定。

根据我国环境保护法律的规定,违反环境保护法规的公民和法人所应承担的法律责任,分为行政责任、民事责任和刑事责任三种。

6.5.5.1　行政责任

行政责任是指违反环境保护法规者所应承担的行政方面的法律责任。违法的构成条件为:①当事人实施了违反环境保护法的行为,是承担行政责任的第一必要条件;②当事人的行为有危害结果,泛指违法行为造成了破坏环境或者污染环境、损害人体健康、农作物死亡等后果,这是承担行政责任的第二个条件;③违法行为与危害结果之间有因果关系,即违法行为与破坏环境或者污染环境产生的危害后果之间存在内在必然的联系;④当事人的过错性质。过错性质是指实施破坏、污染环境行为时当事人所处的心理状态。过错分为故意和过失两种。故意就是行为人明知自己的行为会造成破坏或污染环境的后果,但希望或放任这种结果发生。过失是指行为人应当预见到自己的行为可能发生危害环境的结果,但因疏忽大意而没有预见,或者已经预见到但轻信可以侥幸避免,以致发生破坏或污染环境的结果。

在我国的环境保护法规中,行政责任者承担的惩罚措施称为行政制裁。行政制裁分为行政处罚和行政处分两种。

6.5.5.2 民事责任

民事责任是指公民、法人因污染环境或破坏资源、侵害社会公共财产或者他人的人身、财产而应承担的民事方面的法律责任。

6.5.5.2 刑事责任

刑事责任是指公民或者法人因违反环境保护法规,严重污染或破坏环境,造成人身伤亡或财产重大损失,触犯刑法构成犯罪所应承担的刑事方面的法律责任。

6.5.6 国际环境保护法

国际环境保护法是指有关国际环境保护方面的宣言、公约、条约、协定等。国际环境保护法是解决国家之间在开发利用、保护和改善环境过程中所出现矛盾的依据,是保护全人类环境的法律。国际环境保护法也是各国国内环境法的一个组成部分。我国环境保护法第46条规定:"中华人民共和国缔结或者参加的与环境保护有关的国际条约,同中华人民共和国的法律有不同规定的,适用国际条约的规定,但中华人民共和国声明保留的条款除外"。

国际环境保护法发展很快,目前仅在联合国环境规划署登记的有关国际环境保护的公约、条约、协定等国际环境法文件就达150多件。

6.6 环境标准

6.6.1 环境标准的含义

环境标准是控制污染、保护环境的各种标准的总称。它是国家根据人群健康、生态平衡和社会经济发展对环境结构、状态的要求,在综合考虑本国自然环境特征、科学技术水平和经济条件的基础上,对环境要素间的配比、布局和各环境要素的组成(特别是污染物质的容许含量)所规定的技术规范。环境标准是评价环境状况和其他一切环境保护工作的法定依据,也是推动环境科技进步的动力。

6.6.2 环境标准的分类

目前环境标准尚没有统一的分类方法,现按标准的用途、适用范围等分类如下。

(1)按标准的用途分:有环境质量标准、污染物排放标准、污染控制技术标准、污染警报标准及基础方法标准。

(2)按标准的适用范围分:有国家标准、地方标准或行业标准。

(3)按污染介质和被污染对象分:有水质控制标准、大气控制标准、噪声控制标准、废渣控制标准及土壤控制标准。

(4)按标准颁布的形式分:有随法律一起颁布的标准、依据法律以官方文件颁布的标准、缺乏法律程序的参用标准或内部标准。

6.6.3　制定环境标准的基本依据

制定环境标准的依据与每个标准的目的和用途有关。

6.6.3.1　环境质量标准

环境质量标准是环境管理部门的执法依据,有国家环境质量标准和地方环境质量标准。根据对环境质量的不同要求,可分为一级、二级、三级环境质量标准。制定环境质量标准是以环境基准(环境基准是污染与效应关系的科研资料的总结,不带任何主观倾向性)为依据,同时考虑总的社会经济效益,按照不同目的和要求,规定各种污染物在环境中的容许含量。

6.6.3.2　污染物排放标准

排放标准是为保护环境而对污染物排入环境的量所做的限制规定,可分为国家排放标准和地方排放标准。排放标准一般有两种制定方法:①按环境质量标准推导排放标准,以污染物在环境中的迁移扩散理论及其数学模式为依据;②按实际工程控制水平制定标准,它取决于生产工艺、污染治理技术和国家的经济能力。

6.6.3.3　污染控制技术标准

污染控制技术标准是生产、设计和管理人员执法的具体技术措施。它的制定方法就是以污染物排放标准为依据,对燃料、原料、生产工艺、治理技术及排污设施等各环节做出具体的技术规定。

6.6.3.4　警报标准

为保护环境不致严重恶化或预防发生事故而规定的极限值。超过标准时就发出警报,以便采取必要的措施。警报标准的制定,主要建立在对人体健康的影响和生物承受限度的综合研究基础之上。

6.6.3.5　基础方法标准

基础方法标准是为制定、修订和执行各项环境标准而提出的基本原则、监测分析方法以及名词、术语和符号等有关规定。

制定环境标准不仅要有科学的方法,而且还受国家的政治、经济和技术水平的制约,因此,各国在制定环境标准时,都要对制定标准的原则和方法做出相应的论证和说明。

6.6.4　环境标准的作用

国家环保机构主要任务是制定环境保护规划、方针、政策和法规,并对环境保护工作进行监督和指导。环境标准是进行这些工作的技术基础。

某些国家把制定和实施环境标准作为国家环保部门的首要任务。我国环保法规定国家环保机构的职责,第一条是贯彻并监督执行国家关于保护环境的方针、政策和法律、法令。第二条是会同有关部门拟定环境保护的条例、规定、标准和经济技术政策。由此可见,各国都把环境标准放在了十分重要的地位。

6.6.4.1　环境标准在控制污染、保护环境方面的重要地位

(1)环境标准是环境政策目标的具体体现,是制定环境规划时提出环境目标的依据,它给出一系列环境保护指标,便于把环境保护工作纳入国民经济计划管理的轨道。

(2)环境标准是制定国家和地方各级环保法规的技术依据,它用条文和数字定量地规定了环境质量及污染物的最高容许限度,具备法律效力。

(3)环境标准是现代化环境管理的技术基础。环境法规的执法尺度、环境方案的比较和选择、环境质量的评价,无不以环境标准为基础,它是人类对环境实行科学管理的技术基础。

6.6.4.2　环境标准在环境法实施中的重要作用

(1)环境质量标准是确定排污者承担相应法律责任的根据。

(2)污染物排放标准是认定排污行为是否合法,以及是否应当让排污者承担相应法律义务和责任的根据。

(3)环境基础标准是确定某一环境标准是否合法、有效的根据。

(4)环境方法标准是确定环境监测数据,以及环境纠纷中有关各方出具的证据是否合法有效的根据。

(5)环境样品标准是为标定环境监测仪器由国家法定机关制作的标准样品。

6.7　污染事故的预防与应急

突发性环境污染事故已成为现代人类社会不可忽视的重大问题,正在引起当今社会的高度重视。这些事故不仅给人民生命财产造成巨大损失,也给生态环境造成严重的破坏。做好突发性环境污染事故的预防、监测、应急处理、处置及善后工作,建立快速高效的应急反应管理体系和事故抢险反应机制,最大限度地减少对生态环境的污染破坏、保护人民生命财产是现今社会的一项紧迫工作。

6.7.1　突发性环境污染事故的概述

突发性环境污染事故没有固定的排放方式和排放途径,突然发生,来势凶猛,在瞬时或短时间内大量地排放污染物质,对环境造成严重污染和破坏,给人民和国家财产造成重大损失。根据污染物性质及常发生的方式,突发性环境污染事故可归纳出如下几部分。

6.7.1.1　核污染事故

核电厂发生火灾、核反应堆爆炸,反应堆冷却系统破裂,放射化学实验室发生化学品爆炸,核反应容器破裂等放出的放射性物质对人体造成不同程度的辐射伤害与环境破坏事故。

6.7.1.2　溢油事故

如油田或者海上采油平台出现井喷、油轮触礁或与其他船只相撞。这类事故所发生的污染占所有海洋石油污染的 50% 左右,严重的破坏了海洋生态,使鱼类和海鸟死亡,往往还引起燃烧爆炸。在国内由于炼油厂、油库、油车漏油引起的油污染也时有发生。

6.7.1.3　剧毒农药和有毒化学品的泄漏、扩散污染事故

有机磷农药如甲基 1605、已基 1605、甲胺磷、马拉硫磷、对硫磷、敌敌畏、乐果、有机氯农药 DDT,有毒化学品氰化钠、氰化钾、硫化钠、砒霜、苯酚、亚砷酸钠等储运不当极易发生事故,这些物质一旦泄漏,不但严重污染土壤、空气、水体,甚至还会致人性命。

6.7.1.4　非正常大量排放废水造成的污染事故

非正常大量排放废水造成的污染事故一旦发生,好氧有机物进入水体,大量好氧,BOD,COD 的浓度大增,致使水中溶解氧的浓度很低、鱼虾窒息而死;同时还使水体发黑、发臭,产生大量的有毒的甲烷气、硫化氢、氨氮、亚硝酸盐,破坏生态环境,给水产养殖造成损失,也给居民饮水和工业用水造成困难。

突发性环境污染事故呈现的主要特性可总结为:发生的突发性、形式的多样性、危害的严重性和处理处置的艰巨性。

突发性环境污染事故已成为现代人类社会不可忽视的重大问题,做好突发性环境污染事故的预防、监测、应急处理处置及善后工作,建立快速高效的应急反应管理体系和事故抢险反应机制,最大限度地减少对生态环境的污染破坏、保护人民生命财产是现今社会的一项紧迫工作。

6.7.2　突发性环境污染事故的危害和特点

6.7.2.1　突发性环境污染事故的危害

突发性环境污染事故发生突然,破坏性极大,直接关系到人民生命财产的安全,也往往使人们赖以生存的生态环境遭到严重破坏,已成为社会经济发展中一个不可忽视的问题,正在引起当今社会的高度重视。1984 年拥有 70 余万人口的印度博帕尔市某农药厂 40 万 t 异氰酸甲酯储罐发生泄漏事件,短短几天,毒气夺走 2 500 多人的生命,10 多万人终生残废,50 余万人遭到不同程度的毒害,生态环境也遭到了严重的破坏。前苏联切尔诺贝利核电站泄漏事件中及以后的数十年,数万人因此而丧生,数万 km^2 的土地受到放射性污染,生活在这片土地上的人民至今仍遭受着辐射的伤害,后果十分严重。2005 年年末吉林化工厂的爆炸,导致了松花江水的污染,硝基苯和苯严重超标,造成了巨大的环境污染。铁路运输生产中突发的环境污染事故与一般工业部门的事故相比,其严重性和危害性要大得多,影响范围也广得多。因铁路运输中发生的冲突、巅覆脱轨、火灾、爆炸、危险品泄漏而造成的突发性环境污染事故,甚至波及整个运输生产指挥系统,导致运输瘫痪;同时也将对事故周边环境造成严重的污染和破坏;给当地和相邻地区人们的生产生活带来严重影响。

6.7.2.2　突发性环境污染事故的特点

(1)突发性环境污染事故的发生是随机的,有时是难以预测的。人类活动引起的不确

定性如人口的变迁、经济的发展、社会的进步等,均可使突发性环境污染事故的风险率提高。自然现象的不确定性,如水文、地理、温度、降水、风向、风速、日照、辐射以及地震、雷电、洪水、泥石流、火山爆发等自然现象和自然灾害所引发的环境污染事故。

(2)突发性环境污染事故演化过程是连续的。尽管突发性污染事故的发生存在着明显的不确定性,但事故前的系统状态变化过程却是一个按客观规律演变的连续变化过程,事故的发生是该系统连续变化过程中符合客观科学规律的一个突变。因此,研究分析系统突变规律,建立危险源系统状态变化的动态模型是可以探索研究事故发生的原因,进而掌握突发事故发生前的系统变化及导致该系统状态突变的原理和规律。

(3)突发性环境污染事故源于人类自身违反自然规律的行为。突发性环境污染事故有时是人类自己在经济、社会活动中违反自然规律而造成的恶果,如人们在生产活动中一味追求高额经济回报而忽视安全生产、忽视生态环境的保护,导致事故频发、环境污染、生态恶化,因此,只要人类遵守自然规律,善待世间万物,规范自己的行为是会为人类自身的可持续发展奠定良好的基础。

6.7.3　加强突发性环境污染事故的预测分析

由上述可知,突发性环境污染事故有其自身的特点和发展发生规律。该类事故的发生大多是由于不安全的人类行为、不安全的作业环境、不科学的技术规范而引发或联合引发的。而基础设施的薄弱以及违反客观规律的人为干预,则成为突发性环境污染事故的自然和社会的先决条件。

6.7.3.1　实行突发性环境污染事故的风险评价制度

根据中华人民共和国环境保护法和建设项目环境保护管理办法的规定,凡对环境有影响的建设项目必须执行环境影响评价制度,其中应对可能出现的突发性环境污染事故的项目进行风险评价,以防患于未然。同时,在项目运行过程中,也应对可能发生环境污染事故的隐患加强监督检查,并制定落实有效的防范、应急抢险措施,使事故发生时及时控制污染,把各种破坏损失降至最低。

6.7.3.2　加强事故高风险行业的监督管理

加强对环境污染事故风险较高行业的评估分析,查找事故易发部位,确定其可能导致环境污染的因子、污染方式以及对生态环境、生命财产的危害范围和程度,并应对其排放量、排放浓度、持续时间进行分析预测、建档,强化预防事故和应急抢险的基础性工作。

6.7.3.3　加强突发性环境污染事故的因果分析

因果分析是突发性环境污染事故调查处理过程中的重要环节,突发性环境污染事故与其所产生的环境危害后果存在着客观的因果关系,即一定的环境污染事故产生的危害后果必然是由突发性环境污染所引起。由于突发性环境污染事故和其产生的环境危害后果存在着明显的时间差,且其危害发生的潜伏期也因污染因子的不同而不同,因此,应以第一手资料为依据,排除一切人为的干扰因素,遵循科学规律得出准确的结论才能有利于对环境污染的预防和补救、有助于污染事故的处理解决。

6.7.4 突发性环境污染事故应急反应机制与防治措施

为了应付突发性环境污染事故,各国相继制定了应对措施,1989 年联合国环境规划署提出了"地区级紧急事故的意识和准备",即"APELL 计划"。1993 年美国 USEPA 发布了"化学品事故排放风险管理计划"。我国国家环保总局成立了突发性环境污染事故调查工作小组。与这些组织机构同步发展的是防范突发性环境污染事故的技术方法,基于计算机信息管理的应急决策支持系统也如雨后春笋般发展起来。

为了及时掌握突发性环境污染事故情况,采取紧急措施减轻事故的危害,有潜在环境污染事故发生可能性的单位应建立一套可操作性强、准确性高、科学有序、高效的应急反应机制。

6.7.4.1 建立突发性环境污染事故管理和应急反应指挥机构

为有效地预防突发性环境污染事故造成的破坏,减轻事故对生态环境的破坏和生命财产的损失,有关单位应结合本单位的特点,建立突发性环境污染事故管理和应急反应指挥机构,实施统一管理、统一指挥。

6.7.4.2 制定突发性环境污染事故应急及反应程序! 完善应急反应设施

有关单位应根据本单位生产工艺、作业特点研究制定有效的应急反应程序,根据需要配备环境监测车、便携式监测分析仪器、化学试剂及个人防护用具,以确保应急抢险时提供监测、救助和善后处理处置等技术服务。

6.7.4.3 建立突发性环境污染事故地理信息系统(GIS)和专家系统(GS)

突发性环境污染事故管理与应急反应是指:事故预测和控制其发生、发展过程。当出现事故征兆或刚刚发生时,希望在尽可能短的时间内收集并分析处理有关信息,模拟事故发展过程、影响范围和程度,实时监测并传输各种必要的信息数据,支持快速应急决策,对事故进行有效地控制及处理处置,最大限度地减轻事故造成的污染和破坏。建立突发性环境污染事故源的地理信系统(GIS)和专家系统(GS),可以满足事故管理和应急反应指挥的需求,提高应急反应的科学性、合理性、智能化水平,并可在短时间内实现应急反应最佳决策、行动程序和抢险措施。

6.7.4.4 事故源周边合理设置防护隔离带

随着社会经济的发展和城市规划、布局的科学化,对突发性环境污染事故源周边应设置一定距离的防护带和疏散路线,以备在事故突发时有较安全的防护带和应急抢险行动的时间、空间,最大限度地保证生命财产的安全。

6.7.4.5 加强宣传教育,增强员工和公众防范突发性环境污染事故和生态环境保护意识

具有突发性环境污染事故源的单位应加强宣传、教育和培训工作,提高全体员工和公众对事故的防范意识和应急反应能力。同时,应根据本单位具体情况,积极推广实施清洁生产。ISO14001 环境管理体系和职业安全卫生认证,以避免、降低环境污染事故的发生。

突发性环境污染事故严重地威胁着人类的生产作业安全、身体健康、生态环境和人类社会的可持续发展。具有突发性环境污染事故潜在可能的单位应开展风险评和事故预测分析;采用先进科学的技术手段建立 GIS 和 GS 可快速有效地加强污染事故管理和实施预

防、监测、抢险和善后处理处置,提高对事故的应急反应能力。制定防治突发性环境污染事故的法规、标准,加强完善防治措施,提高全民的防范意识,建立事故管理及应急反应指挥机构,可最大限度地降低事故发生率和破坏程度。

思考题及习题

1. 环境质量评价的类型、基本原则、方法有哪些?
2. 试述中国环境管理的发展历程。
3. 什么是"三同时"制度?
4. 为何实施污染物排放总量控制?
5. 试说明什么是环境标准及其作用。

附　　录

城市供水水质标准

CJ/T 206－2005　2005 年 6 月 1 日起实施

1　范围

本标准规定了供水水质要求、水源水质要求、水质检验和监测、水质安全规定。

本标准适用于城市公共集中式供水、自建设施供水和二次供水。

城市公共集中式供水企业、自建设施供水和二次供水单位,在其供水和管理范围内的供水水质应达到本标准规定的水质要求。用户受水点的水质也应符合本标准规定的水质要求。

2　规范性引用文件

下列文件中的条款通过本标准的引用而成为本标准的条款。凡是注日期的引用文件,其随后所有的修改单(不包括勘误的内容)或修订版均不适用于本标准,然而,鼓励根据本标准达成协议的各方研究是否可使用这些文件的最新版本。凡是不注日期的引用文件,其最新版本适用于本标准。

GB 3838 地表水环境质量标准

GB 5750 生活饮用水标准检验法

GB/T 14848 地下水质量标准

CJ/T 141 城市供水、二氧化硅的测定、硅钼蓝分光光度法

CJ/T 142 城市供水锑的测定

CJ/T 143 城市供水钠、镁、钙的测定、离子色谱法

CJ/T 144 城市供水、有机磷农药的测定、气相色谱法

CJ/T 145 城市供水挥发性有机物的测定

CJ/T 146 城市供水、酚类化合物的测定、液相色谱法

CJ/T 147 城市供水、多环芳烃的测定、液相色谱法

CJ/T 148 城市供水粪性链球菌的测定

CJ/T 149 城市供水亚硫酸盐还原厌氧菌(梭状芽胞杆菌)孢子的测定

CJ/T 150 城市供水、致突变物的测定、鼠伤寒沙门氏菌/哺乳动物微粒体酶试验

3　术语和定义

3.1　城市
国家按行政建制设立的直辖市、市、镇。

3.2　城市供水
城市公共集中式供水企业和自建设施供水单位向城市居民提供的生活饮用水和城市其他用途的水。

3.3　城市公共集中式供水
城市自来水供水企业以公共供水管道及其附属设施向单位和居民的生活、生产和其他活动提供用水。

自建设施供水

城市的用水单位以其自行建设的供水管道及其附属设施主要向本单位的生活、生产和其他活动提供用水。

3.5　二次供水
供水单位将来自城市公共供水和自建设施的供水,经贮存、加压或经深度处理和消毒后,由供水管道或专用管道向用户供水。

3.6　用户受水点
供水范围内用户的用水点,即水嘴(水龙头)。

4　供水水质要求

4.1　城市供水水质
城市供水水质应符合下列要求。

4.1.1　水中不得含有致病微生物。

4.1.2　水中所含化学物质和放射性物质不得危害人体健康。

4.1.3　水的感官性状良好。

4.2　城市供水水质检验项目
4.2.1　常规检验项目见表1。

序号	项　目		限　值
1	微生物学指标	细菌总数	≤80 CFU/mL
		总大肠菌群	每100 mL水样中不得检出
		耐热大肠菌群	每100 mL水样中不得检出
		余氯(加氯消毒时测定)	与水接触30 min后出厂游离氯≥0.3 mg/L;或与水接触120 min后出水总氯≥0.5 mg/L;
		臭和味	无异臭异味,用户可接受
		浑浊度	1NTU(特殊情≤3NTU)①。
		肉眼可见物	无
		氯化物	250 mg/L

续表1

序号	项 目		限 值
		铝	0.2 mg/L
		铜	1 mg/L
		总硬度(以 CaCO 计)	450 mg/L
		铁	0.3 mg/L
		锰	0.1 mg/L
		pH	6.5~8.5
		硫酸盐	250 mg/L
		溶解性总固体	1 000 mg/L
		锌	1.0 mg/L
		挥发酚(以苯酚计)	0.002 mg/L
		阴离子合成洗涤剂	0.3 mg/L
		耗氧量(COD_{Mn},以 O_2 计)	3 mg/L(特殊情况≤5 mg/L)[①]
	毒理学指标	砷	0.01 mg/L
		镉	0.003 mg/L
		铬(六价)	0.05 mg/L
		氰化物	0.05 mg/L
		氟化物	1.0 mg/L
		铅	0.01 mg/L
		汞	0.001 mg/L
		硝酸盐(以 N 计)	10 mg/L(特殊情况≤20 mg/L)
		硒	0.01 mg/L
		四氯化碳	0.002 mg/L
		三氯甲烷	0.06 mg/L
		敌敌畏(包括敌百虫)	0.001 mg/L
		林丹	0.002 mg/L
		滴滴涕	0.001 mg/L
		丙烯酰胺(使用聚丙烯酰胺时测定)	0.0005 mg/L
3		亚氯酸盐(使用 ClO_2 时测定)	0.7 mg/L
		溴酸盐(使用0时测定)	0.01 mg/L
		甲醛(使用0时测定)	0.9 mg/L

续表1

序号	项 目		限 值
4	放射性指标	总 a 放射性	0.1 Bq/L
		总 p 放射性	1.0 Bq/L

注:①特殊情况为水源水质和净水技术限制等。

　　②特殊情况指水源水质超过Ⅲ类即耗氧量 > 6 mg/L。

　　③特殊情况为水源限制,如采取下水等。

4.2.2　非常规检验项目见表2。

表2　城市供水水质非常规检验项目及限值

序号	项 目		限 值
1	微生物学指标	类型链球菌群	每 100 mL 水样不得检出
		蓝氏贾第鞭毛虫(Giardia lamblio)	< 1 个/10 L①
		隐孢子虫(Cryptosporidium)	< 1 个/10 L②
2	感官性状和一般化学指标	氨氮	0.5 mg/L
		硫化物	0.02 mg/L
		钠	200 mg/L
		银	0.05 mg/L
3	毒理学指标	锑	0.005 mg/L
		钡	0.7 mg/L
		铍	0.002 mg/L
		硼	0.5 mg/L
		镍	0.02 mg/L
		钼	0.07 mg/L
		铊	0.0001 mg/L
		苯	0.01 mg/L
		甲苯	0.7 mg/L
		乙苯	0.3 mg/L
		二甲苯	0.5 mg/L
		苯乙烯	0.02 mg/L
		1,2-二氯乙烷	0.005 mg/L
		三氯乙烯	0.005 mg/L
		四氯乙烯	0.005 mg/L
		1,2-二氯乙烯	0.05 mg/L
		1,1-二氯乙烯	0.007 mg/L
		三卤甲烷(总量)	0.1 mg/L⑤
		氯酚(总量)	0.010 mg/L⑥
		2,4,6-三氯酚	0.010 mg/L

续表2

序号	项　　　　　目	限　　　值
	TOC	无异常变化(试行)
	五氯酚	0.009 mg/L
	乐果	0.02 mg/L
	甲基对硫磷	0.01 mg/L
	对硫磷	0.003 mg/L
	甲胺磷	0.001 mg/L(暂定)
	2,4-滴	0.03 mg/L
	溴氰菊酯	0.02 mg/L
	二氯甲烷	0.005 mg/L
	1,1,1-三氯乙烷	0.20 mg/L
	1,1,2-三氯乙烷	0.005 mg/L
	氯乙烯	0.005 mg/L
	一氯苯	0.3 mg/L
	1,2-二氯苯	1.0 mg/L
	1,4-二氯苯	0.075 mg/L
	三氯苯(总量)	0.02 mg/L[7]
	多环芳烃(总量)	0.002 mg/L[8]
	苯并[a]芘　i	0.00001 mg/L
	二(2-乙基已基)邻苯二甲酸酯	0.08 mg/L
	环氧氯丙烷	0.004 mg/L
	微囊藻毒素-LR	0.001 mg/L[3]
	卤乙酸(总量)	0.06 mg/L[4][9]
	莠去津(阿特拉津)	0.002 mg/L
	六氯苯	0.001 mg/L
	六氯苯	0.001 mg/L
	六氯苯	0.001 mg/L

注:①、②、③、④从2006年6月起检验。

　　⑤三卤甲烷(总量)包括三氯甲烷、一氯二溴甲烷、二氯一溴甲烷、三溴甲烷。

　　⑥氯酚(总量)包括2-氯酚、2,4-二氯酚、2,4,6-三氯酚三个消毒副产物,不含农药五氯酚。

　　⑦三氯苯(总量)包括1,2,4-三氯苯、1,2,3-三氯苯、1,3,5-三氯苯。

　　⑧多环芳烃(总量)包括苯并[a]芘、苯并[g,h,i]芘、苯并[b]荧蒽、苯并[k]荧蒽、荧蒽、茚并[1,2,3-c,d]芘。

5　水源水质要求

5.1　选用地表水作为供水水源时,应符合 GB 3838 的要求。

选用地下水作为供水出源时,应符合 GB/T 14848 的要求。

5.2　水源水质的放射性指标,应符合表 1 的规定。

5.3　当水源水质不符合要求时,不宜作为供水水源。若限于条件需加以利用时,水源水质超标项目经自来水厂净化处理后,应达到本标准的要求。

6　水质检验和监测

6.1　水质的检验方法应按 GB 5750、CJ/T141～CJ/T150 等标准执行。未列入上述检验方法标准的项目检验,可采用其他等效分析方法,但应进行适用性检验。

6.2　地表水水源水质监测,应按 GB 3838 有关规定执行。

6.3　地下水水源水质监测,应按 GB/T 14848 有关规定执行。

6.4　城市公共集中式供水企业应建立水质检验室,配备与供水规模和水质检验项目相适应的检验人员和仪器设备,并负责检验水源水、净化构筑物出水、出厂水和管网水的水质,必要时应抽样检验用户受水。

6.5　自建设施供水和兰次供水单位应按本标准要求做水质检验。若限于条件,也可将部分项目委托具备相应资质的监测单位检验。

6.6　采样点的选择

采样点的设置要有代表性,应分别设在水源取水口、水厂出水口和居民经常用水点及管网末梢。管网的水质检验采样点数,一般应按供水人口每两万人设一个采样点计算。

6.7　水质检验项目和检验频率见表 3。

表 3　水质检验项目和检验频率

水样类别	检 验 项 目	检 验 频 率
水源水	浑浊度、色度、臭和味、肉眼可见物、COD_Mn、氨氮、细菌总数、总大肠菌群、耐热大肠菌群	每日不每于一次
	GB 3838 中有关水质检验基本项目和补充项目共 29 项	每月不少于一次
出厂水	浑浊度、色度、臭和味、肉眼可见物、余氯、细菌总数、总大肠菌群、耐热大肠菌群、COD_Mn	每日不少于一次
	表 1 全部项目,表 2 中可能含有的有害物质	每月不少于一次
	表 2 全部项目	以地表水为水源:每半年检测一次 以地下水为水源:每一年检测一次
管网水	浑浊度、色度、臭和味、余氯、细菌总数、总大肠菌群、COD_Mn。(管网末梢点)	每月不少于两次
管网末梢水	表 1 全部项目,表 2 中可能含有的有害物质	每月不少于一次

注:当检验结果超出表 1、表 2 中水质指标限值时,应立即重复测定,并增加检测频率。水质检验结果连续超标时,应查明原因,采取有效措施,防止对人体健康造成危害。

6.8　水质检验项目合格率要求见表4。

表4　水质检验项目合格率

水样检验项目 出厂水或管网水	综　合	出厂水	管网水	表1项目	表2项目
合格率/%	95	95	95	95	95

注:1.综合合格率为:表1中42个检验项目的加权平均合格率。

2.出厂水检验项目合格率:浑浊度、色度、臭和味、肉眼可见物、余氯、细菌总数、总大肠菌群、耐热大肠菌群、COD_{Mn}共9项的合格率。

3.管网水检验项目合格率:浑浊度、色度、臭和味、余氯、细菌总数、总大肠菌群、COD_{Mn}(管网末梢点)共7项的合格率。

4.综合合格率按加权平均进行统计

计算公式:

$$(1)综合合格率/\% = \frac{管网水7项各单项合格率之和 + 42项扣除7项后的综合合格率}{7+1} \times 100\%$$

$$(2)管网水7项各单项合格率/\% = \frac{单项检验合格次数}{单项检验总次数} \times 100\%$$

$$(3)42项扣除7项后的综合合格率(35项)/\% = \frac{35项加权后的总检验合格次数}{各水厂出厂水的检验次数 \times 35 \times 各该厂供水区分布的取水点数} \times 100\%$$

7　水质安全规范

7.1　供水水源地必须依法建立水源保护区。保护区内严禁建任何可能危害水源水质的设施和一切有碍水源水质的行为。

7.2　城市公共集中式供水企业和自建设施供水单位,应根据有关标准,对饮用水源水质定期监测和评价,建立水源水质资料库。

7.3　当供水水质出现异常和污染物质超过有关标准时,要加强水质监测频率。并应及时报告城市供水行政主管部门和卫生监督部门。

7.4　水厂、输配水设施和二次供水设施的管理单位,应根据本标准对供水水质的要求和水质检验的规定,结合本地区的情况建立相应的生产、水质检验和管理制度,确保供水水质符合本标准要求。

7.5　当城市供水水源水质或供水设施发生重大污染事件时,城市公共集中供水企业或自建设施供水单位,应及时采取有效措施。当发生不明原因的水质突然恶化及水源性疾病暴发事件时,供水企业除立即采取应急措施外,应立即报告当地供水行政主管部门。

7.6　城市公共集中式供水企业、自建设施供水和二次供水单位应依据本标准和国家有关规定,对设施进行维护管理,确保到达用户的供水水质符合本标准要求。

参 考 文 献

[1] 何强,井文涌,王翔亭编著. 环境学导论. 北京:清华大学出版社,1998.

[2] 刘天齐. 环境保护通论. 北京:中国环境科学出版社,1997.

[3] 孙喆,宋金璞主编. 城市环境保护学. 郑州:河南科学技术出版社,1996.

[4] A N 斯特拉勒. 环境科学导论. 王明译. 北京:科学出版社,1983.

[5] 康慕谊编著. 城市生态学与城市环境. 北京:中国计量出版社,1997.

[6] 殷维君主编. 环境保护基础. 武汉:武汉工业大学出版社,1998.

[7] 刘天齐,林肇信,刘逸农主编. 环境保护概论. 北京:高等教育出版社,1982.

[8] 姜安玺主编. 环境工程学. 哈尔滨:黑龙江科学技术出版社,1996.

[9] 关伯仁主编. 环境科学基础教程. 北京:中国环境科学出版社,1997.

[10] 马放,李伟光,任南琪主编. 生物监测与评价. 哈尔滨:东北林业大学出版社,1999.

[11] 林昌善,吴栗明编著. 环境生物学. 北京:中国环境科学出版社,1986.

[12] 林肇信,刘天齐,刘逸农主编.环境保护概论(修订版). 北京:高等教育出版社,1999.

[13] 闫廷娟主编.人,环境与可持续发展.北京:北京航空航天大学出版社,2001.

[14] 齐藤和雄.环境与健康. 北京:中国环境出版社,1988.

[15] 邰启生,凌绍森.环境污染与公众健康.北京:北京出版社,1991.

[16] 钱易,唐孝炎主编.环境保护与可持续性发展.北京:高等教育出版社,2001.

[17] 刘君卓等编.居住环境和公共场所有害因素及其防治.北京:化学工业出版社,2 000.

[18] 常元勋主编. 环境中有害因素与人体健康.北京:化学工业出版社,2000.

[19] 蔡宏道主编.中国医学百科全书. 环境卫生学.上海:上海科学技术出版社,1998.

[20] 严启之主编.环境卫生学(第三版).北京:人民卫生出版社,1998.

[21] 俞誉福,毛家骏编. 环境污染与人体健康. 上海:复旦大学出版社,1985.

[22] 李国鼎主编.环境工程.北京:中国环境科学出版社,1990.

[23] 毛文永等编.资源环境常用数据手册.北京:中国科学技术出版社,1992.

[24] 胡径之主编. 威胁人类生存的定时炸弹——环境荷尔蒙. 深圳:海天出版社,1999.

[25] 杨福纯编. 环境保护知识350题. 北京:中国环境科学出版社,1988.

[26] 陈静生编著. 环境地学. 北京:中国环境科学出版社,1986 .

[27] 施介宽编著. 大气环境及其保护. 上海:华东理工大学出版社,2001.

[28] 徐玉貌,刘红年,徐桂玉编著. 大气科学概论. 南京:南京大学出版社,2000.

[29] 林肇信主编. 大气污染控制工程. 北京:高等教育出版社,1991.

[30] 赵毅,李守信主编. 有害气体控制工程. 北京:化学工业出版社,2001.

[31] J Houghton 著. 全球变暖. 戴晓苏,石广玉,董敏,耿全震等译. 北京:气象出版社,1998.

[32] 联合国环境规划署. 全球环境展望 2000. 北京:中国环境科学出版社,2000.

[33] 朱慎林,赵毅江,周中平编著. 清洁生产导论. 北京:化学工业出版社,2001.

[34] 上海科学技术委员会,上海市环保局编. 保护臭氧层——为了子孙后代. 上海:上海科学技术文献出版社, 1995.

[35] 吉田中雄 编著. 环境保护与防治技术. 北京:科学技术文献出版社,1985.

[36] 华振明等编. 固体废物的处理与处置. 北京:高等教育出版社,1996.

[37] 徐蕾主编. 固体废物污染控制. 武昌:武汉工业大学出版社,2000.

[38] 聂永丰主编.三废处理工程技术手册,北京:化学工业出版社,2000.

[39] 国家环境保护总局污染控制司. 城市固体废物管理与处理处置技术. 北京：中国石化出版社，2000.

[40] 杨国清主编. 固体废物处理工程. 北京：科学出版社，2000.

[41] 米歇尔 E 亨斯脱壳编. 城市固体废物的处置与回收. 北京：中国环境科学出版社，1992.

[42] 杨子慧，中国历代人口统计资料. 北京：改革出版社，1996.

[43] 查瑞传等编. 中国第四次人口普查资料分析，北京：高等教育出版社，1996.

[44] 姚新武. 中国常用人口数据集. 北京：中国人口出版社，1994.

[45] 王华东等编著. 环境质量评价. 天津：天津科学技术出版社，1991.

[46] 王华东等编著. 环境影响评价. 北京：高等教育出版社，1992.

[47] 陆雍森等编著. 环境质量评价. 上海：同济大学出版社，1990.

[48] 叶文虎等编著. 环境质量评价学. 北京：高等教育出版社，1994.

[49] 黄儒软编著. 环境科学基础. 西安：西安交通大学出版社，1997.

[50] 黄润华等编著. 环境科学基础教程. 北京：高等教育出版社，1999.

[51] 冷宝林主编. 环境保护基础. 北京：化学工业出版社，2001.

[52] 赖斯. 环境管理. 吕永龙等译. 北京：中国环境科学出版社，1996.

[53] 唐云梯，刘人和编著. 环境管理概论. 北京：中国环境科学出版社，1992.

[54] 徐新华等编. 环境保护与可持续发展. 北京：化学工业出版社，2000.

[55] 刘常海等编著. 环境管理. 北京：中国环境科学出版社，1999.

[56] 刘天齐等编著. 环境管理. 北京：中国环境科学出版社，1991.

[57] 王曦主编. 美国环境法概论，武汉：武汉大学出版社，1991.

[58] 李焰主编. 环境科学导论. 北京：中国电力出版社，2000.

[59] 叶文虎主编. 环境管理学. 北京：高等教育出版社，1999.

[60] 金瑞林主编. 环境与资源保护法学. 北京：高等教育出版社，1999.

[61] 杨丽芬，李友琥等主编. 环保工作者实用手册(二版)，北京：冶金工业出版社，2001.

[62] 胡莜敏，王子彦编著. 环境导论. 沈阳：东北大学出版社，2000.

[63] 郑长聚等编. 环境噪声控制工程. 北京：高等教育出版社，1999.

[64] 周新祥编著. 噪声控制及应用实例. 北京：海洋出版社，1999.

[65] 王文奇，江珍泉编著. 噪声控制技术. 北京：化学工业出版社，1987.

[66] 姜海涛等编著. 环境物理学基础. 北京：展望出版社，1987.

[67] 沈壕等编著. 环境物理学. 北京：中国环境科学出版社，1986.

[68] 沈国舫主编. 中国环境问题院士谈. 北京：中国纺织出版社，2001.

[69] 周律，张孟青编著. 环境物理学. 北京：中国环境科学出版社，2001.

[70] 钱学，唐孝炎主编. 环境保护与可持续发展. 北京：高等教育出版社，2000.

[71] 李训贵主编. 环境与可持续发展. 北京：高等教育出版社，2004.

[72] 徐新华，吴贵标，陈红，编. 环境保护与可持续发展. 北京：化学工业出版社，2000

[73] 阎传海，张海荣，编著. 宏观生态学. 北京：科学出版社，2003.

[74] 刘青松主编. 环境污染与防治技术. 北京：中国环境科学出版社，2003.

[75] 何争光主编. 大气污染控制工程及应用实例. 化学工业出版社，2004.

[76] 李建成主编. 环境保护概论. 北京：机械工业出版社，2003.